Para realizar pedidos de este libro, contacte con:
Palibrio
1663 Liberty Drive
Suite 200
Bloomington, IN 47403
Gratis desde EE. UU. al 877.407.5847
Gratis desde México al 01.800.288.2243
Gratis desde España al 900.866.949
Desde otro país al +1.812.671.9757
Fax: 01.812.355.1576
ventas@palibrio.com
524450

Un enfoque práctico de los

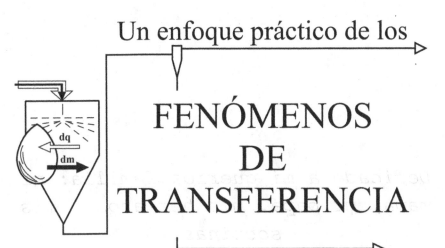

FENÓMENOS DE TRANSFERENCIA

y su aplicación a la ingeniería de alimentos y de fermentaciones

Juan Arturo Miranda Medrano

Escuela Nacional de Ciencias Biológicas

Instituto Politécnico Nacional.

2015

Dedicado a mi querida familia: mi mamá, mi papá, mis hermanos y mis sobrinas.

Prólogo.

Justificación.

Un servidor se atreve a asegurar categóricamente que en la actualidad no hay un libro publicado que sea adecuado para un curso de licenciatura de Fenómenos de Transporte. En lo general la literatura actual consiste en excelentes tratados del campo, pero desafortunadamente con un enfoque muy lejano al requerido en licenciatura. Uno de los problemas principales es la cantidad y el nivel que presentan de las matemáticas involucradas. Este enfoque suele desviar la atención del alumno que percibe el curso como uno más de matemáticas y no de Fenómenos de Transporte. Soy un convencido de que las matemáticas, en un curso de licenciatura, pueden reducirse a un mínimo indispensable sin sacrificar la rigurosidad de los análisis.

Por lo anteriormente mencionado, un servidor se dio a la tarea de elaborar un libro sobre Fenómenos de Transferencia que fuera completamente adecuado a un curso de licenciatura de la carrera Ingeniería Bioquímica y carreras afines. Para ello, un servidor se basó en su amplia experiencia docente en Operaciones Unitarias y, en los últimos años, apoyándose en la invaluable experiencia de impartir los cursos de Fenómenos de Transporte para la carrera mencionada.

En relación con la nomenclatura.

Es importante hacer notar que para el buen desarrollo de un curso de Fenómenos de Transporte, es un requisito imprescindible el **seguir estrictamente la nomenclatura sugerida** por esta obra, ya que de no hacerlo, se inducirán confusiones en los estudiantes. Tal vez a algunos profesores les parezca algo exagerada, pero esa nomenclatura ha sido desarrollada y probada en varios años de cursos, por lo que le garantizamos que reduce a un mínimo las confusiones generadas sólo por la simbología usada y como consecuencia se reducen mucho los errores de los estudiantes motivados por esas mismas confusiones.

Estructura del libro.

A grandes rasgos, la estructura del libro es la siguiente (ver diagrama de flujo de interconexión entre capítulos):

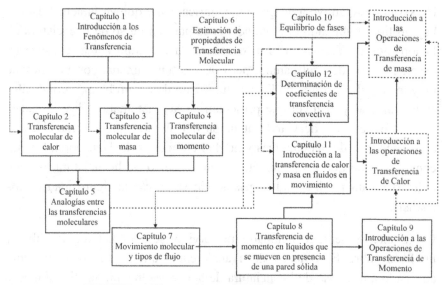

Diagrama de flujo de estructura del libro e interrelación entre capítulos

El primer capítulo es una introducción al campo del conocimiento conocido como Fenómenos de Transferencia. En él se revisan conceptos básicos generales que son útiles en el estudio de esta área; también se establece la importancia de su estudio previo a los cursos de operaciones unitarias, así como la definición de estas últimas y su importancia para el estudio de los procesos industriales. Los capítulos 2, 3 y 4 estudian la transferencia molecular de calor, masa y momento, respectivamente, a través de diversas geometrías. Se abordan la Ley de Fourier, la Ley de Fick, y la Ley de Newton, respectivamente también; así como su utilidad y sus aplicaciones. A lo largo de estos capítulos se van observando las similitudes y diferencias que hay entre los tres fenómenos. En el capítulo 5 se formaliza la analogía matemática entre la transferencia molecular de cantidad de movimiento, calor y masa; y se establece la ecuación análoga general que representa el comportamiento de estos tres fenómenos; se establecen los conceptos de *propiedad, concentración de propiedad* y *difusividad de propiedad*. El capítulo 6 es un compendio resumido de algunos métodos de estimación de propiedades moleculares de transferencia, que son útiles en caso de no contar con datos específicos del sistema en estudio.

Los capítulos 7 y 8 tratan sobre los movimientos moleculares que se presentan en los fluidos en movimiento en presencia de una pared sólida. Son importantes por que nos permiten comprender, en primera instancia, el fenómeno del flujo de fluidos y poder abordar las operaciones de transferencia de momento así como la transferencia convectiva, laminar y turbulenta, de calor y masa. En estos capítulos se definen, entre otros conceptos importantes, el *flujo laminar*, el *flujo turbulento* y el *Número de Reynolds*. El comportamiento de los fluidos en movimiento se complementa con el Capítulo 9 que es una introducción a las operaciones de transferencia de cantidad de movimiento. Aquí se da a conocer la *ecuación de continuidad*, el *balance general de energía mecánica*, la *ecuación de Hagen - Poiseuille* así como los *factores de fricción* de *Fanning* y de *Darcy*.

El equilibrio de fases se revisa en el capítulo 10 con la intención de servir como puente para el estudio de la transferencia de calor y masa en los fluidos en movimiento (Capítulo 11); se hace una descripción más fenomenológica que matemática para que el alumno visualice claramente como ocurren los fenómenos de transferencia de masa entre dos fases; y, por supuesto, se hace énfasis en la Ley de Raoult y la Ley de Henry.

El Capítulo 11 es un análisis simplificado de las capas límite que nos lleva a establecer expresiones matemáticas básicas que nos permitan determinar los coeficientes convectivos. Primero se establece que existen tres capas límite: la de velocidades, la de temperaturas y la de concentraciones. Después, mediante la aplicación de un balance general de propiedad, en un volumen de control que se encuentra dentro de esas capas limite, se deduce una ecuación general que llamaremos *ecuación de conservación de propiedad* en las capas limite; posteriormente se aplica esta ecuación para encontrar las ecuaciones específicas para la transferencia de momento, calor y masa. Para poder tener una ecuación en una forma más útil, la ecuación de conservación de propiedad se modifica a su forma adimensional, que aplicada a cada fenómeno nos permite identificar los *parámetros de similitud* de las capas límite: el *Número de Reynolds*, el *Número de Nusselt* y el *Número de Sherwood*. Finalmente, en este capítulo se presenta un método lógico (Incropera y De Witt, 1990). para la deducción de las ecuaciones básicas sin forma específica, es decir, ecuaciones que sólo muestren la interrelación elemental (de que depende o función de que es una determinada variable) entre las propiedades del sistema en estudio con los coeficientes de transferencia.

Las metodologías para la determinación numérica de dichos coeficientes se ven detalladamente en el capítulo 12. En este se describe y se aplica el método de Rayleigh para la obtención de ecuaciones de la forma $Nu = \phi Re^a \, Pr^b$; más adelante se muestra en detalle como, por la vía experimental, se obtienen los valores numéricos de ϕ, a y b. Terminado esto, se presenta al estudiante una serie de tablas donde se condensan diversos modelos matemáticos empíricos que aplican a ciertos sistemas de transferencia. Este capítulo incluye la *Analogía General* entre la transferencia de calor y la de masa, así como la *Analogía de Reynolds* y la *Analogía de Chilton - Colburn*.

Finalmente los últimos dos capítulos son una breve y simplificada introducción a las operaciones de transferencia de calor (capítulo 13) y a las operaciones de transferencia de masa (capítulo14). Estos capítulos tienen la intención de conectar los Fenómenos de Transferencia con las Operaciones Unitarias y así que el estudiante no pierda de vista la importancia de la aplicación de estos fenómenos. Estrictamente hablando, estos dos capítulos pueden eliminarse de un curso de Fenómenos de Transporte, pero se incluyen aquí con el fin de no dejar suelta la conexión con las Operaciones Unitarias. También, los ejercicios de estos capítulos pueden resolverse al final del curso como ilustración de esa conexión, pero también como ilustración de los mismos Fenómenos de Transferencia.

Esta obra incluye Apéndices que bien podrían formar el Manual de Datos Técnicos de un curso de Fenómenos de Transferencia. En estos apéndices se incluyen datos de propiedades de diversas substancias y materiales que son útiles en la resolución de problemas de Fenómenos de Transferencia.

En cada capítulo el estudiante encontrará varios ejercicios que ilustran la aplicación de los conceptos, leyes y teorías que va viendo a lo largo curso.

En esta primera presentación, el autor desea comentar que por las presiones del tiempo y a la necesidad de tener ya un texto accesible a los estudiantes de licenciatura (al menos en nuestra escuela), en esta ocasión hemos quedado a deber más ejercicios resueltos que ilustren ampliamente la aplicación de los Fenómenos de Transferencia al campo de la Ingeniería de Alimentos y a la Ingeniería de Fermentaciones; también queda pendiente entregar dentro de este texto una lista de problemas propuestos (sin resolver). Vaya pues una disculpa a todos ustedes lectores, pero con la promesa que en la próxima edición se resolverá esa situación.

Objetivo.

El autor desea sinceramente que esta obra sea de gran utilidad para todos los estudiantes de ingeniería y por que no, también para los profesores de Fenómenos de Transferencia y operaciones unitarias de las universidades e institutos de educación superior.

Agradecimientos.

Quiero agradecer a mis compañeros maestros por sus opiniones y sugerencias, pero sobre todo, quiero agradecer profundamente a mis estudiantes que son los que han sufrido el proceso de desarrollo y corrección de este texto; pero que al mismo tiempo, sin proponérselo muchas veces ya sea en clase o fuera, me han dado tantos y tantos *tips* para la mejora de la presente obra.

México, D.F.   Juan Arturo Miranda Medrano.

Nomenclatura.

a	Constante de una ecuación.
A	Area (m^2)
A_F	Area de flujo. (m^2)
A_Q	Area de transferencia de calor (m^2)
A_M	Area de transferencia de masa (m^2)
A_Ω	Area de transferencia de cantidad de movimiento (m^2)
b	Constante de una ecuación.
c	Constante de una ecuación.
C_A	Concentración de A en kmol/m^3.
$\hat{C}_A$	Concentración de A en kg/m^3.
C_D	Coeficiente de arrastre (adimensional).
C_h	Concentración de entalpía en kJ/m^3.
C_Ω	Concentración de ímpetu en (kg.m/s)/m^3
d	Diámetro interno de un tubo (m)
d_p	Diámetro promedio de un poro de un sólido poroso.
D	Diámetro externo de un tubo, diámetro de una esfera (m)
D_{ML}	Diámetro medio logarítmico (m).
D_{AB}	Difusividad de masa (de Fick) de A en B (m^2/s).
D_{BA}	Difusividad de masa (de Fick) de B en A (m^2/s).
$D_{A(Ef)}$	Difusividad efectiva de A (m^2/s) en un sólido poroso.
D_{KA}	Difusividad de Knudsen de A (m^2/s)
$D_{KA(Ef)}$ poroso.	Difusividad efectiva de Knudsen de A (m^2/s) en un sólido
D_{NA}	Difusividad combinada de Fick y Knudsen de A (m^2/s)
$D_{NA(Ef)}$ poroso.	Difusividad combinada efectiva de A (m^2/s) en un sólido
f	Denota unaFunción Básica General.
f_f	Factor de fricción de Fanning (adimensional)
f_ℓ (adimensional).	Factor de fricción de Fanning para lechos empacados

f_d Factor de fricción de Darcy

g Aceleración de la gravedad (m/s^2)

g_c Constante dimensional (1N = 1 kg.m/s^2)

h Entalpía específica(J/kg)

h_Q Coeficiente convectivo de transferencia de calor (W/m^2.^{0}C).

h_{Qi} Coeficiente interno de transferencia de calor (dentro del tubo) (W/m^2.^{0}C).

h_{Qe} Coeficiente externo de transferencia de calor (fuera del tubo) (W/m^2.^{0}C).

h_{Qie} Coeficiente interno de transferencia de calor basado en el área externa (W/m^2.^{0}C).

$\hat{h}$ Entalpía por unidad de volumen (J/m^3)

H Entalpía total (J), carga de la bomba (m)

i Interno

j Factor de Colburn para transferencia de calor

j_M Factor de Colburn para transferencia de masa

k Conductividad térmica (W/m.K)

k_M Coeficiente convectivo de transferencia de masa (kg/h.m^2.conc.)

Kn Número de Knudsen

ℓ Longitud característica (m)

L Longitud total característica (m)

$\mathbb{L}$ Dimensión total característica (m) (longitud de una placa, diámetro interno de un tubo, diámetro externo de un cilindro, separación entre placas, etc.)

Le Número de Lewis (adimensional)

$\dot{m}$ Flujo de masa (kg/s)

M Masa (kg)

$\mathcal{M}$	Peso molecular (kg/kmol)
$\tilde{M}$ (kg/s.m^2)	Flux de masa (kg/s) o flux másico por unidad de área
$\dot{M}$	Velocidad de transferencia de masa (kg/s).
N	Número de elementos
$\tilde{N}$ (kmol/s.m^2)	Flux de moles (kmol/s) o flux molar por unidad de área
$\dot{N}$	Velocidad de transferencia de moles (mol/s).
n	Número de moles
Nu	Número de Nusselt
o	Externo
p	Presión (bar, Pa)
$\mathcal{P}$	Permeabilidad [(kmol/s.m^2)(m/Pa)]
$\hat{p}$	Presión parcial (bar, Pa)
Pr	Número de Prandtl
$\dot{q}$	Velocidad de transferencia de calor local (kJ/s)
$\dot{Q}$	Velocidad de transferencia de calor total (kJ/s).
$\tilde{q}$	Flux de calor local (kJ/s.m2)
$\tilde{Q}$	Flux de calor total (kJ/s.m2)
r	Radio (m)
Δr	Longitud de la trayectoria de transferencia en una pared cilíndrica. (m)
R	Radio interno de un tubo (m), Resistencia térmica: $R = (\Delta z / k A)$, (°C/W)
$\mathcal{R}$	Constante universal de los gases (varias unidades)
Re	Número de Reynolds (adimensional)
Re_d	No. de Reynolds en tubos de sección circular, flujo interno (adimensional)

Re_D No. de Reynolds en flujo externo transversal sobre tubos de sección circular

            (adimensional)

Re_ℓ No, de Reynolds en un lecho empacado (adimensional)

Re_p No. de Reynolds en flujo sobre una partícula sumergida (adimensional)

s Superficie

$\mathcal{S}$ Solubilidad

Sc Número de Schmidt (adimensional)

Sh Número de Sherwood (adimensional)

St Número de Stanton (adimensional).

St_M Número de Stanton para transferencia de masa (adimensional)

T Temperatura (^{0}C, K)

$\mathcal{T}$ Tortuosidad.

u Velocidad de las capas moleculares de un fluido (m/s)

u Energía interna por unidad de masa (J/kg)

U Energía interna total (J)

υ Velocidad promedio de un fluido, velocidad promedio en la corriente libre

            (m/s)

$\bar{V}$ Velocidad molecular promedio (m/s)

x Distancia en el eje x (m)

x_A Fracción mol en la fase líquida

$\hat{x}_A$ Fracción masa en la fase líquida

$x^\otimes$ Distancia adimensional en el eje x.

X_A Relación de moles en fase líquida (kmol A/kmol B)

$\hat{X}_A$ Relación de masas en fase líquida (kg A/kg B)

Δx Longitud de la trayectoria de transferencia en una pared plana en el eje x (m)

x_A^* Fracción mol en la interfase [igual a $x_{A(i)}$]en la fase líquida.

x_A^{**} Fracción mol en la fase líquida en el equilibrio con $y_{A(G)}$.

y Distancia en el eje Y (m)

$\hat{y}_A$ Fracción masa en la fase gaseosa.

y_A Fracción mol en la fase gaseosa.

$y^{\otimes}$ Distancia adimensional en el eje y.

Y Relación de masas en fase gaseosa (kg A/kg B)

Y_A Relación de moles en fase líquida (kmol A/kmol B)

$\hat{Y}_A$ Relación de masas en fase líquida (kg A/kg B)

Δy Longitud de la trayectoria de transferencia en una pared plana en el eje y (m)

y_A^* Fracción mol en la interfase [igual a $y_{A(i)}$]en la fase gaseosa.

y_A^{**} Fracción mol en la fase gaseosa en el equilibrio con $x_{A(L)}$.

z Distancia en el eje Z (m)

z_c Distancia crítica (m)

Δz Longitud de la trayectoria de transferencia en una pared plana en el eje z (m)

Δz_p Longitud de un poro (m)

z_c Distancia crítica (m)

z_t Longitud de transición.

Subíndices

I Propiedad en el punto I.

II Propiedad en el punto II. Etc.

d Parámetros para flujo interno

D Parámetros para flujo externo

i	Interno
ℓ	Parámetros para lechos empacados.
M	Para transferencia de masa
o	Externo
p	Para partículas sumergidas o propiedades en la pared.
Q	Para transferencia de Calor
S	En la superficie, en la pared
w	En la pared
x	Sobre el eje X
y	Sobre el eje Y
z	Sobre el eje Z
∞	Propiedad medida muy lejos de la pared
Ω	Para transferencia de cantidad de movimiento.

Letras griegas

α (m²/s)	Difusividad térmica (difusividad de energía térmica)
$\dot{\gamma}$	Gradiente de velocidades, velocidad de corte (1/s)
δ	Difusividad de propiedad (m²/s)
δ_C	Espesor de la capa límite de concentraciones (m).
δ_T	Espesor de la capa límite temperaturas (m)
δ_V	Espesor de la capa límite de velocidades (m)
ε	Porosidad (adimensional), Emisividad (adimensional)
η	Viscosidad plástica para fluidos de Bingham (Pa.s)
λ	Frecuencia de una radiación o calor latente (J/kg)
$\bar{\lambda}$	Trayectoria libre media de las partículas de un gas (m)
μ (Pa.s)	Viscosidad, viscosidad dinámica o viscosidad absoluta

$\mathcal{V}$ Viscosidad cinemática o difusividad de cantidad de movimiento (m^2/s)

θ Tiempo (s)

ρ Densidad (kg/m^3)

τ Esfuerzo de corte (Pa) o flux de cantidad de movimiento en $(kg.m/s)/s.m^2$

ψ Concentración de propiedad (unidad de propiedad $/m^3$)

$\tilde{\psi}$ Flux de propiedad (unidad de propiedad/$s.m^2$)

Δ Variación de una propiedad (unidad de propiedad)

$\tilde{\Omega}$ Flux de cantidad de movimiento (kg.m/s)/s o en $(kg.m/s)/s.m^2$

Contenido

1 Introducción a los fenómenos de transferencia

Antes de iniciar un estudio formal es necesario puntualizar algunos conceptos y exponer algunas ideas que harán más sencilla la comprensión de los fenómenos de transferencia. Este capítulo introductorio inicia con la exposición de la relación que hay entre los fenómenos de transferencia y las operaciones unitarias. Para ello se cita brevemente el origen de la carrera de Ingeniería Química y de los conceptos de operaciones unitarias y de los mismos fenómenos de transporte (Figura 1-1). Las dos clasificaciones clásicas de los fenómenos de transporte, los tipos de procesos existentes y la forma de operarlos, son los tópicos que continúan con el capítulo. Más adelante se revisa el papel que juegan las fuerzas intermoleculares en los fenómenos de transferencia y la importancia del concepto del *continuo* en el estudio de los mismos. Finalmente, mediante un análisis sencillo se establece una ecuación general (y algunas variaciones), que puede aplicarse o representar a cualquiera de los fenómenos de transferencia.

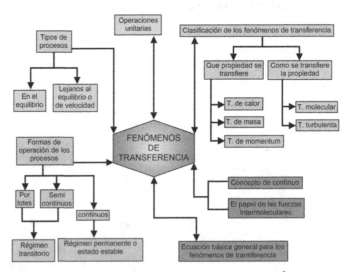

Figura 1-1. Diagrama conceptual del Capítulo 1

1.1 Fenómenos de transferencia y operaciones unitarias.

Las Operaciones Unitarias y los Fenómenos de Transferencia son, en lo esencial, dos conceptos que marcan un hito en la evolución de la carrera de Ingeniería Química. Su importancia se puede equiparar, toda proporción guardada, al descubrimiento de la célula en biología o a las leyes de Newton para la física. Por esa razón este capítulo se inicia con una breve reseña histórica de la carrera de Ingeniería Química y una explicación sencilla sobre la importancia de las Operaciones Unitarias y los Fenómenos de Transferencia en un plan de estudios.

1.1.1 Origen de la carrera de Ingeniería química.

El hombre fue capaz de operar las industrias químicas mucho antes de que se reconociera a la Ingeniería Química como una profesión. La tecnología de cada industria se consideró como una rama especial de conocimiento, y la gente que hizo el trabajo que ahora hace el ingeniero químico, fueron los químicos, los ingenieros mecánicos y los tecnólogos que habían recibido una capacitación previa.

Los primeros cursos de ingeniería química (finales del siglo XIX, principios del XX) estuvieron basados en el estudio de la Tecnología Industrial. El ingeniero químico estudiaba la tecnología de producción de ácido sulfúrico por el método No. 1, o la tecnología de producción del mismo ácido por el método No. 2, o tal método para la producción de ácido fosfórico, o tal otro para hidróxido de sodio, etc. El estudiante tenía que aprender las etapas en que podía dividirse el proceso y su secuencia, así como las condiciones de operación en cada una de las fases. Con el avance de la industria química no sólo se volvieron más complejos los procesos de producción (tecnologías), también aumentaron en número haciendo virtualmente imposible la enseñanza de la ingeniería química basada en el estudio de la Tecnología Industrial.

1.1.2 Origen del concepto de Operación Unitaria.

Afortunadamente, con el tiempo se reconoció que hay una similitud en los cambios físicos que ocurren en ciertas etapas de industrias muy diferentes. Por ejemplo, se observó que la evaporación de un líquido de una solución seguía los mismos principios independientemente de si formaba parte de un proceso de fabricación de azúcar, de jugos concentrados o de un fertilizante. Otros ejemplos son el flujo de hidrocarburos líquidos en una refinería y el de leche en una planta de lácteos; el calentamiento de soluciones de hidróxido de sodio en la industria química inorgánica y la pasteurización de leche; la absorción de oxígeno del aire en un fermentador y la absorción de hidrógeno gaseoso en la hidrogenación de aceites; la destilación que se usa en la industria de bebidas alcohólicas o en la industria petrolera; el secado de granos y el secado de cristales inorgánicos u orgánicos; etc.

El reconocimiento de dichas similitudes condujo al estudio de muchas etapas ya identificadas como comunes a esas industrias. Estas etapas se conocen hoy como *Operaciones Unitarias*. Muchas otras etapas de diversos procesos industriales han alcanzaron el estatus de operación unitaria como la humidificación, la extracción líquido-líquido y sólido-líquido, la adsorción, la trituración y la molienda, la cristalización, la filtración , la centrifugación, el mezclado de líquidos, etc.

Fue hasta 1923 con la publicación del trabajo *Principles of Chemical Engineering* de Walker, Lewis y Mc Adams, que se enfatizó por primera vez el concepto de operación unitaria como una aproximación fundamental a las separaciones físicas como la destilación, la evaporación, el secado, etc. Este fue el momento histórico en el que la profesión de la Ingeniería Química dejó de ser una rama más de la química industrial para convertirse en un área de estudio independiente. (Brodkey & Hershey,1988)

1.1.3 Origen del concepto de Fenómenos de Transferencia.

Al paso de los años se fueron entendiendo mejor las operaciones unitarias y fue quedando claro que ellas no eran entidades totalmente diferentes, al menos en lo que se refiere al fenómeno básico de funcionamiento. Las operaciones unitarias tienen ciertos *principios o mecanismos básicos en común*. Por ejemplo, el mecanismo básico de transferencia de calor ocurre en el enfriamiento, calentamiento, esterilización, secado, destilación, evaporación, etc.; el mecanismo básico de transferencia de masa se presenta en el secado, absorción, destilación y cristalización; y el mecanismo básico de transferencia de cantidad de movimiento también se presenta en las mismas operaciones citadas.

Fueron Bird, Stewart y Lighfoot en su libro *Transport Phenomena* publicado en 1960, quienes reconocieron por primera vez esos mecanismos básicos así como sus implicaciones en la profesión de la ingeniería Química. A estos mecanismos básicos, es decir, la transferencia de calor, la transferencia de masa y la transferencia de cantidad de movimiento se les conoce hoy como Fenómenos de Transporte. Aquí se ha preferido llamarles Fenómenos de Transferencia.

Desde este punto de vista las operaciones unitarias pueden considerarse, en su fundamento, como casos especiales o combinaciones de los fenómenos de transporte. Por ejemplo en el secado ocurre una transferencia de masa de agua del material a secar hacia el aire de secado, una transferencia de calor del aire al material y una transferencia de cantidad de movimiento hacia el aire para que ésta se mueva y se pueda poner en contacto con el material a secar (Figura 1-2).

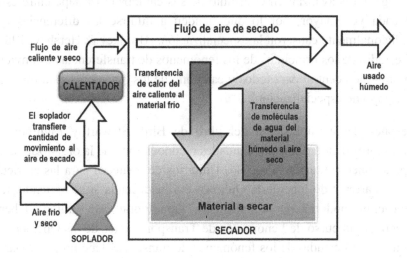

Figura 1-2. Fenómenos de transferencia en la operación de secado.

Actualmente los fenómenos de transferencia son básicos para el estudio de las operaciones unitarias pero también juegan un papel importante en problemas de otras profesiones de la ingeniería. Para los físicos, los ingenieros mecánicos y los ingenieros en aeronáutica es importante el estudio de la teoría básica de la dinámica de fluidos y de la transferencia de calor. Para los ingenieros químicos es de interés el estudio de la transferencia de masa, pero se han visto en la necesidad de encontrar aplicaciones de la teoría de la dinámica de fluidos y de la transferencia de calor en su área de trabajo. En el caso de la ingeniería química ha sido muy útil la aproximación empírica en la resolución de aplicaciones con diversas complicaciones originadas por la transferencia simultánea de calor y de masa, por la presencia de reacción química y debido a las geometrías complicadas de los sistemas en estudio; y son los conceptos presentados en los fenómenos de transporte los que han dado apoyo a los procedimientos empíricos que son usados en el diseño de operaciones unitarias. Como las ecuaciones exactas de muchas aplicaciones no pueden resolverse y muchas veces ni siquiera se pueden establecer dichas ecuaciones, los procedimientos empíricos se siguen y se seguirán utilizando. De esta breve discusión se observa que conforme varios tipos de ingenieros avanzan en el estudio de sus campos el traslape entre éstos es cada vez mayor, por lo que tienden a diluirse las diferencias que tradicionalmente causaron la especialización. (Brodkey & Hershey, 1988). El estudio de los principios de los fenómenos de transferencia se convierte en un tópico central para todos y cada uno de los ingenieros, sin importar su campo de especialización.

Después de la publicación del libro de Bird, Stewart y Lighfoot los educadores de todas las universidades reconocieron que la organización de Operaciones Unitarias - Procesos Unitarios del material para las curricula de las carreras de Ingeniería Química era inadecuada si se pretendía una educación moderna de la ingeniería. Para lograr esto último, debería integrarse un curso de Fenómenos de Transporte antes de las Operaciones Unitarias. El estudio de los fenómenos de transporte debe proporcionar la cimentación sólida necesaria para el diseño e investigación en ingeniería. Este estudio de los fenómenos de transporte de ninguna manera reemplaza a las operaciones unitarias, pero el entendimiento de los fenómenos de transporte proporciona una apreciación o visualización más profunda de los procesos elementales que se presentan en las operaciones unitarias. En síntesis, *el ingeniero que domine los fenómenos de transporte analizará más fácilmente y entenderá mejor las operaciones unitarias.*

1.1.4 Los Fenómenos de transferencia y las Operaciones Unitarias en la formación de Ingenieros Bioquímicos y carreras relacionadas.

Uno de los campos laborales más importante para un Ingeniero Bioquímico es el sector industrial y es hacia allá adonde se enfoca principalmente esta carrera. De ese sector industrial, y más específicamente de las plantas de producción industrial, hay un especial interés por el área de producción. Esto se debe a que como ingenieros el *área de producción* es el área *natural* o el área *primaria* de trabajo. En términos simples, podemos afirmar que un ingeniero químico, bioquímico, farmacéutico o en alimentos *está hecho*, en primera instancia, para *operar* plantas industriales de procesos químicos de transformación.

Por tanto se puede afirmar que para un Ingeniero Bioquímico es muy importante la *comprensión* de los procesos industriales (en plural) de transformación química. Pero debemos ser claros en esto, no sólo debe conocer los procesos industriales (aprenderse la tecnología involucrada) debe entenderlos. Para lograr lo anterior la estructura del plan de estudios de un Ingeniero Bioquímico y en particular del eje de ingeniería se debería basar en las consideraciones que se describen enseguida.

Si el objetivo es la comprensión de los procesos industriales, para lograrlo primero debemos dividir a éstos, los procesos industriales, en partes más pequeñas y así simplificar su estudio. Estas partes las llamaremos *Secciones del Proceso* y se pueden consultar en la Figura 1-3.

Puede observarse, y esto es muy importante, que esta división de los procesos tiene la virtud de ser una *división general que puede aplicarse a cualquier proceso.*

Aún con esta fragmentación de los procesos, el estudio puede ser todavía algo complicado, por lo que se pueden hacer las subdivisiones adicionales necesarias. En esta ocasión, con excepción de las dos últimas, las secciones de proceso las vamos a subdividir hasta llegar a las *operaciones unitarias* tales como las que se muestran en la Figura 1-3.

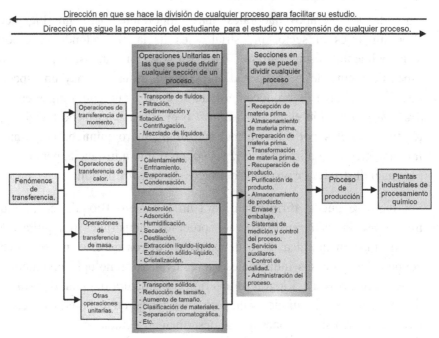

Figura 1-3. Relación de los fenómenos de transferencia con las operaciones unitarias y los procesos industriales.

Esta subdivisión adicional que hemos hecho, tiene también la virtud de ser una *subdivisión general que puede aplicarse a cualquier proceso industrial* de transformación química. Es obvio que la generalidad de esta subdivisión es consecuencia del concepto mismo de operación unitaria. Recordemos que las operaciones unitarias son aquellas etapas en las que se divide un proceso industrial que se pueden analizar de manera individual e independiente, que siguen un objetivo técnico, económico y/o ecológico claro y específico, que pueden ser comunes a muchos procesos industriales, y cuyos principios de operación o de funcionamiento son los mismos independientemente del proceso en el que estén involucradas. Además, los cambios involucrados son exclusivamente físicos. Las operaciones unitarias son como las *células* de los procesos industriales.

En la misma Figura 1-3 se puede ver una clasificación de las Operaciones Unitarias basada en el Fenómeno de Transferencia que juega el papel más importante en cada operación. Por ejemplo, el secado se clasifica como una operación de transferencia de masa, puesto que éste es el proceso clave, pero también hay transferencia de calor y de cantidad de movimiento.

De este análisis breve e indudablemente que parcial, surgen dos conclusiones principales:

- Para entender los procesos industriales es conveniente y necesario estudiar detalladamente las operaciones unitarias y
- Al hacer esto (estudiar las operaciones unitarias), el ingeniero bioquímico (o afín) se convierte en un profesionista más general, con los elementos indispensables para comprender prácticamente cualquier proceso industrial de transformación química.

A estas alturas es claro para el lector que para entender en toda su magnitud a las operaciones unitarias se requieren de conocimientos antecedentes, auxiliares y complementarios a ellas. Uno de esos campos previos de estudio son los *Fenómenos de Transferencia*.

Por lo tanto la importancia del estudio de los Fenómenos de transferencia y de las Operaciones Unitarias se puede resumir como se indica en la Figura 1-4.

Figura 1-4. El estudio previo de los fenómenos de transferencia permite al estudiante un mejor análisis y comprensión de las operaciones unitarias.

1.2 Clasificación de los fenómenos de transferencia.

Los fenómenos de transferencia se pueden clasificar de acuerdo con dos criterios básicos que responden a estas dos preguntas: ¿Qué se transfiere? y ¿Cómo se transfiere?

1.2.1 Clasificación de acuerdo con la propiedad que se transfiere.

El primer criterio de clasificación responde a la pregunta de ¿qué es lo que se transfiere? De esta manera los fenómenos de transferencia se pueden dividir en tres grupos principales:

Transferencia de cantidad de movimiento, ímpetu, momento o momentum.

Transferencia de energía térmica.

Transferencia de masa.

Es decir, esta clasificación se basa en tres de las propiedades que posee un sistema y que además la puede transmitir a otro. En el caso de la transferencia de energía térmica el modo más común de hacerlo es a través de calor, por lo que comúnmente, y por tradición, se le conoce como Transferencia de calor. Sin embargo debe recordarse que el calor es una forma de transmisión de energía y no es propiedad de los sistemas, de tal manera que lo que realmente se transfiere (en forma de calor) es energía térmica y esta última si es propiedad (de estado) de los sistemas.

1.2.2 Clasificación de acuerdo con la forma en que se transfiere la propiedad.

Esta clasificación responde a la pregunta de ¿cómo se transfiere la propiedad? De esta manera los fenómenos de transferencia se pueden dividir en dos grandes grupos:

Transferencia molecular de propiedad.

Transferencia turbulenta de propiedad.

Obviamente que en esta clasificación se está considerando la transferencia de cualquiera de las tres propiedades señaladas de tal manera que la cantidad de movimiento, la energía térmica y la masa pueden transferirse por mecanismos moleculares o turbulentos.

1.2.2.1 Transferencia molecular de propiedad.

La transferencia molecular de propiedad se puede realizar en sistemas estáticos o en sistemas en movimiento.

1.2.2.1.1 Transferencia molecular de propiedad en sistemas estáticos.

Este mecanismo de transferencia se lleva a cabo, como su nombre lo indica, a escala molecular. Como ilustración considérese el caso de la transmisión de calor entre dos cuerpos a través de un tercero que se encuentra entre los otros dos (Figura 1-5). El efecto neto es la transferencia de energía térmica del cuerpo caliente al frío pero como el cuerpo intermedio es un sólido, la única manera en que la energía puede transferirse es de una molécula a otra adyacente, y así consecutivamente hasta llegar a las moléculas del cuerpo frío.

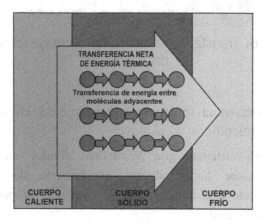

Figura 1-5. Transferencia molecular de calor en sistemas estáticos.

El caso de la transferencia de masa es similar. De acuerdo con el esquema de la Figura 1-6 el efecto neto es la transferencia de masa de la región concentrada a la diluida de la fase líquida del sistema. En primer lugar el sólido se disuelve lo que provoca un alto contenido de moléculas disueltas en la región líquida adyacente al sólido. Si el líquido se encuentra completamente estático las moléculas disueltas sólo podrán viajar hacia la región diluida por sus propios medios, es decir, cada molécula se moverá hacia la derecha independientemente de las otras moléculas y en virtud exclusivamente de su energía individual.

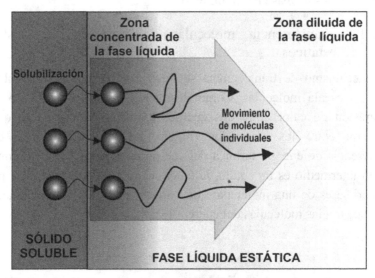

Figura 1-6. Transferencia molecular de masa en sistemas estáticos.

1.2.2.1.2 Transferencia molecular de propiedad en sistemas con movimiento.

Si se trata con sistemas que involucran fluidos en movimiento necesariamente debe haber alguna transferencia de cantidad de movimiento, cuando esta transferencia es molecular se puede describir como se detalla enseguida.

Si se coloca un líquido entre dos placas sólidas, cuando la placa superior se mueve muy lentamente el líquido se comporta como si estuviera formado por capas o láminas de espesor molecular, de tal manera que se obtiene un efecto semejante al que Ud. lograría con un paquete de naipes, es decir, la placa superior arrastra a la capa líquida ubicada inmediatamente debajo y la mueve aunque un poco menos rápido, esta capa líquida arrastra a la segunda capa proporcionándole movimiento pero con una velocidad todavía menor, y así sucede sucesivamente con las demás láminas conforme se va hacia abajo (Figura 1-7). El efecto neto es la transferencia de cantidad de movimiento de la placa móvil hacia las láminas moleculares de líquido. Se observa que en este caso la transferencia de cantidad de movimiento es entre capas de espesor molecular o entre moléculas de capas adyacentes.

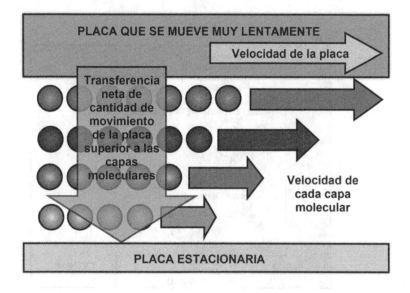

Figura 1-7. Transferencia molecular de cantidad de movimiento.

Si ahora se supone que la placa superior está más caliente que el líquido, o que es de un sólido soluble en el mismo, la transferencia de calor o la de masa que se presentarían se harían a través de las mismas láminas por lo que serían transferencias moleculares, aunque en este caso en sistemas (fluidos) en movimiento.

1.2.2.2 Transferencia turbulenta de propiedad.

Si en los últimos casos descritos anteriormente el medio de transferencia es un líquido en movimiento enérgico con remolinos, tal y como se muestra en las Figuras 1-8 y 1-9, la transferencia de energía térmica del cuerpo caliente al frío y la transferencia de masa de la zona concentrada a la diluida se realiza por medio del movimiento de grandes grupos moleculares (representados por las flechas curvas), tan grandes que pueden ser vistos por un observador como el lector. Es obvio que en ambos procesos ocurre también una transferencia de cantidad de movimiento en este caso entre grandes grupos moleculares; se podría decir que un conglomerado molecular empuja a otro al mismo tiempo que entremezclan moléculas entre ellos.

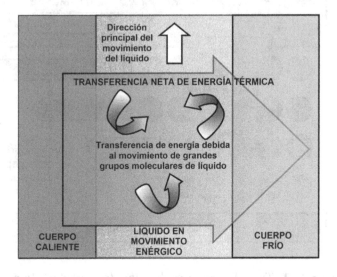

Figura 1-8. Transferencia turbulenta de calor.

Por las características descritas, la transferencia turbulenta sólo se presenta cuando el sistema en estudio involucra fluidos en un movimiento tal que se forman remolinos constituidos cada uno por un gran número de moléculas.

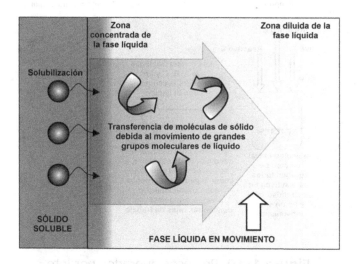

Figura 1-9. Transferencia turbulenta de masa.

1.3

1.4 Formas de operación de los procesos.

Los procesos industriales se pueden trabajar por lotes, en forma continua o en forma semicontinua. Dependiendo del modo de operación es el tipo de planteamiento que se hace para dar solución a los problemas en estudio, por tal motivo en esta sección se presenta la clasificación de los procesos según el modo de operarlos. Adicionalmente los procesos se pueden operar en dos tipos de regímenes: transitorio y permanente.

1.4.1 Procesos por lotes, intermitentes o discontinuos.

En estos procesos se carga la alimentación al inicio y los productos se eliminan algún tiempo después, en un movimiento único. No hay flujo de masa entre el sistema y los alrededores durante el proceso, es decir, desde el momento de la alimentación hasta el tiempo de la descarga de productos. Ejemplo: carga rápida de un reactor, descarga de productos de la reacción tiempo después una vez alcanzado el equilibrio (Figura 1-10).

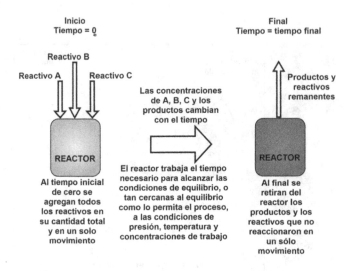

Figura 1-10. Procesos operados por lote.

1.4.2 Procesos continuos.

En los procesos continuos las entradas y salidas fluyen de manera continua durante todo el proceso. Ejemplos: Alimentación continua de suspensión a un filtro y eliminación continua de filtrado y sólidos recolectados. Alimentación continua de leche a un evaporador y eliminación continua de leche concentrada y vapor de agua. (Figura 1-11).

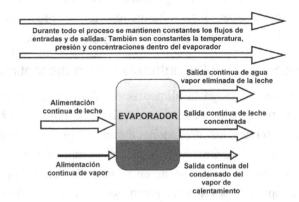

Figura 1-11. Procesos operados continuamente en estado estable.

1.4.3 Procesos semicontinuos.

Los procesos semicontinuos se caracterizan porque las entradas son muy rápidas (casi instantáneas) mientras las salidas son continuas, o viceversa. Ejemplo: Mezclado en un tanque por adición lenta de dos o más corrientes, sin salidas; el producto se descarga completo, tiempo después, en un sólo movimiento (Figura 1-12).

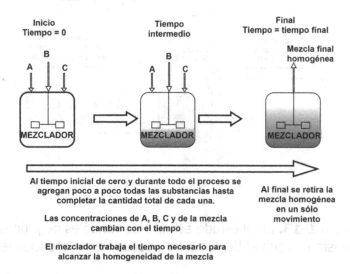

Figura 1-12. Procesos operados en forma semicontinua.

1.4.4 Procesos en régimen permanente o en estado estable.

Cuando los valores de todas las variables de un proceso (temperaturas, flujos, presiones, densidades, etc.) son constantes a lo largo del tiempo (tal vez con algunas pequeñas fluctuaciones), se dice que el proceso está operando en *régimen permanente* también llamado *estado estable*. No debe olvidarse que la constancia de las variables en el estado estable es una constancia temporal y no necesariamente espacial. Por ejemplo, en una columna de destilación la concentración de la substancia *A* aumenta con la altura de la columna, en cualquier tiempo que se mida, pero en cualquier altura fija ℓ el valor de esa concentración no cambia con el tiempo (Figura 1-13). por otro lado, si alguna o algunas de las variables del proceso cambian con el tiempo, se dice que es una *operación transiente* o en *régimen transitorio*.

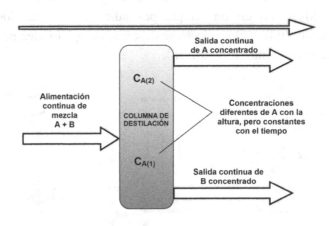

Figura 1-13. En el estado estable las variables de proceso son constantes con el tiempo pero pueden variar espacialmente.

Por su propia naturaleza los procesos por lote y semicontinuos se operan en régimen transitorio, mientras que los procesos continuos pueden operarse en régimen transitorio o permanente. Estos últimos son de especial interés en este texto. Los procesos continuos normalmente se operan en régimen de estado estable y sólo en sus etapas de arranque y paro u ocasiones especiales, se operan en régimen transitorio.

1.5 Tipos de procesos.

Además del criterio de forma de operación, muchos de los procesos (o sistemas) que estudia el ingeniero bioquímico pueden dividirse en dos grupos principales: procesos (o sistemas) en equilibrio y procesos (o sistemas) en desequilibrio. Estos últimos también se conocen como procesos de velocidad.

1.5.1 Equilibrio termodinámico y procesos en el equilibrio.

La termodinámica clásica trata primordialmente de los sistemas en equilibrio. Se considera que un sistema se encuentra en completo equilibrio si al aislarlo no sufre cambios en sus propiedades a lo largo del tiempo y en ninguno de sus puntos. Si por ejemplo se coloca un gas puro dentro de un cilindro, a 1 atmósfera de presión y 20 ^{O}C, si en el exterior hay aire a 20 ^{O}C a una atmósfera de presión, se puede afirmar que este gas está en equilibrio físico con sus alrededores, pero también se encuentra en equilibrio químico puesto que no hay alguna otra especie química con la que pueda reaccionar. En efecto, su temperatura, densidad, presión y composición tendrán el mismo valor en cualquier punto y en cualquier tiempo. Si por el contrario se coloca oxígeno e hidrógeno en proporción molar de 1:1 dentro del mismo cilindro en iguales condiciones, esta mezcla gaseosa estará en equilibrio físico con sus alrededores pero no en equilibrio químico. El oxígeno y el hidrógeno darán origen a moléculas de H_2O aunque con una rapidez extremadamente baja, tan baja que la velocidad de reacción es prácticamente de cero, por eso se considera que este proceso se realiza en el equilibrio o casi en el equilibrio. Así, un proceso en equilibrio es la serie de cambios de estado de un sistema que se realizan con una rapidez infinitamente lenta por lo que están muy cerca del equilibrio; la fuerza impulsora que lo origina tiene una magnitud muy pequeña (diferencial de temperatura, diferencial de concentración, etc.) (Figura 1-14).

1.5.2 Procesos lejanos al equilibrio o de velocidad.

Si en el cilindro considerado en el apartado anterior el gas puro se introduce con una presión de 10 atmósferas, no estará en equilibrio físico con el aire. Al abrir la válvula saldrá el gas con una velocidad bastante grande provocando turbulencias dentro y fuera del cilindro, de tal manera que se presentarán variaciones locales y temporales de la temperatura, la densidad y la presión tanto en el cilindro como en el aire. Es obvio que este proceso está muy lejos de realizarse en condiciones de equilibrio. Por lo tanto, en contrapartida con los procesos en el equilibrio están los procesos lejanos al equilibrio también conocidos como procesos de velocidad. Estos últimos se caracterizan por una fuerza impulsora de magnitud grande siendo la velocidad del proceso proporcional a ella (Figura 1-14).

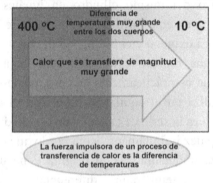

Figura 1-14. Procesos en el equilibrio y procesos de velocidad.

Cuando se consideran procesos que no se llevan a cabo en el equilibrio el sistema en estudio puede ser forzado a mantener condiciones invariables o cambiar de tal manera que se aproxima al equilibrio. En el primer caso se tendrá un proceso continuo en estado estable, y en el segundo un proceso por lote. Ambos procesos mencionados proceden lejanos del equilibrio. El proceso continuo se caracteriza porque las variables de proceso no cambian con el tiempo (aunque puede cambiar su valor según la posición), y las fuerzas impulsoras permanecen o pueden considerarse constantes. Para que, tanto las fuerzas impulsoras como las variables de proceso permanezcan esencialmente constantes, se requiere un flujo continuo de energía y/o masa hacia y desde el sistema. Si un sistema que trabaja en proceso continuo se aisla (termodinámicamente) de los alrededores (no hay flujo de entrada ni de salida de energía y/o masa), el sistema tiende al equilibrio. Este comportamiento lo distingue de los sistemas en equilibrio, en que al aislar estos últimos, no sufren cambio alguno. Si el lector recuerda, todas las plantas de proceso que trabajan en continuo, lo hacen gracias al flujo constante de energía y masa. Un buen ejemplo de este tipo de sistemas es la célula. Ésta se mantiene gracias al flujo de entrada de energía que viene con los alimentos, y al correspondiente flujo de salida debido a la actividad celular. La distancia que separa a un proceso continuo en estado estable del equilibrio siempre es la misma con el paso del tiempo (Figura 1-15).

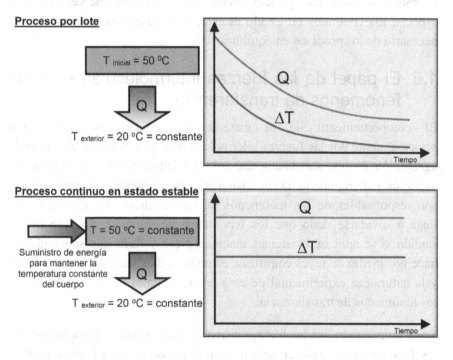

Figura 1-15. En los procesos continuos en estado estable la fuerza impulsora y la rapidez de transferencia son constantes. En los procesos por lote disminuyen con el tiempo y en el equilibrio tienen un valor de cero.

En un proceso por lote las variables de proceso cambian con el tiempo, lo mismo ocurre con las fuerzas impulsoras. Conforme transcurre el tiempo el sistema se acerca paulatinamente al equilibrio, las fuerzas impulsoras se hacen cada vez más pequeñas y la velocidad del proceso decrece, eventualmente hasta hacerse cero. Un proceso típico de este tipo se puede ilustrar con el vaciado de un tanque para llenar otro, estando ambos conectados por un tramo de tubería en el fondo. Al inicio la fuerza impulsora (diferencia de presiones hidrostáticas) tiene su valor máximo, y el flujo (transporte de masa) también. Ambas variables (presión y flujo) disminuyen en magnitud con el tiempo, hasta alcanzar el valor de cero en el equilibrio (Figura 1-15).

En este libro trataremos principalmente con los procesos de velocidad, en especial los continuos en estado estable, y nos auxiliaremos cuando sea necesario de los procesos en equilibrio.

1.6 El papel de las fuerzas intermoleculares en los fenómenos de transferencia.

El comportamiento de la materia que conocemos está regido principalmente por las fuerzas intermoleculares, por ejemplo, el estado de agregación de una substancia depende del balance entre las fuerzas de atracción y de repulsión. De la misma manera las fuerzas intermoleculares son responsables de los fenómenos de transferencia. Sin embargo esto llega a olvidarse dado que los fenómenos de transferencia sólo tienen sentido si se aplican a sistemas macroscópicos y dado que su estudio se hace por medio de leyes empíricas. El análisis de sistemas macroscópicos y la naturaleza experimental de esas leyes oculta el origen molecular de los fenómenos de transferencia.

Se ha demostrado que las fuerzas intermoleculares son las responsables de los fenómenos de transferencia dado que las ecuaciones básicas para la transferencia de momento, de calor y de masa pueden derivarse directamente de la ecuación de Boltzmann de la mecánica estadística. (Brodkey y Hershey, 1988). Sin embargo, esta deducción no se verá aquí puesto que es extremadamente compleja y su solución exacta proporciona resultados tan simples que no tienen un uso directo en la solución de problemas de ingeniería

Debido a la aproximación empírica los fenómenos de transporte se clasifican precisamente en los dos grandes grupos ya mencionados: la transferencia por medios moleculares con o sin convección y la transferencia por mecanismos turbulentos.

1.7 Concepto de continuo o *continuum*.

Toda la materia esta formada por moléculas en una cantidad extraordinariamente grande. Si se quisiera predecir el movimiento individual de cada molécula de un fluido se necesitaría una teoría extremadamente compleja. Tanto la teoría cinética de los gases como la mecánica estadística estudian el movimiento de las moléculas, pero este estudio se realiza en términos de grupos estadísticos y no de moléculas individuales. (Welty,1976)

Si bien el comportamiento molecular es importante conocerlo, en ingeniería la mayor parte del trabajo se relaciona con el comportamiento de grupos o conjuntos macroscópicos de moléculas y no con el comportamiento molecular o microscópico. En muchos casos es conveniente imaginar un fluido como una distribución continua de materia o un *continuo* o *continuum*. Desde luego, en algunos casos no es válido utilizar dicho concepto.

Considérese por ejemplo un volumen pequeño de gas en reposo. Si el volumen es lo suficientemente pequeño (casi del tamaño molecular), el número de moléculas por unidad de volumen dependerá del tiempo (pues de vez en vez se podrá "ver" pasar alguna(s) molécula(s) en ese volumen, y a veces no habrá moléculas), aunque para un volumen macroscópico haya un volumen constante de moléculas. El concepto de *continuo* sólo será válido para sistemas macroscópicos con el número suficiente de moléculas. Así pues, se ve que la validez de este concepto depende del tipo de información que se desee obtener y no de la naturaleza del fluido. Es válido tratar a los fluidos como continuos siempre que el menor volumen de fluido que se considere, contenga un numero suficiente de moléculas para que tenga sentido hacer promedios estadísticos. Se considera que las propiedades macroscópicas de un *continuo*, varían continuamente de un punto a otro del fluido.

La densidad y el *continuo*. La densidad nos servirá para ilustrar y distinguir entre el dominio molecular y el dominio del *continuum*. Si observa la Figura 1-16 de inmediato identifica un volumen límite que divide la gráfica en dos zonas: la del dominio molecular y la del dominio del continuo. Si se trabaja con volúmenes inferiores a ese valor límite, debido al número muy bajo de moléculas presentes en ese espacio, que además varía con el tiempo, el valor de la densidad fluctúa demasiado. De hecho se puede afirmar que el concepto de densidad no tiene significado por debajo del volumen límite. De la misma manera Ud. puede pensar que la temperatura, la entalpía, la energía interna, la entropía, etc. no tienen sentido para algunas cuantas moléculas. En el caso extremo no tiene significado alguno hablar de la temperatura o la entalpía de una molécula. Del otro lado del volumen límite nos encontramos en el dominio del continuo. Como el número de moléculas es lo suficientemente grande, la densidad tiene sentido (y también las otras propiedades macroscópicas) y toma un valor prácticamente constante.

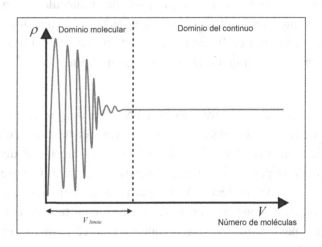

Figura 1-16. Las propiedades macroscópicas de los sistemas que conocemos sólo tienen significado en el dominio del continuo.

Los fenómenos de transferencia que se estudiarán aquí, son del dominio del continuum, la teoría y las soluciones empíricas involucradas, serán válidas sólo si se tiene el número suficiente de moléculas para considerar que se trabaja con un *continuum*. En otras palabras, los fenómenos de transferencia son eventos macroscópicos.

1.8 Ecuación básica general para los fenómenos de transferencia.

Remitiéndonos de nuevo a la Figura 1-2 podemos decir que el aire fluye a través del secador debido a la diferencia de presiones de aire entre la entrada y salida del equipo; el calor pasa del aire caliente al material a secar en virtud de la diferencia de temperaturas que hay entre ambas substancias; y las moléculas de agua migran del material húmedo al aire de secado debido a la diferencia de potenciales químicos que posee el agua en ambas fases. Se puede generalizar diciendo que los fenómenos de transferencia sólo ocurrirán si existe una diferencia de valores de alguna propiedad (entre los puntos considerados) que funcione como potencial generador de una transferencia. Así, la diferencia de temperaturas es el potencial generador de la transferencia de energía térmica, la diferencia de potenciales químicos del agua es la fuerza impulsora de la transferencia de masa, y la diferencia de presiones es la fuerza impulsora o el potencial generador del flujo de aire. Para que haya transferencia de propiedad debe existir una fuerza impulsora y cuanto más grande sea ésta la velocidad de transferencia será mayor, por ejemplo, una diferencia de temperaturas más grande provoca una velocidad mayor de transferencia de calor. Además no es igual que el calor se transfiera a través de una pared metálica que a través de una pared construida de madera que ofrecerá una mayor resistencia al paso de calor; de tal forma que los materiales involucrados juegan un papel importante en los fenómenos de transferencia. Por tanto es conveniente establecer una ecuación que represente el comportamiento matemático básico de los de fenómenos de transporte como la siguiente:

$$\text{Velocidad de transferencia} = \frac{\text{Fuerza Impulsora}}{\text{Resistencia}} = \left(\text{Conductancia}\right)\left(\text{Fuerza Impulsora}\right) \qquad \textbf{(1-1)}$$

Esta ecuación de naturaleza general se puede reexpresar tomando en consideración que la transferencia de propiedad también depende del área que debe atravesar y la distancia que debe recorrer. Por ejemplo, un cuarto refrigerado perderá menos energía térmica con paredes más gruesas y menos área expuesta al exterior; o una ropa húmeda se secará más rápido si es de tela delgada y se extiende ampliamente. Considerando entonces el área y recorrido de la transferencia la Ecuación 1-1 puede reescribirse así:

$$\begin{pmatrix} \text{Velocidad} \\ \text{de} \\ \text{Transferencia} \end{pmatrix} = \begin{pmatrix} \text{Facilidad que ofrece} \\ \text{el medio a la transferencia} \end{pmatrix} \begin{pmatrix} \text{Area de} \\ \text{transferencia} \end{pmatrix} \begin{pmatrix} \text{Diferencia de propiedad} \\ \text{que funciona como el potencial} \\ \text{que da origen a la transferencia} \end{pmatrix} \begin{pmatrix} \dfrac{1}{\text{Recorrido de}} \\ \text{la transferencia} \end{pmatrix}$$

o

$$\begin{pmatrix} \text{Velocidad} \\ \text{de} \\ \text{Transferencia} \end{pmatrix} = \begin{pmatrix} \dfrac{1}{\text{Resistencia que}} \\ \text{ofrece el medio} \\ \text{a la transferencia} \end{pmatrix} \begin{pmatrix} \text{Area de} \\ \text{transferencia} \end{pmatrix} \begin{pmatrix} \text{Diferencia de propiedad} \\ \text{que funciona como fuerza impulsora} \\ \text{que da origen a la transferencia} \end{pmatrix} \begin{pmatrix} \dfrac{1}{\text{Recorrido de}} \\ \text{la transferencia} \end{pmatrix}$$

1.9 Resumen y conclusiones.

Los fenómenos de transferencia tienen su origen en las fuerzas y energías moleculares pero sólo tienen sentido si se aplican a sistemas macroscópicos. Estos fenómenos son los eventos elementales que tienen que realizarse dentro de los equipos de proceso para que estos cumplan con su función. Así, para separar una mezcla homogénea por destilación, debe suministrarse cantidad de movimiento a los líquidos y vapores, debe haber transferencia de masa entre las dos fases y debe suministrarse calor para cubrir los requisitos de energía de vaporización. Por esa razón, para comprender bien las operaciones unitarias es necesario un estudio previo de los fenómenos de transferencia.

Las dos clasificaciones de los fenómenos de transferencia son útiles y se usarán a lo largo del libro. Por ejemplo, se podrá hablar de la transferencia molecular de calor o de la transferencia turbulenta de calor. Se puede aplicar lo mismo para la masa y la cantidad de movimiento.

La rapidez con que se realizan los fenómenos de transporte depende de cuatro factores fundamentales: la resistencia (o conductancia) que ofrece el medio a la transferencia, el área por la que se lleva a cabo la transferencia, la longitud de la trayectoria de transferencia y la fuerza impulsora. En general, para todos los procesos, los tres primeros factores son constantes. En sistemas que se trabajan continuamente en estado estable la fuerza impulsora también es constante y por tanto la rapidez de transferencia se mantiene invariable. En procesos por lote la fuerza impulsora disminuye con el tiempo provocando que la rapidez de transferencia también lo haga. Ambos procesos, continuos y por lotes, son procesos lejanos al equilibrio. Los primeros se mantienen a una "distancia" constante de su estado de equilibrio correspondiente mediante la entrada y salida continuas de masa y energía (aunque como se verá más adelante, en el equilibrio de fases –Capítulo 10-, puede haber una aproximación espacial con su equilibrio). Los procesos por lote se acercan a su equilibrio conforme transcurre el tiempo.

2 Transferencia de energía térmica en sistemas estáticos en régimen permanente.

La forma más sencilla de iniciar el estudio de los fenómenos de transferencia es analizando el caso de la transmisión de calor en estado estable a través de sólidos estacionarios.

Todos nosotros hemos estado en contacto con el fenómeno de transferencia de calor, sentimos el frío de una mañana fresca, hemos disfrutado el calor del sol, o hemos calentado agua para preparar un buen café. Los ejemplos anteriores son típicos del fenómeno de transferencia calor en la vida de casi todo ser humano. De la termodinámica se sabe que el calor es una forma de transferir energía en virtud de una diferencia de temperaturas entre dos sistemas. De los cursos de fisicoquímica recordaremos que el calor tiene las siguientes características: Solo se presenta cuando hay un cambio de estado y cuando esta energía atraviesa una frontera del sistema previamente establecida; el calor no es función de estado por tanto no es propiedad del sistema, es decir, un cuerpo no posee más o menos calor que otro de diferente temperatura pero si tendrá más o menos energía térmica que ese otro sistema con el que se compara. Por otro lado, el calor si es una función de trayectoria, lo que quiere decir que su magnitud depende de la forma o procedimiento utilizado para que se realice el cambio de estado. Por tanto, en realidad lo que se transfiere de un sistema a otro es energía térmica y no calor, sin embargo, es tal la costumbre que aquí seguiremos hablando de la transferencia de calor en el entendido de que lo que se transfiere es energía térmica, la mayoría de las veces como entalpía.

En la parte inicial de este capítulo revisaremos brevemente los mecanismos básicos de transmisión de calor para entender claramente la esencia de cada uno y para identificar sus diferencias (Figura 2-1). Nos enfocaremos exclusivamente al mecanismo de conducción, que es el más sencillo y se realiza de manera molecular. En primera instancia analizaremos la transmisión de calor por conducción a través de paredes sólidas no porosas, planas y cilíndricas, sencillas o compuestas. En este capítulo se utilizará la ecuación de Fourier para el análisis de la transmisión de calor en estado estable, en una dimensión, en sistemas sólidos de geometría sencilla. Las formas más comunes que encuentra el ingeniero y que además son simples, son la pared plana y el cilindro hueco. La Ley de Fourier se aplicará también a sistemas similares pero formados por líquidos o gases. Con la citada ley se definirá la propiedad conocida como conductividad térmica, remarcando su importancia en el fenómeno y comparando los valores de dicha propiedad entre diversos materiales en distintos estados de agregación.

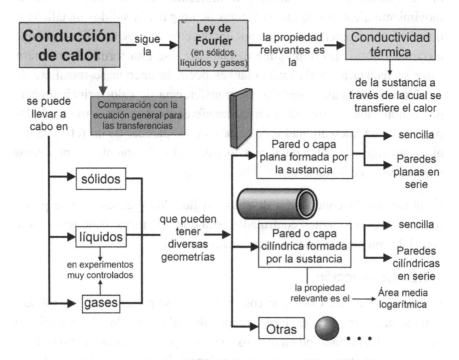

Figura 2-1. Diagrama conceptual del Capítulo 2.

2.1 Mecanismos básicos de transmisión de energía en forma de calor.

Hay tres mecanismos básicos por medio de los cuales se puede transferir calor: conducción, convección y radiación.

2.1.1 Conducción.

El calor puede transferirse por conducción en sólidos, líquidos y gases. El mejor ejemplo para entender la conducción de calor es un cuerpo sólido en virtud de que este mecanismo es el único presente en ellos. La conducción de calor se puede visualizar como la transferencia de energía de movimiento molecular entre moléculas individuales adyacentes como se ilustró ya en la Figura 1-5 del capítulo anterior. El tipo de movimiento molecular involucrado depende del estado de agregación del sistema y va, de la vibración de los átomos o moléculas en un sólido, hasta el movimiento aleatorio de las moléculas de un gas. En sólidos metálicos la transferencia de energía térmica por conducción se hace también mediante electrones libres. Lo importante es entender que esta forma de transferir calor se realiza a escala molecular, es decir, la energía se transfiere de molécula a molécula. Ejemplos de transferencia de calor principalmente por conducción se presentan en la transferencia de calor a través de las paredes de un intercambiador de calor o de las paredes de un refrigerador, el tratamiento por calor de aceros forjados, el enfriamiento de productos alimenticios congelados, etc.

Es obvio que la conducción de calor en líquidos y gases sólo se puede realizar en experimentos controlados para que este mecanismo no se vicie con el de convección que se menciona enseguida.

2.1.2 Convección.

La transferencia de calor por convección no se presenta en los sólidos. Este término implica la transferencia de calor debido al movimiento *masivo* y el mezclado de elementos macroscópicos (grupos de moléculas) dentro de líquidos o gases. En otras palabras, la transferencia de calor se realiza entre grupos muy grandes de moléculas que alcanzan el nivel macroscópico y son grupos moleculares que además se mantienen en movimiento de alguna manera. También puede presentarse el mecanismo de convección dentro de un fluido después de que éste se pone en contacto con una fase sólida de temperatura diferente. Como en la convección está involucrado el movimiento del fluido, la transferencia de calor en este caso está parcialmente gobernada por la transferencia de cantidad de movimiento (o leyes de la mecánica de fluidos). Cuando la convección se induce por una diferencia de densidades resultante de una diferencia de temperaturas en el fluido le llamaremos convección natural. Puede inducirse esa diferencia de densidades en el fluido si éste se pone en contacto con una superficie sólida caliente (Figura 2-2, a); así, la porción fluida caliente, próxima a la superficie del sólido, inicia la circulación del fluido. Si el movimiento del fluido es el resultado de una fuerza externa como una bomba, soplador o un agitador, entonces le llamaremos convección forzada (Figura 2-2, b y c). Ejemplos de transferencia de calor por convección los encontramos en la pérdida de calor de un radiador de coche en el que el aire se circula mediante un ventilador, el cocimiento de alimentos en un recipiente agitado, el enfriamiento de una taza de café caliente por el aire que lo circunda, etc.

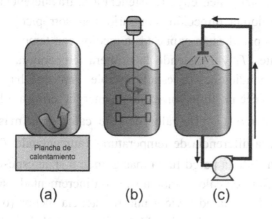

Figura 2-2. Transferencia de calor por convección.

2.1.3 Radiación.

La transferencia de calor por radiación es energía que se transfiere por radiación electromagnética, o fotones, que poseen un cierto intervalo de longitudes de onda. Por tanto, las leyes que gobiernan la luz visible, también gobiernan la transferencia de calor por radiación. Este mecanismo difiere de los dos casos anteriores principalmente por que no requiere de un medio (sólidos o fluidos) para su propagación. La energía radiante si puede transferirse a través de gases, líquidos o sólidos, pero estos absorben algo de energía, por lo que su transmisión es mucho más eficiente a través del vacío. El ejemplo más importante de transmisión de calor por radiación es la transferencia de calor del sol a la tierra. Otros ejemplos son el cocimiento de alimentos cuando pasan junto a los calentadores eléctricos al rojo vivo, el calentamiento de fluidos que van en un serpentín que está a su vez dentro de un horno de combustión, etc.

2.2 Conducción de calor a través de una pared plana sólida no porosa.

Consideremos la pared plana de la Figura 2-3. Ignorando las caras pequeñas esa pared tiene un área A de sección transversal al flujo principal de calor y un espesor Δz. Está formada de un material isotrópico, es decir, es un sólido homogéneo cuya resistencia a la transferencia de calor es la misma en cualquier dirección (contrario a anisotrópico). Las superficies externas de la pared están expuestas a medios con temperaturas diferentes pero constantes T_1 y T_2, siendo la primera temperatura más alta que la segunda. En condiciones de estado estable, como no hay generación de calor, se establece un flujo constante de energía térmica a lo largo del eje z, denotado como $\dot{Q}_z$. El valor de este calor sería más grande si se incrementara la diferencia de temperaturas (aumentando T_1 o reduciendo T_2), si el área A de la pared fuera más grande o si su espesor Δz fueramás pequeño. El flujo de calor también se vería incrementado si el material de construcción de la pared tuviera una resistencia menor (o conductividad mayor) a la transmisión de calor. Matemáticamente hablando lo anterior se expresa:

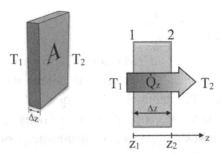

Figura 2-3. Conducción a través de una pared plana sólida no porosa.

$$\dot{Q}_z \propto \left(T_1 - T_2\right), A_Q, \frac{1}{\Delta z}$$

2.2.1 Ley de Fourier.

Si la relación anterior se convierte en igualdad introduciendo una constante de proporcionalidad k, se tiene

$$\dot{Q}_z = kA_Q \frac{T_1 - T_2}{\Delta z} \tag{2-1}$$

Ley de Fourier

Esta es la ecuación básica para la transferencia de calor por conducción en estado estable y fue establecida experimentalmente por Fourier en 1822. Expresada de manera diferencial y omitiendo el subíndice z puesto que sólo consideraremos flujo unidireccional en ese eje:

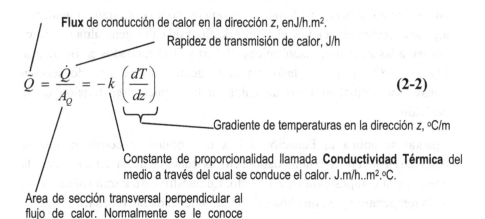

Flux de conducción de calor en la dirección z, en $J/h.m^2$.

Rapidez de transmisión de calor, J/h

$$\tilde{Q} = \frac{\dot{Q}}{A_Q} = -k\left(\frac{dT}{dz}\right) \tag{2-2}$$

Gradiente de temperaturas en la dirección z, $^{\circ}C/m$

Constante de proporcionalidad llamada **Conductividad Térmica** del medio a través del cual se conduce el calor. $J.m/h..m^2.^{\circ}C$.

Area de sección transversal perpendicular al flujo de calor. Normalmente se le conoce como área de transmisión de calor. m^2

El signo menos de la ecuación se utiliza para que Q sea positivo en la dirección positiva de z, y también indica que el flujo de calor se realiza en contra del gradiente de temperaturas. Recordemos que conducción en estado estable significa que la velocidad de transferencia de calor $\dot{Q}_z$ a través de una sección transversal dada en el sistema, no varía con el tiempo. Esto se cumple si A_Q, Δz, ΔT y k son constantes.

El significado físico de la conductividad térmica puede entenderse mejor si primero se despeja k de la ecuación de Fourier:

$$k = \frac{\dot{Q}}{A_Q}\left(-\frac{dz}{dT}\right)$$ (2-3)

si $A=1\text{m}^2$, $dz=1\text{m}$ y $dT=1\text{K}$, entonces $k = \dot{Q}$, es decir, k es el calor que se transfiere por unidad de tiempo cuando se tiene un gradiente unitario de temperaturas y un área unitaria de transferencia de calor. Por tanto, si para los mismos factores unitarios un cuerpo tiene una conductividad más grande, facilitará más la transferencia de calor.

La conductividad térmica k es una función del material de construcción de la pared; para un sistema de una fase se considera que depende sólo de la temperatura y la presión. Si la temperatura cambia mucho a través de un cuerpo k puede variar mucho con respecto a la posición (z). En los casos en los que no se tienen materiales isotrópicos, como el cuarzo, la madera y algunos objetos laminados, el vector de flujo de calor generalmente no es normal a las superficies isotérmicas (Eckert y Drake, citados en Bennett & Myers, 1983). Por otro lado, en otras geometrías el área de sección transversal normal al flujo de calor también puede ser función de la posición

Cuando se aplica la Ecuación 2-1 a los sólidos se considera que la conductividad en un punto dado sólo es función de la temperatura, la presión y la composición en ese punto. En nuestro caso k será sólo función de la temperatura y en muchos casos será independiente de ella.

Si la ecuación de Fourier,

$$\tilde{Q} = \frac{\dot{Q}}{A_Q} = -k\left(\frac{dT}{dz}\right)$$

se integra de la cara 1 a la 2:

58

$$\int_1^2 \frac{\dot{Q}}{A_Q} dz = -\int_1^2 k dT$$

y si Q, A_Q y k son constantes, entonces:

$$\frac{\dot{Q}}{A_Q}(z_2 - z_1) = k(T_1 - T_2) \qquad \text{(2-4)}$$

que puede reescribirse

$$\tilde{Q} = \frac{\dot{Q}}{A_Q} = k \frac{-\Delta T}{\Delta z}$$

obteniéndose la misma Ecuación 2-1

Si de la ecuación anterior se despeja T_2, y se indica sólo como T:

$$T = -\left(\frac{\dot{Q}}{A_Q} \frac{1}{k}\right) \Delta z + T_1 \qquad \text{(2-5)}$$

Esta ecuación indica, si las variables del paréntesis son constantes, la variación lineal de la temperatura con la distancia cuando las condiciones son las ya mencionadas (Figura 2-4).

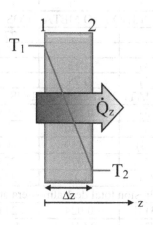

Figura 2-4. Perfil de temperaturas a través de una pared plana.

2.2.2 Conductividad térmica de sólidos.

La conductividad térmica de sólidos homogéneos varía ampliamente como puede observarse en la Tabla 2-1. Es típico que los materiales sólidos metálicos tengan una conductividad térmica mayor que los materiales sólidos no metálicos.

Entre los sólidos metálicos, se puede observar que los datos revelan que aquellos con conductividades térmicas altas son los que poseen conductividades eléctricas altas. Como esta relación no aplica a los sólidos no metálicos, se ha hecho la suposición de que el calor se conduce a través del sólido por medio de más de un mecanismo. De hecho, el calor en los sólidos puede transmitirse por medio de los electrones, vibración intermolecular, por excitación magnética y por radiación electromagnética. Así, la conductividad térmica total es la suma de las contribuciones de los cuatro modos de transferencia.

Tabla 2-1. Conductividades térmicas de algunas substancias.

Material	Temp., °C (K)	k (W/m.K)	Temp., °C, (K)	K (W/m.K)
SOLIDOS METALICOS				
Acero (1%)	0 (273)	43		
Aluminio	0 (273)	202	27 (300)	237
Cobre	0 (273)	385	27 (300)	401
Fierro (puro)	0 (273)	73	27 (300)	80.2
Plata	0 (273)	410	27 (300)	429
SOLIDOS NO METALICOS				
Azufre			27 (300)	0.206
Carbón amorfo			27 (300)	1.60
Magnesita	0 (273)	4.15		
Vidrio	0 (273)	0.78		
MATERIALES LIQUIDOS				
Agua	0 (273)	0.556	20 (293)	0.602
Amoniaco	0 (273)	0.540		
Benceno	30 (303)	0.159	60 (333)	0.151
Freon 12	0 (273)	0.073	27 (300)	0.072
Mercurio	0 (273)	8.21	27 (300)	8.54
GASES (Presión total de 1 atmósfera absoluta)				
Aire	0 (273) K	0.024	27 (300)	0.0263
Agua vapor saturado	0 (273)	0.0182	107 (380)	0.0196
Continúa en la próxima página				

Tabla 2-2. Conductividades térmicas de algunas substancias. (continuación)

Bioxido de carbono	0 (273)	0.0146	27 (300)	0.01655
Helio	0 (273)	0.141	27 (300)	0.152
Hidrógeno (H_2)	0 (273)	0.175	27 (300)	0.183
Metano	0 (273)	0.0303	50 (323)	0.0372
n-Butano	0 (273)	0.0135	100 (373)	0.0234
n-Hexano	0 (273)	0.0125	20 (293)	0.0138
MATERIALES BIOLOGICOS Y ALIMENTOS				
Aceite de oliva	20 (293)	0.168	100 (373)	0.164
Carne magra de res	-10 (263)	1.35		
Leche descremada	2 (275)	0.538		
Mantequilla	4.6 (277.6)	0.197		
Miel	(275.4)	0.50		
Naranjas	30 (303.5)	0.431		
Pescado congelado	(263.2)	1.22		
Puré de manzana	23 (296)	0.692		
Salmón congelado	4 (277)	0.502	-25 (248)	1.3
Ternera congelada	(263.6)	1.30		

El mecanismo de transferencia de calor por medio de electrones aplica sólo a los conductores eléctricos, siendo el mecanismo principal presente en estos materiales. La transmisión de energía de vibración entre átomos o moléculas adyacentes es el mecanismo predominante en los sólidos no metálicos. Aunque las velocidades de transferencia de calor en estas últimas substancias son pequeñas comparada con la de los metales, las conductividades térmicas de las substancias no metálicas no son insignificantes, como es el caso de sus conductividades eléctricas. La transferencia por excitación magnética consiste en el acoplamiento de dipolos magnéticos de átomos adyacentes. Finalmente, en materiales translúcidos se presenta la transferencia por radiación electromagnética en la forma de fotones. La conductividad térmica no se verá afectada por este mecanismo si el sólido no tiene capacidad de absorción para la radiación o es completamente opaco. Sin embargo, para substancias entre estos dos extremos, cada elemento de volumen del sólido absorberá, emitirá y re-radiará fotones. Por esta razón se cree que las conductividades térmicas de los vidrios tienden a aumentar rápidamente a temperaturas altas. (Bennett y Myers, 1982)

Ejemplo 2-1

Un horno de paredes planas tendrá una temperatura de trabajo de 800 ^{0}C. La temperatura en su cara externa no debe exceder de 60 ^{0}C como una medida de protección al personal. Las dimensiones del horno son: altura de 2m, largo de 4m y ancho de 3m. El material aislante con que se van a cubrir sus paredes tiene una conductividad térmica de 1.43 kJ/h.m.^{0}C a 90 ^{0}C y 3 kJ/h.m.^{0}C a 1000 ^{0}C. Determine: a) la pérdida de calor si el espesor del aislante es de 30 cm. b) el espesor necesario del mismo material para que las pérdidas de calor no excedan los 10 kJ/m^2.s. Considere que las condiciones para la transmisión de calor serán iguales en las seis paredes, incluyendo piso y techo. El horno estará trabajando de forma continua en estado estable.

Solución.

Todas las paredes tienen en su cara interna 800^{0}C y en su cara externa 60^{0}C, por lo que las paredes del horno se comportan como una gran pared cuya área total para la transferencia de calor es la suma del área de las seis paredes. Es decir,

$$A_Q = \left[2(4 \times 3) + 2(4 \times 2.5) + 2(3 \times 2.5) \right] \ m^2 = 59 \ m^2$$

Como la temperatura del material cambia mucho entre sus caras y su conductividad es sensible a esos cambios debe determinarse una conductividad promedio. En la práctica lo que se hace es determinar la k a la temperatura promedio, es decir, si $T_1 = 800$ ^{0}C y $T_2 = 60$ ^{0}C,

$$\overline{T} = \frac{T_1 + T_2}{2} = \frac{800 + 60}{2} = 430 \ °C$$

ahora la conductividad térmica del aislante se calcula con los datos disponibles suponiendo una relación lineal entre k y T.

Auxiliándonos de la Figura 2.5, podemos establecer la expresión siguiente:

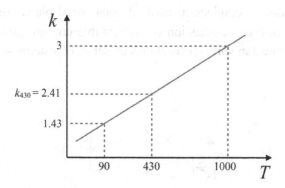

Figura 2-5. Se supone una relación lineal entre la conductividad térmica y la temperatura.

$$k_{430} = k_{90} + \frac{k_{1000} - k_{90}}{1000 - 90}\left(1000 - 430\right) = 1.43 + \frac{3 - 1.43}{1000 - 90}\left(1000 - 430\right) = 2.41\frac{\text{kJ}}{\text{h m }^\circ\text{C}}$$

Aplicando la ley de Fourier, se resuelve el inciso a),

$$\dot{Q} = k_{430}A_Q\frac{-\Delta T}{\Delta z} = k_{430}A_Q\frac{T_1 - T_2}{\Delta z} = \frac{2.41\text{ kJ}}{\text{h m }^\circ\text{C}}\frac{59\text{ m}^2}{1}\frac{\left(800 - 60\right)\ ^\circ\text{C}}{0.3\text{ m}} = 350\ 735.3\frac{\text{kJ}}{\text{h}}$$

En el inciso b) se tiene el flux máximo de calor, por tanto,

$$\Delta z = k_{430}\frac{-\Delta T}{\tilde{q}} = \frac{2.41\text{ kJ}}{\text{h m }^\circ\text{C}}\frac{\left(800 - 60\right)^\circ C}{1}\frac{\text{s m}^2}{10\text{ kJ}}\frac{1\text{h}}{3600\text{ s}} = 4.95\times10^{-2}\text{ m} = 4.9\text{ cm}$$

2.3 Conducción de calor a través de paredes planas sólidas no porosas en serie.

Cuando el calor se conduce a través de una pared plana compuesta por diversas substancias, la situación es comparable con un sistema eléctrico en el que se conectan varias resistencias en serie. El sistema se ilustra en la Figura 2-6.

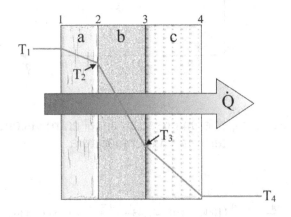

Figura 2-6. Perfil de temperaturas en una pared compuesta.

Como la conducción de calor es en estado estable y por tanto no hay acumulación de energía térmica en ningún punto de la pared compuesta, la ecuación de Fourier puede escribirse para cada una de las capas:

$$\frac{\dot{Q}}{A_Q} = k_a \frac{T_1 - T_2}{z_2 - z_1} = k_b \frac{T_2 - T_3}{z_3 - z_2} = k_c \frac{T_3 - T_4}{z_4 - z_3} \tag{2-6}$$

Como en los sistemas de ingeniería normalmente se usa la diferencia global de temperaturas, se encontrará una función entre el flux de calor y $T_1 - T_4$. Si despejamos las diferencias de temperaturas:

$$T_1 - T_2 = \frac{\dot{Q}}{A_Q} \frac{\Delta z_a}{k_a} \tag{2-7}$$

$$T_2 - T_3 = \frac{\dot{Q}}{A_Q} \frac{\Delta z_b}{k_b} \tag{2-8}$$

$$T_3 - T_4 = \frac{\dot{Q}}{A_Q} \frac{\Delta z_c}{k_c} \tag{2-9}$$

sumamos las tres ecuaciones anteriores:

$$(T_1 - T_2) + (T_2 - T_3) + (T_3 - T_4) = \frac{\dot{Q}}{A_Q} \left(\frac{\Delta z_a}{k_a} + \frac{\Delta z_b}{k_b} + \frac{\Delta z_c}{k_c} \right)$$

$$T_1 - T_4 = \frac{\dot{Q}}{A_Q} \left(\frac{\Delta z_a}{k_a} + \frac{\Delta z_b}{k_b} + \frac{\Delta z_c}{k_c} \right)$$

o

$$\dot{Q} = \underbrace{\frac{1}{\left(\dfrac{\Delta z_a}{k_a} + \dfrac{\Delta z_b}{k_b} + \dfrac{\Delta z_c}{k_c} \right)}}_{U_c} A_Q (T_1 - T_2) \tag{2-10}$$

Coeficiente conductivo de transmisión de calor. Pondera las conductividades y espesores de todas las paredes.

$$\dot{Q} = U_c A_Q (T_1 - T_2) \tag{2-11}$$

Como el área de transferencia es la misma para todas las paredes, la ecuación anterior se puede escribir,

$$\dot{Q}_z = \frac{T_1 - T_4}{\left(\dfrac{\Delta z_a}{k_a A_Q} + \dfrac{\Delta z_b}{k_b A_Q} + \dfrac{\Delta z_c}{k_c A_Q} \right)} \tag{2-12}$$

Si la Ecuación 2-12, la forma integrada de la ecuación de Fourier (2-2), se considera análoga a la Ley de Ohm de la conducción eléctrica, entonces la cantidad $\Delta z/kA_Q$ es una medida de la resistencia al flujo de calor. El denominador de la Ecuación 2-12 es la resistencia global o la suma de las resistencias individuales de cada capa, compárelo con la Ecuación 1-1 del primer capítulo.

Se puede observar de la Ecuación 2-6, que $\dot{Q}/A_Q$ es el mismo para todas las capas, por lo que el producto $k(\Delta t/\Delta z)$ es igual para todas las paredes, por tanto, $(\Delta t/\Delta z)$ es inversamente proporcional a la conductividad térmica.

Resistencia térmica de contacto. En el análisis de sistemas multicapa se ha considerado que hay un contacto perfecto entre capas adyacentes, de tal manera que las superficies (caras) que están en contacto tienen la misma temperatura. Esta consideración no es del todo correcta pero es adecuada para la mayoría de los sistemas en ingeniería. En aplicaciones de generación nuclear de potencia, donde hay fluxes muy grandes de calor, la caída de temperatura entre las capas en contacto puede ser muy grande. Los efectos de la resistencia de contacto también pueden ser significativos en los sistemas para la determinación experimental de la conductividad térmica.

Ejemplo 2-2

Una de las aplicaciones más importantes de la conducción de calor a través de paredes planas en multicapa es la penetración de calor a almacenes refrigerados. Suponga que la paredes del almacén, que debe mantenerse a 4 ^{0}C, están compuestas de tabique de construcción en la parte externa (de 20 cm de espesor y $k = 0.72$ W/m.^{0}C), y un aislante de poliuretano expandido como recubrimiento interno (espesor de 15 cm y una $k = 0.0244$ W/m.^{0}C). La temperatura externa al cuarto frío es de 30 ^{0}C y el área total de transmisión de calor (todas las paredes) es de 42 m^2. Calcule: a) La cantidad de energía térmica que entra al almacén por unidad de tiempo, b) La temperatura en la interfase del tabique y el poliuretano y c) suponiendo que se presenta una resistencia de contacto entre las capas de un valor igual a 0.6 ^{0}C/W, determine la velocidad de penetración de calor.

Solución.

a) Determinaremos la velocidad a la que entra el calor usando resistencias (Ecuación 2-12) y usando el coeficiente conductivo de transmisión de calor (Ecuación 2-11). Basándonos en la Figura 2-7, las resistencias se calculan así,

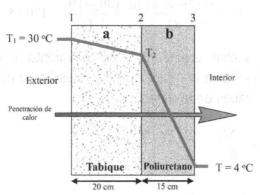

Figura 2-7. Penetración de calor hacia un cuarto frío.

b)

$$R_a = \frac{\Delta z_a}{k_a A_Q} = \frac{0.2\ \text{m}}{1} \frac{\text{m}\ ^\circ\text{C}}{0.72\ \text{W}} \frac{1}{42\ \text{m}^2} = 0.0066\ \frac{^\circ\text{C}}{\text{W}}$$

$$R_b = \frac{\Delta z_b}{k_b A_Q} = \frac{0.15\ \text{m}}{1} \frac{\text{m}\ ^\circ\text{C}}{0.0244\ \text{W}} \frac{1}{42\ \text{m}^2} = 0.146\ \frac{^\circ\text{C}}{\text{W}}$$

$$R_{Total} = R_a + R_b = 0.0066 + 0.146 = 0.1526\ \frac{^\circ\text{C}}{\text{W}}$$

Por tanto,

$$\dot{Q} = \frac{-\Delta T_{Total}}{R_{Total}} = \frac{T_1 - T_3}{R_{Total}} = \frac{(30-4)^\circ\text{C}}{1} \frac{\text{W}}{0.1526\ ^\circ\text{C}} = 170.4\ \text{W} =$$

$$= 170.4\ \text{J/s} = 613\ 368.3\ \text{J/h}$$

Si se calcula el coeficiente conductivo,

$$U_c = \cfrac{1}{\cfrac{\Delta z_a}{k_a} + \cfrac{\Delta z_b}{k_b}} = \cfrac{1}{\cfrac{0.2 \text{ m}}{1}\cfrac{\text{m }^\circ C}{0.72 \text{ W}} + \cfrac{0.15 \text{ m}}{1}\cfrac{\text{m }^\circ C}{0.0244 \text{ W}}} = \cfrac{1}{6.42 \cfrac{\text{m}^2 \, ^\circ C}{W}} = 0.156 \; \cfrac{W}{\text{m}^2 \, ^\circ C}$$

y

$$\dot{Q} = U_c A_Q \left(T_1 - T_3 \right) = \frac{0.156 \text{ W}}{\text{m}^2 \, ^\circ C} \frac{42 \text{ m}^2}{1} \frac{(30 \text{-}4)^\circ C}{1} = 170.35 \text{ W}$$

b) Este se resuelve retomando el procedimiento de las resistencias. En el estado estable la rapidez de transmisión de calor es la misma en todas las capas de la pared,

$$\dot{Q} = \dot{Q}_a = \dot{Q}_b = \frac{-\Delta T_a}{R_a} = \frac{-\Delta T_b}{R_b} = \frac{-\Delta T_{Total}}{R_{Total}}$$

por tanto,

$$170.4 \text{ W} = \frac{-\Delta T_b}{R_b} = \frac{T_2 - T_3}{R_b} = \frac{(T_2 - 4)^\circ C}{0.146 \dfrac{^\circ C}{W}}$$

$$T_2 = 28.9 \; ^\circ C$$

c) La resistencia de contacto simplemente se adiciona a la resistencia dada por las dos capas, entonces,

$$R'_{Total} = R_a + R_b + R_{contacto} = (0.1526 + 0.6) \; \frac{^\circ C}{W} = 0.7526 \frac{^\circ C}{W}$$

y

$$\dot{Q} = \frac{-\Delta T_{Total}}{R'_{Total}} = \frac{(30 - 4) \; ^\circ C}{0.725 \dfrac{^\circ C}{W}} = 35.9 \text{ W}$$

2.4 Conducción de calor a través de una pared cilíndrica, sólida no porosa.

El flujo de calor a través de paredes cilíndricas se realiza en forma radial, tal y como se ilustra en la Figura 2-8. Se puede apreciar que en este caso el área de transmisión de calor aumenta con el radio. El área de transferencia de calor interna es el área superficial interna del cilindro. Si imaginamos que fluye agua por ese tubo cilíndrico, el área de transferencia de calor será aquella superficie del tubo que moja el agua, por tanto, el área interna de transmisión de calor será igual al producto del perímetro interno por la longitud del tubo cilíndrico. De igual manera se pueden obtener áreas intermedias hasta llegar al área externa de transferencia de calor. En general:

$$A_Q = \pi(2r)L \tag{2-13}$$

La conducción de calor a través de la pared de un cilindro hueco se puede describir matemáticamente por la Ecuación de Fourier escrita en coordenadas rectangulares (Ecuación 2.1), pero es usual que esta ecuación se escriba, por conveniencia, en coordenadas cilíndricas. Para el sistema de la Figura 2.8, la ecuación se escribe

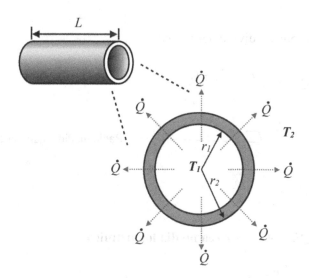

Figura 2-8. Conducción de calor a través de un cilindro hueco.

$$\frac{\dot{Q}}{A_Q} = -k\left(\frac{dT}{dr}\right) \tag{2-14}$$

Con las condiciones de frontera la ecuación se puede integrar y resolver para el flujo de calor:

$$\frac{\dot{Q}}{A_Q}dr = -kdT$$

$$\int_1^2 \frac{\dot{Q}}{2\pi rL}dr = -\int_1^2 kdT$$

Como el flujo de calor es constante, puesto que se realiza en estado estable, (el flux Q/A_Q no es constante ya que A varía con r), y π, L y k son constantes:

$$\frac{\dot{Q}}{2\pi L}\int_1^2 \frac{dr}{r} = -k\int_1^2 dT \tag{2-15}$$

$$\dot{Q} = \frac{2\pi Lk\left(T_1 - T_2\right)}{\ln\dfrac{r_2}{r_1}}$$

si se multiplica y divide por $r_2 - r_1$:

$$\dot{Q} = k2\pi L \;\underbrace{\frac{\left(r_2 - r_1\right)}{\ln\dfrac{r_2}{r_1}}}\; \frac{T_1 - T_2}{r_2 - r_1} \tag{2-16}$$

Radio medio logarítmico = r_{ML}

$$\dot{Q} = k2\pi\, r_{ML}\, L\, \frac{T_1 - T_2}{r_2 - r_1}$$

Si $2\pi(r_{ML})L = A_{Q(ML)}=$ **Area media logarítmica**,

$$\dot{Q} = kA_{Q(ML)}\left(\frac{T_1 - T_2}{r_2 - r_1}\right) \tag{2-17}$$

o

$$\dot{Q} = kA_{Q(\mathrm{ML})}\left(\frac{-\Delta T}{\Delta r}\right) \qquad\qquad\qquad \textbf{(2-18)}$$

El término de área $A_{Q(\mathrm{ML})}$, es el área media logarítmica y puede demostrarse que también es igual a $A_{\mathrm{ML}} = (A_2 - A_1) / ln(A_2/A_1)$. La diferencia de temperatura $-\Delta T$ es igual a $T_1 - T_2$. La diferencia de radios $r_2 - r_1 = \Delta r$ es el espesor de la pared del cilindro.

La Ecuación 2-17 es similar en forma que la Ecuación 2-1 para la conducción de calor a través de una pared plana, siendo la diferencia principal los términos de área. Sin embargo la ventaja de usar la Ecuación 2-17, es que además de ser sencilla, es básicamente de la misma forma que la Ecuación 2-1, lo que simplifica nuestro trabajo. En la mayoría de las aplicaciones de ingeniería (tubería y tubo)en las que $r_2 / r_1 << 2.0$, puede usarse la media aritmética de las áreas con un error en el cálculo de $\dot{Q}$ de menos del 4%.

La integración de la ecuación de Fourier para dar una relación de la temperatura a cualquier posición radial r muestra que T es una función lineal del $ln\ r$. Si de la Ecuación 2-16 despejamos T_2, la denotamos sólo como T, y a r_2 la denotamos sólo como r,

$$T = T_1 - \frac{\dot{Q}}{2k\pi L}\ln\frac{r}{r_1} \qquad\qquad\qquad \textbf{(2-19)}$$

cuyo resultado gráfico se muestra en la Figura 2-9. La variación de la temperatura a través de una pared cilíndrica no sigue una relación lineal, como en el caso de paredes planas.

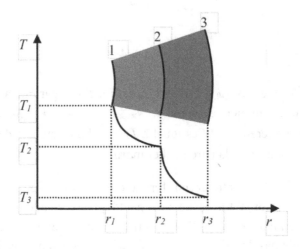

Figura 2-9. Perfil de temperaturas en un sistema compuesto de paredes cilíndricas.

2.5 Conducción de calor a través de paredes cilíndricas sólidas no porosas en serie.

El análisis de este caso se hace combinando los procedimientos del caso de paredes planas en multicapa y el de un cilindro sencillo.

Considere el sistema de la Figura 2-10. Este consiste en tres cilindros huecos concéntricos: un tramo de tubería y dos capas de aislamiento diferente que envuelven la tubería.

El flujo total de calor será el mismo en cada capa, y por analogía con la Ecuación 2-17 y el caso de las paredes planas en serie:

$$\dot{Q} = \left[kA_{Q(ML)} \frac{\Delta T}{\Delta r} \right]_a = \left[kA_{Q(ML)} \frac{\Delta T}{\Delta r} \right]_b = \left[kA_{Q(ML)} \frac{\Delta T}{\Delta r} \right]_c \qquad (2\text{-}20)$$

$$\Delta T_a = \dot{Q} \left[\frac{\Delta r}{kA_{Q(ML)}} \right]_a$$

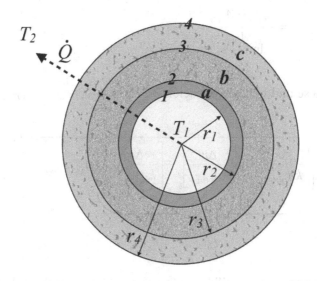

Figura 2-10. Conducción de calor a través de paredes cilíndricas en serie.

$$\Delta T_b = \dot{Q} \left[\frac{\Delta r}{kA_{Q(\text{ML})}} \right]_b$$

$$\Delta T_c = \dot{Q} \left[\frac{\Delta r'}{kA_{Q(\text{ML})}} \right]_c$$

y

$$\dot{Q} = \frac{\Delta T_{Global}}{\left[\dfrac{\Delta r}{kA_{Q(\text{ML})}} \right]_a + \left[\dfrac{\Delta r}{kA_{Q(\text{ML})}} \right]_b + \left[\dfrac{\Delta r}{kA_{Q(\text{ML})}} \right]_c} \qquad \textbf{(2-21)}$$

Si se quisiera una expresión como la Ecuación 2-10, con un coeficiente conductivo, se podría trabajar con el área media logarítmica de todas las capas o paredes, esta área es, de acuerdo con la Figura 2-10,

$$A_{Q(\text{ML})Total} = \frac{A_{Q(4)} - A_{Q(1)}}{\ln \dfrac{A_{Q(4)}}{A_{Q(1)}}} \qquad\qquad (2\text{-}22)$$

ahora se multiplica la Ecuación 2-21 por $A_{Q(\text{ML})Total}/ A_{Q(\text{ML})Total}$

$$\dot{Q} = \underbrace{\frac{1}{\left\{ \left[\dfrac{\Delta r}{kA_{Q(\text{ML})}} \right]_a + \left[\dfrac{\Delta r}{kA_{Q(\text{ML})}} \right]_b + \left[\dfrac{\Delta r}{kA_{Q(\text{ML})}} \right]_c \right\} A_{Q(ML)Total}}}_{U_c} A_{Q(ML)Total} \Delta T_{Global}$$

Esta forma no se utiliza en la práctica. Se ha presentado aquí sólo para mostrar que se puede tener una expresión semejante a las placas planas, que incluyen un coeficiente conductivo.

Ejemplo2-3

Una tubería de acero (k = 43 W/m^{0}C) de 102.3 mm de diámetro interno y 114.3 mm de diámetro externo transporta un fluido caliente. Tiene dos capas aislantes, una interna de Sil-o-cel (tierra de diatomeas) con un espesor de 30 mm y una k = 0.061 W/m^{0}C; y una capa de 40 mm de Kapok con una k = 0.035 W/m^{0}C. La temperatura en la superficie interna del tubo es de 580 ^{0}C y la superficie externa del Kapok se encuentra a 35 ^{0}C. Determine la cantidad de calor que se pierde por unidad de tiempo y unidad de longitud de tubería.

Solución.

El esquema de este ejercicio sería como el de la Figura 2-10. El material *a* sería la tubería, el *b* el Sil-o-cel y el *c* el Kapok. Entonces, las resistencias de cada uno las podemos cacular así:

Primero las áreas medias logarítmicas de cada capa para $L = 1$ m,

$$A_{Q(ML)(a)} = 2\pi L \frac{r_2 - r_1}{\ln \frac{r_2}{r_1}} = 2\pi(1\text{ m})\left[\frac{57.15 - 51.15}{\ln\left(\frac{57.15}{51.15}\right)}\right]\text{mm}\frac{1\text{ m}}{10^3\text{ mm}} = 0.3399\text{ m}^2$$

$$A_{Q(ML)(b)} = 2\pi L \frac{r_3 - r_2}{\ln \frac{r_3}{r_2}} = 2\pi(1\text{ m})\left[\frac{87.15 - 57.15}{\ln\left(\frac{87.15}{57.15}\right)}\right]\text{mm}\frac{1\text{ m}}{10^3\text{ mm}} = 0.4467\text{ m}^2$$

$$A_{Q(ML)(c)} = 2\pi L \frac{r_4 - r_3}{\ln \frac{r_4}{r_3}} = 2\pi(1\text{ m})\left[\frac{127.15 - 87.15}{\ln\left(\frac{127.15}{87.15}\right)}\right]\text{mm}\frac{1\text{ m}}{10^3\text{ mm}} = 0.6653\text{ m}^2$$

y las resistencias serían

$$R_a = \left[\frac{\Delta r}{kA_{Q(ML)}}\right]_a = \frac{6\text{ mm}}{1}\frac{1\text{ m}}{10^3\text{ mm}}\frac{\text{m °C}}{43\text{ W}}\frac{1}{0.3399\text{ m}^2} = 4.105\times10^{-4}\frac{°C}{W}$$

$$R_b = \left[\frac{\Delta r}{kA_{Q(ML)}}\right]_b = \frac{30\text{ mm}}{1}\frac{1\text{ m}}{10^3\text{ mm}}\frac{\text{m °C}}{.061\text{ W}}\frac{1}{0.4467\text{ m}^2} = 1.101\frac{°C}{W}$$

$$R_c = \left[\frac{\Delta r}{kA_{Q(ML)}}\right]_c = \frac{40\text{ mm}}{1}\frac{1\text{ m}}{10^3\text{ mm}}\frac{\text{m °C}}{0.035\text{ W}}\frac{1}{0.6653\text{ m}^2} = 1.718\frac{°C}{W}$$

$$R_{Total} = R_a + R_b + R_c = \left(4.105\times10^{-4} + 1.101 + 1.718\right)\frac{°C}{W}$$

Por tanto,

$$\dot{Q} = \frac{-\Delta T_{Total}}{R_{Total}} = \frac{T_1 - T_4}{R_{total}} = \frac{(580-35)°C}{1}\frac{W}{2.819\text{ °C}} = 193.3\text{ W}$$

2.6 Conducción de calor en líquidos y gases.

Como ya se mencionó la conducción en líquidos y gases, como único mecanismo de transmisión de calor, sólo es posible en experimentos rigurosamente controlados. En la práctica es prácticamente imposible obtener conducción "pura" en fase fluida. Por esta razón no emplearemos mucho espacio en el análisis de este caso. Sólo resaltaremos algunos puntos importantes.

Si Ud. tuviera el caso de una capa líquida o gaseosa a través de la cuál se conduce calor, puede aplicar la Ley de Fourier en cualquiera de sus formas. Si las capa fluida es plana utiliza la Ecuación 2-1, si tiene varias capas fluidas planas en serie, puede hacer uso de la Ecuación 2-12; cuando la geometría de la capa fluida sea cilíndrica aplicará la Ecuación 2-17 para una pared sencilla y la Ecuación 2-21 para paredes cilíndricas en serie.

La propiedad relevante de líquidos y gases en la conducción de calor es también la conductividad térmica. Para la mayoría de los líquidos sus k son más bien pequeñas, con excepción de los metales líquidos. Algunos valores pueden apreciarse en la Tabla 2-1.

En los gases el mecanismo de conducción térmica es relativamente simple. Las moléculas están en un movimiento aleatorio continuo, chocando constantemente con otras e intercambiando energía y cantidad de movimiento. Las moléculas del gas a altas temperaturas difunden entre las moléculas de temperaturas bajas, chocando con ellas y aumentándoles su energía cinética. De acuerdo con la teoría cinética de los gases el número de moléculas por unidad de volumen es directamente proporcional a la presión del sistema, y la trayectoria libre media de una molécula de un gas es inversamente proporcional a la presión. Por ejemplo, si la presión aumenta, el número de moléculas por unidad de volumen aumenta y por tanto aumenta el número de choques y se favorece la transferencia de energía; pero la trayectoria libre media disminuye también, por lo que las moléculas se mueven con más dificultad de un lado a otro y se limita la transferencia de energía, entonces este último efecto anula el primero, y como consecuencia la conductividad térmica de un gas sería independiente de la presión. Se ha encontrado que lo anterior es relativamente cierto para la mayoría de los gases a una presión cercana a la atmosférica. Sin embargo, esto no es cierto a muy bajas presiones, donde la conductividad térmica del gas se aproxima a cero, y tampoco es cierto a presiones moderadamente bajas, cuando las dimensiones del recipiente son más pequeñas que la trayectoria libre media de las moléculas del gas (conocido como *gas de Knudsen*, ver Capítulo 3). A altas presiones, donde la teoría cinética de los gases ya no aplica, se espera una dependencia de k con la presión.

Es conveniente hacer notar que existe una relación entre la viscosidad y la conductividad térmica de un gas. La viscosidad de un gas es una medida de la fuerza de arrastre ejercida por la difusión, de una zona a otra, de moléculas que se mueven a una determinada velocidad media sobre otras moléculas que se mueven a una velocidad media diferente. Esto es similar a la conducción de calor, excepto que en el caso de la conducción, la cantidad que se está transportando es energía cinética asociada con el movimiento aleatorio de las moléculas y no con una cantidad de movimiento con cierta dirección.

Como el mecanismo de conducción de calor en un gas es una función de su tendencia a difundir, se espera que los gases ligeros, como el hidrógeno, tengan conductividades térmicas muy altas. Esto es precisamente lo que pasa y se puede observar en el caso de los hidrocarburos que muestran una disminución en conductividad con el incremento de peso molecular. Tabla 2-1

2.7 Comentarios generales sobre la conductividad térmica.

Como ya se mencionó, en general la conductividad térmica es una función de la temperatura y la presión. Los ingenieros han prestado poca atención a los efectos de la presión en las conductividades de líquidos y sólidos, tal vez porque la mayoría de las veces se trabaja a presión atmosférica y tal vez también por los efectos que pueden presentarse debido a impurezas. La conductividad térmica de un gas ideal es independiente de la presión, y en general, se ha visto que las conductividades aumentan con la presión.

De la Tabla 2-1 se puede observar que las conductividades térmicas de gases, líquidos y sólidos son moderadamente dependientes de la temperatura. En general, un incremento de la temperatura provoca un incremento en la conductividad de los gases, y un decremento en la conductividad de líquidos y sólidos. Sin embargo, hay muchas excepciones a estas generalizaciones; de hecho, hay algunas substancias cuyas conductividades pasan por un máximo o un mínimo con respecto a la temperatura.

Estudiando los valores de las conductividades de todas las substancias, se observa que sus magnitudes descienden con la disminución de la densidad. La mayoría de las substancias que se encuentran en el trabajo del ingeniero, tienen conductividades en los intervalos que se muestran en la Tabla 2-2: (Bennett y Myers, 1982)

Como resultado de estas diferencias en magnitud, resulta muy complicado predecir la conductividad de un sistema de dos fases. La conductividad que se calcula con ayuda de las fracciones masa o volumen, difícilmente estará cerca del valor correcto. Se han propuesto muchos modelos, como los geométricos, pero han sido intentos sin mucho éxito. La razón principal de esto, además de la sobresimplificación del modelo, se basa en el hecho de que en un sistema de dos fases, tal como un aislante poroso, algo de calor se transmite por convección y radiación, además de la conducción. Las conductividades de mezclas homogéneas de sólidos, líquidos o gases son tan difíciles de calcular como las de los sistemas bifásicos. Se han hecho medidas experimentales de ciertas mezclas, pero en general hay pocos datos experimentales o métodos teóricos para mezclas líquidas y sólidas. En el caso de mezclas gaseosas se han desarrollado más métodos teóricos para la determinación de conductividades.

Tabla 2-2 Conductividades típicas de los estados de agregación en aplicaciones de ingeniería.

Fase	Conductividad	
	Btu/h.ft.^{0}F	W/m^{0}C
Gases	0.001 - 0.1	0.0017 – 0.17
Líquidos	0.01 - 1.0	0.017 – 1.7
Sólidos	1.0 - 100	1.7 - 170

2.8 Comparación de todos los casos con la ecuación básica general para los transportes.

Sin lugar a dudas el estudiante ya ha comparado las ecuaciones descritas en este capítulo con las ecuaciones generales del Capítulo 1. Su conclusión irremediablemente debió ser la siguiente: Todas las expresiones se ajustan a las expresiones básicas generales. La propiedad que forma el potencial que origina la transferencia de calor es la temperatura (a través de un ΔT); la facilidad (o dificultad) que ofrece el medio a la conducción de calor es la conductividad térmica k (o $1/k$); y los factores de tamaño que afectan la rapidez de conducción de calor son el área de transferencia A_Q (o la media logarítimica)y el espesor de la pared Δz (o Δr). Por otro lado, la resistencia a la transmisión de calor por conducción es igual a $\Delta z/kA_Q$ (o $\Delta r/kA_Q$).

3 Transferencia molecular de masa en sistemas binarios estáticos en régimen permanente.

El fenómeno de transferencia de masa, hasta tiempos recientes, ha sido competencia casi exclusiva del ingeniero químico y carreras afines. De manera sencilla se puede decir que la transferencia de masa es aquel fenómeno en el que las moléculas de una substancia "viajan" de una zona del sistema en estudio a otra zona en virtud de una fuerza impulsora. Se recordará que una diferencia de temperaturas entre dos cuerpos o zonas de un sistema ocasiona una transferencia de calor. Del mismo modo una diferencia de concentraciones (más propiamente dicho una diferencia de potenciales químicos) entre dos puntos en una misma fase, origina la transferencia de masa de un lugar a otro.

Al igual que el caso de la transferencia de calor, la transferencia de masa se puede realizar por dos mecanismos básicos: La difusión molecular y la convección. La difusión molecular de masa es un tanto cuanto equivalente a la conducción de calor y la transferencia convectiva de masa es equivalente a la transferencia convectiva de calor. No existe un equivalente a la radiación de calor.

En el caso de la transferencia de masa la fuerza impulsora es un ΔC o un gradiente de concentraciones. La transferencia de masa se lleva a cabo del punto de alta concentración al de baja concentración. Desde el punto de vista industrial la absorción de gases, la adsorción, la humidificación, el secado, la destilación, la cristalización, la extracción líquido - líquido y la extracción sólido - líquido son ejemplos clásicos de las operaciones de transferencia de masa.

En este capítulo revisaremos el mecanismo más sencillo de transferencia de masa para varios tipos de sistemas. Todos ellos tendrán como características comunes el ser sistemas estáticos compuestos por dos especies químicas, A y B. Iniciaremos con el origen físico y la verdadera fuerza impulsora de la transferencia de masa. Seguiremos con el caso en que A difunde en B estático (difusión en sólidos no porosos). Se conocerá la Ley de Fick y el coeficiente de difusión, aplicándose a casos en los que la barrera que se opone a la difusión tiene geometría plana o cilíndrica, semejante a lo visto en el capítulo anterior (Figura 3-1). En fase fluida (gases y líquidos) aplicaremos la Ley de Fick a la contradifusión equimolar; deduciremos la ecuación general para difusión más convección en flujo laminar y su uso en la difusión de *A* en *B* aparentemente estacionario. Posteriormente analizaremos la difusión que puede presentarse en un poro de un sólido poroso, distinguiremos la difusión de Fick de la difusión de Knudsen. Finalmente, estudiaremos la difusión molecular a través de un sólido poroso, conoceremos las propiedades conocidas como tortuosidad y porosidad y su influencia en la velocidad de transferencia de masa.

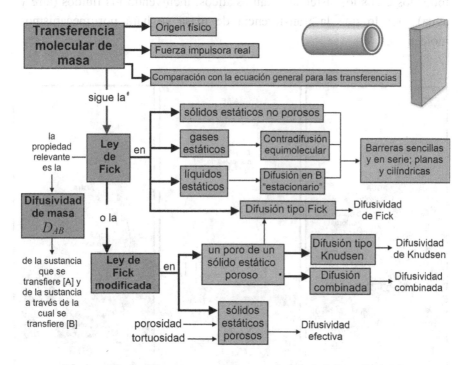

Figura 3-1. Diagrama conceptual del Capítulo 3.

3.1 Introducción a la difusión molecular de masa.

En la Figura 3-2 se ilustran tres ejemplos simples de transferencia de masa: En el primer ejemplo se tiene un vaso lleno de agua y se le agrega cuidadosamente una gota de colorante; después de un tiempo el colorante difunde y se distribuye por toda la masa de agua contenida en el vaso. En una taza de café que se deja en la mesa ocurre un movimiento neto de moléculas de agua que "salen" (se evaporan) de la solución de café y se difunden en el aire circundante. Si colocamos una bolsita de té en una taza con agua caliente sin agitación, los componentes solubles en agua de los sólidos molidos contenidos en la bolsita, pasan de los sólidos al agua (disolución) y después se distribuyen en la masa acuosa (difusión). En todos los casos los sistemas están estáticos, incluyendo los fluidos (aire y agua), por lo que la transferencia de masa se hará por mecanismos moleculares.

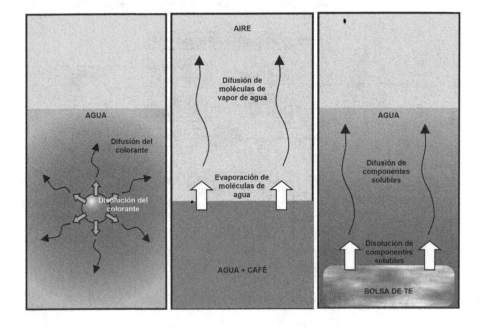

Figura 3-2. Tres ejemplos sencillos de transferencia de masa.

La difusión molecular o transporte molecular de masa es la transferencia o movimiento de moléculas individuales a través de una substancia debido a su energía. De acuerdo con la teoría cinética de los gases una molécula viaja en línea recta con una velocidad uniforme y cuando choca con otra molécula su velocidad cambia de dirección. El efecto resultante es un movimiento de zig - zag por lo que la distancia neta en la dirección de la difusión sólo es una pequeña fracción de la longitud de su recorrido real, por eso la rapidez de difusión es muy pequeña (Figura 3-3). La distancia promedio que las moléculas viajan entre cada choque se conoce como su trayectoria libre promedio que es inversamente proporcional a la presión del gas y la velocidad promedio de dichas moléculas depende de la temperatura, por lo que la rapidez de difusión podría aumentarse reduciendo el número de choques al bajar la presión del gas, o aumentando la velocidad molecular incrementando la temperatura. En otras palabras, en la transferencia de masa se presenta una *barrera por colisión* molecular que se opone a la difusión y que es muy importante. De acuerdo con Treybal (1980) la teoría cinética de los gases predice que la rapidez de evaporación de agua a 25 °C en el vacío es aproximadamente igual a 3.3 kg/seg por cada m^2 de superficie de agua. Si se hace lo mismo pero sobre el agua se coloca aire estático de 0.1 mm de espesor y a una atmósfera de presión, la difusión se reduce en alrededor de 600 veces. Este comportamiento se presenta también para el estado líquido, pero como en este caso las moléculas están más juntas, la rapidez de difusión es menor que en los gases. La comparación de las barreras por colisión entre gases y líquidos se muestra esquemáticamente en las Figuras 3-3 y 3-4. La difusión molecular, como su nombre lo indica, se realiza a escala molecular en virtud de la energía individual de cada partícula y conduce finalmente a una concentración totalmente uniforme de las substancias en la solución.

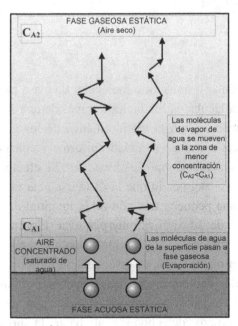

Figura 3-3. La difusión en zig-zag se debe a las colisiones entre partículas.

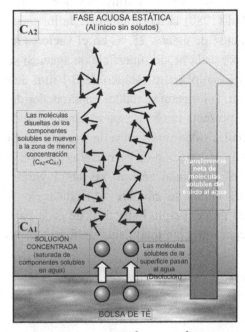

Figura 3-4. La barrera por colisión es más importante en líquidos.

3.1.1 Origen físico.

Un punto de vista sencillo acerca del origen de la transferencia de masa lo dan Incropera & De Witt (1990) en su libro. Considere la Figura 3-5. La parte izquierda del sistema tiene un número mucho mayor de moléculas de A y la parte derecha de la especie B. Sabemos que todas las moléculas se mueven aleatoriamente, es decir, la probabilidad para que cualquier partícula se mueva hacia la derecha o hacia la izquierda es la misma. Como el número de moléculas de A es mucho más grande a la izquierda de la división imaginaria, es mucho más probable que un número grande de moléculas de A viajen a la derecha. Al mismo tiempo varias moléculas de A pueden viajar hacia la izquierda de la división imaginaria, pero en un número mucho menor. El efecto neto es una migración de moléculas de A hacia la zona de menor concentración de la especie A. Ocurre exactamente lo mismo con el componente B, sólo que en la dirección contraria.

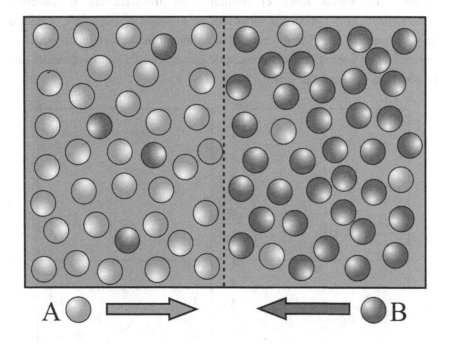

Figura 3-5. Origen físico de la transferencia de masa.

3.1.2 La fuerza motriz en la transferencia de masa.

El sistema de la Figura 3-6 consta de dos fases que inicialmente no están en equilibrio. La fase gaseosa está formada por amoniaco en aire y la fase líquida es agua pura. Si se considera que no hay difusión del agua a la fase gaseosa ni del aire al agua, este sistema se dirige espontáneamente al equilibrio debido a la difusión molecular de amoniaco hacia el agua. Al final, ya en el equilibrio, los cambios se detienen y la concentración de amoniaco será uniforme en la fase líquida y lo será también en la fase gaseosa aunque con un valor diferente. Pero el potencial químico del amoniaco μ (o su actividad - a - si se usa el mismo estado de referencia) es uniforme y del mismo valor en cualquier parte (fase) del sistema en equilibrio y es esta uniformidad en potenciales químicos la que detiene el proceso difusivo. En conclusión la fuerza motriz real para la difusión es la actividad o el potencial químico y no la concentración. Sin embargo, en sistemas de varias fases el problema de transferencia se describe generalmente como procesos separados de difusión en cada fase, y dentro de cada una de ellas las diferencias de concentración funcionan como el potencial que genera la transferencia de masa; además son parámetros que se observan con más facilidad.

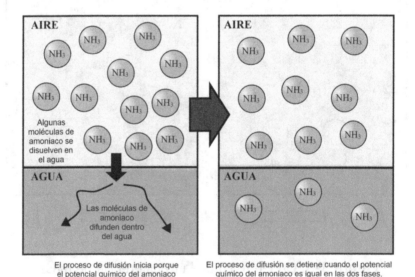

El proceso de difusión inicia porque el potencial químico del amoniaco en aire es mayor que el potencial químico del amoniaco en agua

El proceso de difusión se detiene cuando el potencial químico del amoniaco es igual en las dos fases. Observe que las concentraciones de amoniaco en aire y agua son diferentes

Figura 3-6. Transferencia de amoniaco del aire.

3.2 Difusión molecular de *A* en un medio *B* estático.

En esta sección revisaremos el caso de la difusión en una mezcla binaria (*A* + *B*) donde el único componente que difunde es la especie *A*. El sistema que mejor se adapta a este tipo de difusión es la transferencia de masa a través de paredes sólidas. Aunque al estudiante le puede parecer difícil la difusión a través de sólidos, ésta es posible aunque, en general, para efectos prácticos es casi inexistente. Así mismo, en esta sección se obtendrán las expresiones básicas para la difusión molecular que aplicaremos posteriormente para casos particulares.

3.2.1 Difusión a través de una barrera plana.

Antes de plantear el caso de la difusión de moléculas de un gas a través de una pared sólida, piense que cuando se pone en contacto un gas con un sólido, el primero tiende a solubilizarse en el segundo, al igual que lo haría con un líquido. Obviamente que la solubilidad del gas en el sólido (al igual que con un líquido) depende de la naturaleza química de ambos, de la temperatura del sistema y de la presión del gas. Necesariamente, es de esperarse que las solubilidades de los gases en sólidos sean mucho más pequeñas que en líquidos.

Considere el sistema binario compuesto por una pared plana, sólida de acero y gas hidrógeno, como se muestra en la Figura 3-7. El sistema se encuentra completamente estático. Si dicha pared separa dos compartimentos cúbicos de las mismas dimensiones pero con diferentes presiones de hidrógeno a las mismas condiciones de temperatura, se presentará un proceso de difusión a través de la pared de acero. El hidrógeno a ambos lados de la pared se solubilizará en el acero y se tendrán concentraciones de hidrógeno diferentes en cada cara (dentro del acero), puesto que la solubilidad es función de la presión. Como a mayor presión se tiene mayor solubilidad se produce un gradiente de concentraciones que genera una difusión de izquierda a derecha, como se muestra en la misma figura. Como el sistema es estático y los átomos del sólido no se pueden mover se presenta una difusión molecular exclusivamente de hidrógeno.

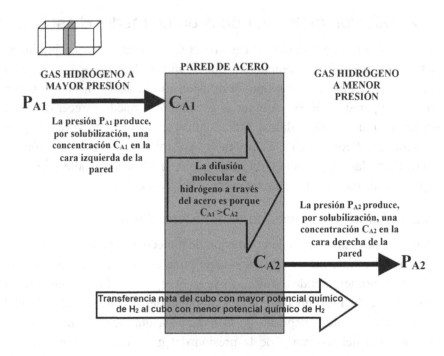

Figura 3-7. Difusión de hidrógeno a través de una pared de acero.

De la misma manera que la transferencia de calor, la velocidad de transferencia de masa se incrementaría si el área de la pared fuera más grande, si fuera mayor la diferencia de presiones entre los cubos y por tanto mayor la diferencia de concentraciones de hidrógeno entre ambos lados de la pared metálica y se podría aumentar también, si la facilidad que ofrece el sólido a la difusión fuera mayor o si el espesor de la pared fuera más pequeño. Estas relaciones se expresan matemáticamente:

$$\dot{M}_A \propto A_M , \left(\hat{C}_{A1} - \hat{C}_{A2} \right), \frac{1}{\Delta z} \qquad \text{[T y P constantes]} \qquad (3\text{-}1)$$

3.2.2 Ley de Fick.

En virtud de las relaciones anteriormente expresadas, para un sistema binario donde difunde el componente A a través de un medio B estacionario, la velocidad a la que ocurre la difusión molecular de masa puede determinarse mediante la Ley de Fick (1855), que matemáticamente se expresa:

$$\tilde{M}_A = D_{AB} \frac{\hat{C}_{A1} - \hat{C}_{A2}}{\Delta z} \qquad \text{[T y P constantes]} \qquad (3\text{-}2)$$

o

$$\dot{M}_A = D_{AB} A_M \frac{\hat{C}_{A1} - \hat{C}_{A2}}{z_2 - z_1} \qquad (3\text{-}3)$$

o de manera diferencial

Coeficiente de difusión para una mezcla binaria de A en B. (longitud)^2/tiempo. Por ejemplo, m^2/h

Concentración de masa del componente A. masa/(longitud)^3. Por ejemplo, kg/m^3

$$\tilde{M}_A = -D_{AB} \frac{d\hat{C}_A}{dz} \qquad (3\text{-}4)$$

Espesor de la trayectoria de difusión. Longitud. Por ejemplo m.

Flux del componente A relacionado con un lugar fijo en el espacio. masa/(tiempo)(longitud)^2 . Por ejemplo, kg/h.m^2.

y

Rapidez de transferencia de masa en masa/tiempo. Por ejemplo, kg/h.

Área de transferencia de masa. (Longitud)^2 . Por ejemplo, m^2

$$\dot{M}_A = D_{AB} A_M \frac{d\hat{C}_A}{dz} \qquad (3\text{-}5)$$

Gradiente de concentraciones en la dirección x. [masa/(longitud)^3][1/longitud]. Por ejemplo, (kg/m^3)(1/m)

El significado físico del coeficiente de difusión se puede entender despejándolo de la ecuación de Fick:

$$D_{AB} = -\tilde{M}_A \left(\frac{dz}{d\hat{C}_A} \right)$$

y si $dz = 1$ y $d\hat{C}_A = 1$,

$$D_{AB} \left(\frac{m^2}{h} \right) = \tilde{M}_A \left(\frac{kgA}{h\,m^2} \right) \frac{dz(1m)}{d\hat{C}_A \left(1\dfrac{kgA}{m^3} \right)}$$

por lo tanto, $D_{AB} = \tilde{M}_A$. Es decir, el coeficiente de difusión representa el valor del flux obtenido cuando la capa considerada es de un espesor igual a uno, y la diferencia de concentraciones es de uno también. O bien $D_{AB} = \tilde{M}_A$ cuando el gradiente de concentraciones es unitario.

Sin embargo, las unidades del coeficiente de difusión esconden su verdadero significado. Para no olvidarlo téngase en mente que si se despeja de la siguiente manera

$$D_{AB} = \frac{\tilde{M}_A}{\dfrac{d\hat{C}_A}{dz}} [=] \frac{\dfrac{kg}{s\,m^2}}{\dfrac{kg}{m^3}\dfrac{1}{m}} [=] \frac{kg\,m^4}{kg\,s\,m^2} = \frac{m^2}{s} \tag{3-6}$$

Unidades completas del coeficiente de difusión en el sistema internacional.

se observa que en realidad los m^2/s son las unidades simplificadas del coeficiente de difusión. Substituyendo las unidades completas del coeficiente de difusión en la ley de Fick

Flux de masa

$$\frac{kg}{s\,m^2} = \frac{\dfrac{kg}{s\,m^2}}{\left(\dfrac{kg}{m^3\,m} \right)} \left(\frac{kg}{m^3\,m} \right) \tag{3-7}$$

Coeficiente de difusión   Gradiente de concentraciones

resulta evidente su significado y se mantiene la consistencia dimensional de la ecuación.

Adicionalmente se puede afirmar que la relación del coeficiente de difusión con la temperatura y la presión se puede escribir:

$$D_{AB} \propto \frac{T^{3/2}}{P} \tag{3-8}$$

Es más común que la Ley de Fick se exprese como la rapidez de transferencia de moles, en lugar de propiamente la masa. En ese caso podemos escribir,

$$\tilde{N}_A = -D_{AB}\frac{dC_A}{dz}[=]\frac{\dfrac{mol}{s\,m^2}}{\dfrac{mol}{m^3}\dfrac{1}{m}}\left(\frac{mol}{m^3}\frac{1}{m}\right)[=]\frac{m^2}{s}\left(\frac{mol}{m^3}\frac{1}{m}\right) \tag{3-9}$$

Observe que aunque la concentración ahora está dada en moles por m³, el coeficiente de difusión conserva sus unidades simplificadas pero sus unidades completas están en términos de moles.

Despejando C_{A2} se observa que el perfil de concentraciones es lineal con respecto a la distancia z. Denotamos $\dot{C}_{A2}$ como C_A y z_2 como z, además, se considera $z_1 = 0$,

$$C_A = -\frac{\dot{N}_A}{A_M D_{AB}}z + C_{A1} \tag{3-10}$$

Para que la expresión 3-10 sea la ecuación de una línea recta la pendiente debe ser constante. Esto normalmente se cumple, ya que generalmente se trabaja en estado estable, entonces $\dot{N}_A$ es constante; además, normalmente el área de transferencia es constante y generalmente D_{AB} sufre pocas variaciones. El perfil lineal se muestra en la Figura 3-8.

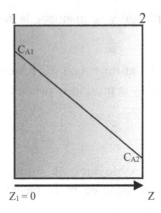

Figura 3-8. Perfil lineal de concentraciones en la difusión molecular de masa.

El coeficiente de difusión es una característica del componente en estudio y de su entorno (temperatura, presión, concentración, ya sea en solución líquida, gaseosa o sólida, y de la naturaleza de los otros componentes). Es decir, $D_{AB} = f\,(\,T,\,P,\,C,\,componente\,A,\,componente\,B)$, para una mezcla binaria en solución líquida, gaseosa o sólida. En la Tabla 3-1 se muestran las magnitudes de algunos sistemas.

Tabla 3-1 Difusividades de masa de algunos sistemas en fase gaseosa, líquida y sólida.

Sistema	Temperatura (^{O}C)	$D_{AB}(m^2/s)$
Sistemas en fase gaseosa (P= 1 atm)		
$H_2 - CH_4$	0	6.25×10^{-5}
$H_2 - CO_2$	0	5.50×10^{-5}
	25	6.46×10^{-5}
$O_2 - N_2$	0	1.81×10^{-5}
$CO - O_2$	0	1.85×10^{-5}
$CO_2 - O_2$	0	1.39×10^{-5}
Aire $- NH_3$	0	1.98×10^{-5}
Aire $- H_2O$	0	2.20×10^{-5}
	25.9	2.58×10^{-5}
Continúa en la próxima página.		

Tabla 3-1 continuación		
Sistemas en fase líquida (a dilución infinita)		
O_2 en Agua	25	2.5×10^{-9}
Glucosa en agua	25	0.69×10^{-9}
NH_3 en Agua	25	1.7×10^{-9}
CO_2 en Agua	25	1.96×10^{-9}
NaCl en Agua	18	1.26×10^{-9}
0.2		1.21×10^{-9}
1.0		1.24×10^{-9}
3.0		1.36×10^{-9}
5.4		1.54×10^{-9}
Acido acético en Agua	25	1.24×10^{-9}
Etanol en Agua	10	0.50×10^{-9}
	25	1.28×10^{-9}
Sistemas en fase sólida		
O_2 en hule	25	0.21×10^{-9}
N_2 en hule	25	0.15×10^{-9}
He en SiO_2	20	0.4×10^{-13}
H_2 en Fe	20	0.26×10^{-12}
Cd enCu	20	0.27×10^{-18}
Al en Cu	20	0.13×10^{-33}

Fuentes: Perry (1984), Geankoplis (1989), Incropera & De Witt (1990)

Ejemplo 3-1

Una membrana de hule de 0.2 mm de espesor separa dos compartimentos que contienen gas nitrógeno a 4 y 1 atmósferas. La temperatura es de 25 °C. El coeficiente binario de difusión de nitrógeno dentro del hule es de 0.15×10^{-9} m^2/s. La solubilidad del nitrógeno en la membrana es de S = 1.56×10^{-3} kmol/m^3.atm (kmolque se disuelve de "A" por m^3 de membrana por atmósfera de presión del gas). Calcule el flux de masa de nitrógeno a través de la membrana.

Solución.

Consideraciones: (1) Estado estacionario. Por tanto las presiones, las concentraciones y el flux son constantes. (2) La transferencia es unidimensional. (3) La membrana es un medio estacionario, no reaccionante y la concentración total es uniforme, es decir, $c = c_A + c_B$ = constante.

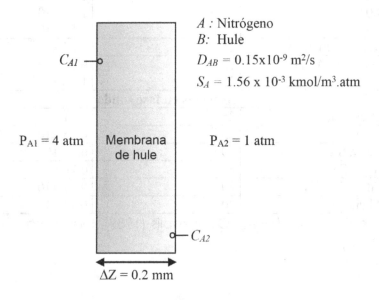

Figura Ejemplo 3.1

Primero debemos calcular las concentraciones del nitrógeno dentro del hule, en las caras opuestas.

$$C_{A1} = \mathscr{S}_A P_{A1} = \frac{1.56 \times 10^{-3} \text{ kmol}}{\text{m}^3 \text{ atm}} \left| \frac{4 \text{ atm}}{1} \right. = 0.00624 \frac{\text{kmol}}{\text{m}^3}$$

$$C_{A2} = \mathscr{S}_A P_{A2} = \frac{1.56 \times 10^{-3} \text{ kmol}}{\text{m}^3 \text{ atm}} \left| \frac{1 \text{ atm}}{1} \right. = 0.00156 \frac{\text{kmol}}{\text{m}^3}$$

Y el flux es:

$$\tilde{N}_A = D_{AB}\frac{C_{A1}-C_{A2}}{\Delta z} = 0.15\times10^{-9}\frac{m^2}{s}\left|\frac{(6.24-1.56)\times10^{-3}\ kmol}{m^3}\right|\frac{1}{0.0002\ m} =$$

$$= 3.51\times10^{-9}\frac{kmol}{s\ m^2}$$

o

$$\tilde{M}_A = \tilde{N}_A \mathcal{M}_A = 3.51\times10^{-10}\frac{kmol}{s\ m^2}\left(28\frac{kg}{kmol}\right) = 9.82\times10^{-8}\frac{kg}{s\ m^2}$$

Vamos a aprovechar el Ejemplo 3-1 para resaltar algunos puntos de interés. Si calculamos con la ayuda de la ley de los gases ideales las concentraciones de nitrógeno en las fases gaseosas a cada lado de la membrana,

$$C_{AG1} = \frac{n}{V} = \frac{P_{A1}}{\mathcal{R}\,T} = \frac{4\ atm}{1}\left|\frac{kmol\ K}{82.057\times10^{-3}\ m^3\ atm}\right|\frac{1}{298\ K} = 0.163\ \frac{kmol}{m^3}$$

$$C_{AG2} = \frac{n}{V} = \frac{P_{A2}}{\mathcal{R}\,T} = \frac{1\ atm}{1}\left|\frac{kmol\ K}{82.057\times10^{-3}\ m^3\ atm}\right|\frac{1}{298\ K} = 0.041\ \frac{kmol}{m^3}$$

De izquierda a derecha podemos esquematizar las concentraciones del sistema así,

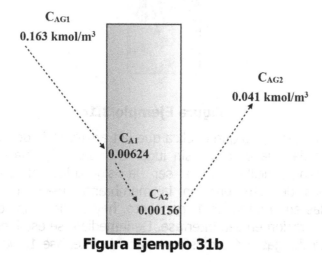

Figura Ejemplo 31b

es decir, del seno del gas a 4 atmósferas hacia la cara izquierda hay un descenso de concentraciones, de la cara izquierda a la derecha del la membrana también hay un descenso de concentraciones, lo que va de acuerdo con el sentido de la transferencia de masa (izquierda a derecha). Pero de la cara derecha hacia el seno del gas a 1 atmósfera hay un incremento de concentraciones. Esta aparente contradicción se explica de tres maneras sencillas: (1) Las concentraciones a las que nos estamos refiriendo están basadas en volúmenes diferentes, de fases diferentes. Las concentraciones de los extremos están en kilomoles por unidad de volumen de gas, y las concentraciones centrales en kilomoles por unidad de volumen de membrana. Como las referencias son diferentes no es posible establecer el sentido del flux de esta información. (2) La verdadera fuerza impulsora es el potencial químico. Si se calcularan los potenciales químicos del nitrógeno en cada punto de interés se tendría, esquemáticamente,

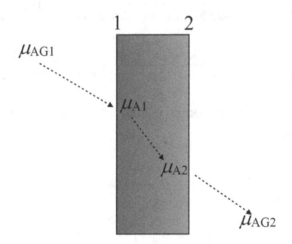

Figura Ejemplo 3.1c

$\cdot_{AG1}> \cdot_{A1}> \cdot_{A2}> \cdot_{AG2}$ lo que implica que la transferencia de masa es de la izquierda a la derecha, sin lugar a dudas. (3) Una explicación descriptiva sencilla podría ser la siguiente: Al solubilizarse moléculas de nitrógeno en la membrana crean un déficit de partículas en la interfase 1, por tanto, hay un descenso de presión o concentración en esa interfase. De inmediato se establece un flux del seno del gas a 4 atmósferas hacia la interfase 1. Dentro de la membrana la concentración a la izquierda es mayor que en la otra cara y el flux es hacia la derecha. Las moléculas de nitrógeno que llegan de la cara izquierda de la membrana obligan a que otras moléculas del gas salten hacia la interfase 2 ocasionando un exceso de partículas en esta zona. La mayor concentración de nitrógeno en la interfase 2 provoca una migración hacia el seno del gas a una atmósfera. Como puede observarse, si se analizan separadamente las fases, la fuerza impulsora que claramente nos indica el sentido de la difusión de masa es la diferencia de concentraciones (Figura 3-9).

Insistimos en que el Ejemplo 3-1 nos muestra claramente que, en general, al analizar *fases individuales* la fuerza impulsora es un $\cdot C$.

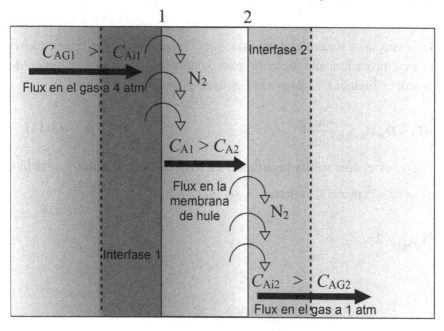

Figura 3-9. En fases individuales la fuerza impulsora es una diferencia de concentraciones.

3.2.3 Difusión a través de una barrera cilíndrica.

Imagínese ahora que la barrera que se opone a la difusión molecular de masa tiene la forma de un cilindro hueco. De manera semejante al caso analizado para conducción de calor la difusión de masa se realizará radialmente a través de un área que cambia de magnitud con el radio. Primero comparemos la Ley de Fick con la Ley de Fourier,

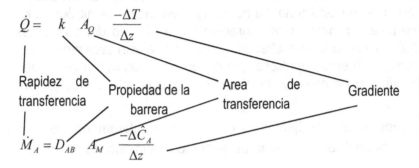

La semejanza matemática es más que evidente. Por eso, siguiendo el mismo procedimiento descrito para conducción de calor a través de paredes cilíndricas, se llega a la siguiente expresión:

$$\dot{M}_A = D_{AB} A_{M(ML)} \frac{-\Delta \hat{C}_A}{\Delta r} \tag{3-11}$$

$A_{M\boxed{ML}}$ es el área media logarítmica de transferencia de masa y se define de la misma manera, es decir,

$$A_{M\boxed{ML}} = 2\pi L r_{\boxed{ML}} = \frac{A_2 - A_1}{\ln \dfrac{A_2}{A_1}}$$

Radio medio logarítmico

El perfil de concentraciones sigue, al igual que la conducción de calor, una relación lineal pero con respecto al logaritmo del radio, es decir,

$$\hat{C}_A = -\frac{\dot{M}_A}{2\pi L D_{AB}} \ln \frac{r}{r_1} + \hat{C}_{A1} \tag{3-12}$$

3.3 Difusión molecular en fase gaseosa.

En la difusión de gases a través de sólidos resulta obvio que las partículas del material sólido no difunden. La estructura de un sólido es sumamente rígida y es muy difícil que sus moléculas cambien de lugar. Por el contrario, en la fase gaseosa las moléculas tienen mucha mayor movilidad de tal manera que es muy común que ambos componentes difundan. Por eso analizaremos dos casos de mucho interés en ingeniería: cuando los dos componentes difunden en sentidos contrarios con igual flux molar y cuando uno de los componentes (B) se encuentra aparentemente estacionario.

3.3.1 Contradifusión equimolecular.

Considere dos conductos como se muestra en la Figura 3-10. El tubo de la izquierda conduce hidrógeno puro (A) a una presión total de 1 atmósfera y por el tubo de la derecha fluye dióxido de carbono puro (B) a una presión total de 1 atmósfera. Ambos conductos están unidos por un tubito largo de diámetro muy pequeño, tan pequeño que los flujos de los gases no perturban el contenido del tubito. Por tanto, el sistema formado por el tubito y los gases en su interior, se encuentra completamente estático. En los dos extremos de este tubito hay concentraciones (presiones) diferentes de hidrógeno y oxígeno, por lo que se establece una difusión del primer gas hacia la derecha y una difusión del segundo hacia la izquierda. Si la concentración molar total (presión total) a lo largo del pequeño tubo es constante ($P_{Tot} = 1$ atm), por cada molécula de A que se mueva en un sentido, habrá una molécula de B que se mueva en sentido contrario (Figura 3-10).

Los fluxes, entonces, estarán dados por

$$\tilde{N}_A = D_{AB} \frac{-\Delta C_A}{\Delta z}$$

y $\qquad\qquad\qquad$ Flux molar de A y B, respectivamente (moles/s)

$$\tilde{N}_B = D_{BA} \frac{-\Delta C_B}{\Delta z} \qquad\qquad\qquad \textbf{(3-13)}$$

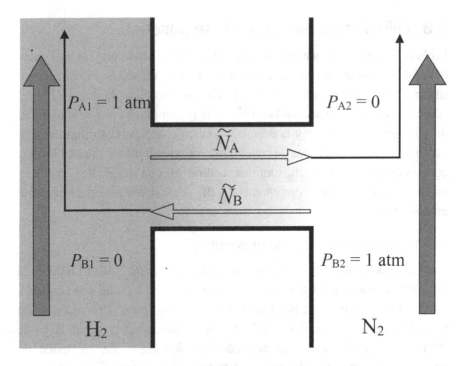

Figura 3-10. Contradifusión equimolecular de gases.

En la contradifusión equimolecular, $\tilde{N}_A = -\tilde{N}_B$, por tanto,

$$D_{AB}\frac{C_{A1}-C_{A2}}{z_2-z_1} = -D_{BA}\frac{C_{B2}-C_{B1}}{z_1-z_2} = D_{BA}\frac{C_{B2}-C_{B1}}{z_2-z_1}$$

El recorrido de difusión Δz es el mismo en los dos casos, además,

$$C_T = C_{A1} + C_{B1} = C_{A2} + C_{B2} \tag{3-14}$$

de la que se obtiene que

$$C_{A1} - C_{A2} = C_{B2} - C_{B1}$$

lo que significa que

$$\underbrace{D_{AB} = D_{BA}}$$
$\qquad$ Para difusión equimolar y concentración
$\qquad$ molar total constante en fase gaseosa

Cuando se trabaja con gases es más común expresar su concentración en términos de presión, recuerde que,

$$PV = n\mathcal{R}T$$

por tanto,

$$C = \frac{n}{V} = \frac{P}{\mathcal{R}T}$$

Si la temperatura y el volumen del sistema se mantienen constantes, la presión nos da una medida de la concentración molar del gas (ver Ejemplo 3-1) y la Ley de Fick se escribe

$$\tilde{N}_A = D_{AB}\frac{1}{\Delta z}\left(\frac{p_{A1}}{\mathcal{R}T} - \frac{p_{A2}}{\mathcal{R}T}\right) = \frac{D_{AB}}{\mathcal{R}T}\frac{p_{A1} - p_{A2}}{\Delta z} \qquad \textbf{(3-16)}$$

El perfil de presiones (concentraciones) para este proceso se muestra en la Figura 3-11.

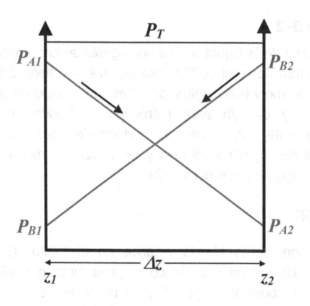

Figura 3-11. Perfil de concentraciones en la contradifusión equimolar.

Si las concentraciones en fase gaseosa se expresan como fracciones mol, o

Concentración total $(A+B)$

$$C_A = C_T \; y_A [=] \frac{\text{kmol Tot}}{\text{m}^3} \left| \frac{\text{kmol } A}{\text{kmol Tot}} \right. [=] \frac{\text{kmol } A}{\text{m}^3} \tag{3-17}$$

Fracción mol de A en fase gaseosa

la Ley de Fick se puede escribir

$$\tilde{N}_A = D_{AB} \frac{dC_A}{dz} = D_{AB} \frac{d(C_T \; y_A)}{dz}$$

Si C_T y D_{AB} son constantes, la integración nos lleva a

$$\tilde{N}_A = C_T D_{AB} \frac{y_{A1} - y_{A2}}{\Delta z} \tag{3-18}$$

y es lo mismo para el componente B.

Ejemplo 3-2

En el sistema de la Figura 3-10 ambos gases se encuentran a 0 ^{0}C y 1 atmósfera de presión. El tubito que los une tiene 2.5 mm de diámetro interno y una longitud de 15 m. Si las velocidades de flujo son de 5 y 6 kg/h para hidrógeno y dióxido de carbono respectivamente, determine: las velocidades con las que se contamina cada gas con el otro y las fracciones mol y masa de cada gas luego de pasar por el tubito.

Solución.

Consideraciones: (1) Mezcla estática en el tubito. (2) Estado estable y difusión en una dirección (a lo largo del tubito). (3) Propiedades constantes. (4) T y P uniformes en el tubito y $p = \hat{p}_A + \hat{p}_B$ = constante. (4) No hay reacción química y ambos gases son ideales.

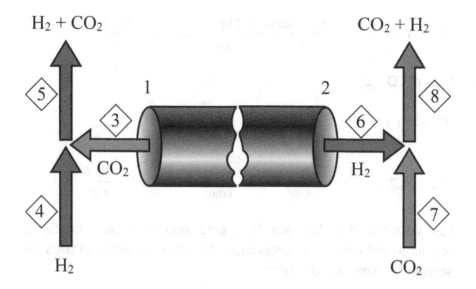

H₂ + CO₂   CO₂ + H₂

Figura ejemplo 3.2

El coeficiente de difusión del H_2 en CO_2 es igual a 0.55×10^{-4} m²/s.

La contradifusión molar se realiza en una mezcla estática en el tubo pequeño lo que significa

$$\tilde{N}_A = -\tilde{N}_B = \frac{D_{AB}}{\mathcal{R}T}\frac{P_{A1}-P_{A2}}{\Delta z}$$

Como cada gas al pasar por el tubito arrastra al otro gas, $P_{A2} = 0 = P_{B1}$ (concentraciones de cero)

Por lo tanto,

$$\tilde{N}_A = \frac{0.55\times10^{-4}\ m^2}{s}\left|\frac{kmol\,A\ \ K}{8.205\times10^{-2}\ m^3\ atm}\right|\frac{1}{273\ K}\left|\frac{(1-0)\ atm}{15\ m}\right. = 1.637\times10^{-7}\ \frac{kmol\,A}{s\ m^2}$$

$$\tilde{M}_A = \tilde{N}_A \mathcal{M}_A = \frac{1.637 \times 10^{-7} \text{ kmol } A}{\text{s m}^2} \bigg| \frac{2 \text{ kg}}{\text{kmol}} = 3.274 \times 10^{-7} \frac{\text{kg } A}{\text{s m}^2}$$

Para el CO_2 (*B*):

$$\tilde{N}_B = -1.637 \times 10^{-7} \frac{\text{kmol } B}{\text{s m}^2}$$

$$\tilde{M}_B = \tilde{N}_B \mathcal{M}_B = -\frac{1.637 \times 10^{-7} \text{ kmol } A}{\text{s m}^2} \bigg| \frac{44 \text{ kg}}{\text{kmol}} = -72.03 \times 10^{-7} \frac{\text{kg } B}{\text{s m}^2}$$

Las velocidades a las que los gases entran a cada conducto requieren del área de transferencia de masa, es decir, el área de sección transversal del tubito:

$$A_M = \pi r^2 = \frac{\pi}{4} d_i^2 = \frac{\pi}{4} (0.0025)^2 \text{ m}^2 = 4.91 \times 10^{-6} \text{ m}^2$$

y entonces

$$\dot{N}_A = \tilde{N}_A A_M = \frac{1.637 \times 10^{-7} \text{ kmol } A}{\text{s m}^2} \bigg| \frac{4.91 \times 10^{-6} \text{ m}^2}{1} = 8.04 \times 10^{-13} \frac{\text{kmol } A}{\text{s}}$$

$$\dot{M}_A = \tilde{M}_A A_M = \frac{3.274 \times 10^{-7} \text{ kg } A}{\text{s m}^2} \bigg| \frac{4.91 \times 10^{-6} \text{ m}^2}{1} = 16.07 \times 10^{-13} \frac{\text{kg } A}{\text{s}}$$

$$\dot{N}_B = \tilde{N}_B A_M = -8.04 \times 10^{-13} \frac{\text{kmol } B}{\text{s}}$$

$$\dot{M}_B = \tilde{M}_B A_M = \frac{72.03 \times 10^{-7} \text{ kg } B}{\text{s m}^2} \bigg| \frac{4.91 \times 10^{-6} \text{ m}^2}{1} = 3.536 \times 10^{-11} \frac{\text{kg } B}{\text{s}} =$$

$$= 353.6 \times 10^{-13} \frac{\text{kg } B}{\text{s}}$$

Haciendo un balance de masa en los puntos 1 y 2, es decir, en los extremos del tubito pero dentro de los conductos grandes de gas, como se muestra en el esquema, se tiene

$$\dot{m}_3 + \dot{m}_4 = \dot{m}_5$$

$$353.6 \times 10^{-13}\,\frac{\text{kg }B}{\text{s}}\,\frac{3600\text{ s}}{1\text{ h}} + 5\,\frac{\text{kg }A}{\text{h}} = 1.27 \times 10^{-7}\,\frac{\text{kg }B}{\text{h}} + 5\,\frac{\text{kg }A}{\text{h}} \approx 5\,\frac{\text{kg Tot}}{\text{h}}$$

y la fracción masa de CO_2 en H_2

$$\hat{y}_{B5} = \frac{1.27 \times 10^{-7}\,\text{kg }B}{\text{h}}\left|\frac{\text{h}}{5\text{ kg Tot}}\right. = 2.546 \times 10^{-8}\,\frac{\text{kg }B}{\text{kg Tot}}$$

La fracción mol se puede obtener si se realiza un balance de flujos molares y tomando la misma aproximación, puesto que la adición de oxígeno es muy pequeña

$$\dot{n}_3 + \dot{n}_4 = \dot{n}_5$$

$$8.04 \times 10^{-13}\,\frac{\text{kmol }B}{\text{s}}\,\frac{3600\text{ s}}{1\text{ h}} + 5\,\frac{\text{kg }A}{\text{h}}\,\frac{\text{kmol }A}{2\text{ kg}} = 2.89 \times 10^{-9}\,\frac{\text{kmol }B}{\text{h}} + 2.5\,\frac{\text{kmol }A}{\text{h}} \approx 2.5\,\frac{\text{kmol Tot}}{\text{h}}$$

y la fracción mol de CO_2 en H_2

$$y_{B5} = \frac{2.89 \times 10^{-9}\,\text{kmol }B}{\text{h}}\left|\frac{\text{h}}{2.5\text{ kmol Tot}}\right. = 1.156 \times 10^{-9}\,\frac{\text{kmol }B}{\text{kmol Tot}}$$

Con el mismo procedimiento aplicado al otro extremo y usando la misma aproximación se encuentra

$$\hat{y}_{A8} = \frac{5.785 \times 10^{-9}\,\text{kg }A}{\text{h}}\left|\frac{\text{h}}{6\text{ kg Tot}}\right. = 9.64 \times 10^{-10}\,\frac{\text{kg }A}{\text{kg Tot}}$$

$$y_{A8} = \frac{2.89 \times 10^{-9}\,\text{kmol }B}{\text{h}}\left|\frac{\text{h}}{\left(6/44\right)\text{ kmol Tot}}\right. = 2.12 \times 10^{-8}\,\frac{\text{kmol }A}{\text{kmol Tot}}$$

3.3.2 Ecuación general para la difusión molecular de masa (difusión molecular más convección laminar).

La difusión molecular de masa también puede presentarse en sistemas en movimiento, siempre y cuando la velocidad del sistema sea pequeña y no haya entremezclado de grandes grupos de moléculas en todas las direcciones. Estas características se cumplen si el sistema esta formado por un fluido que se mueve en flujo laminar (ver Capítulo 1, Figura 1-7 y Capítulo 5 para más detalles). Para comprender mejor la transferencia de masa en un fluido que se mueve a velocidades bajas, ésta se puede dividir en dos partes: una contribución dada exclusivamente por la diferencia de concentraciones y otra provocada por el movimiento del fluido. En otras palabras, la rapidez con que se transfiere el componente A será la suma de la difusión molecular dada por un ΔC más la difusión molecular convectiva dada por el movimiento del fluido. La afirmación anterior se puede aplicar a cualquier sistema, sea que éste se encuentre estático o en movimiento, como se verá a continuación.

En el esquema de la Figura 3-12 una mezcla binaria $(A + B)$ se mueve hacia la derecha en flujo laminar a una velocidad lineal promedio υ de magnitud baja. Entre los puntos "1" y "2" de referencia hay una diferencia de concentraciones de la especie A. El transporte total de masa (moles) de A hacia la derecha es la suma de la transferencia de masa (moles) debida al movimiento de la mezcla (convección) y debido a la diferencia de concentraciones. En términos de velocidades lineales, la velocidad lineal total υ_A a la que se mueven las moléculas de A hacia la derecha es igual a la suma de la velocidad lineal promedio de la mezcla υ más la velocidad resultante de la difusión molecular de A, υ_{DM}, en virtud exclusivamente de una diferencia de concentraciones, es decir,

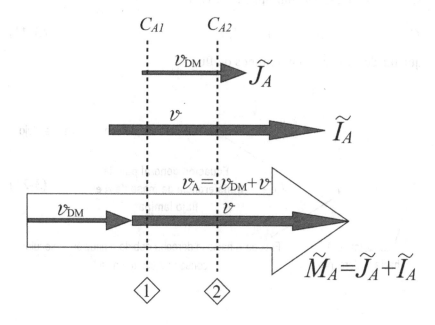

Figura 3-12. Flujo laminar de una mezcla binaria más difusión molecular.

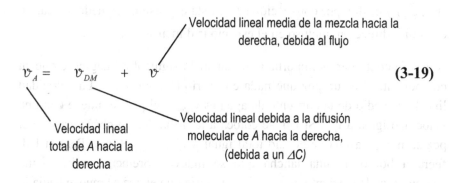

$$\upsilon_A = \upsilon_{DM} + \upsilon \qquad (3\text{-}19)$$

Velocidad lineal media de la mezcla hacia la derecha, debida al flujo

Velocidad lineal total de A hacia la derecha

Velocidad lineal debida a la difusión molecular de A hacia la derecha, (debida a un ΔC)

Un flux de moles está dado por el producto de la velocidad lineal y la concentración

$$\tilde{N}_A = C_A \upsilon_A = [=] \frac{kmol}{m^3} \frac{m}{s} [=] \frac{kmol}{m^2 \, s} \qquad (3\text{-}20)$$

si la ecuación 3-19 se multiplica por C_A

$$C_A \upsilon_A \;=\; C_A \upsilon_{DM} \;+\; C_A \upsilon \tag{3-21}$$

que puede escribirse en términos de flux

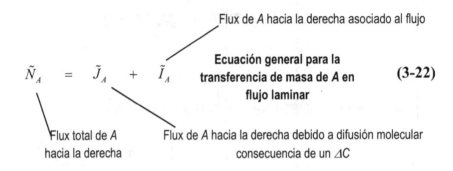

Flux de A hacia la derecha asociado al flujo

$$\tilde{N}_A \;=\; \tilde{J}_A \;+\; \tilde{I}_A \qquad \textbf{Ecuación general para la transferencia de masa de A en flujo laminar} \tag{3-22}$$

Flux total de A hacia la derecha

Flux de A hacia la derecha debido a difusión molecular consecuencia de un ΔC

La ecuación 3-22 es la expresión general para la transferencia de masa del componente A. El flux total $\tilde{N}_A$, es igual a la suma del flux debido a un ΔC ($\tilde{J}_A$) y el flux por convección ($\tilde{I}_A$). Esta expresión se puede aplicar en cualquier dirección, incluso en el espacio tridimensional.

Antes de continuar es importante remarcar lo siguiente: Imagínese que su componente A es un pez que nada en un río (Figura 3-13). La velocidad lineal promedio de la corriente de agua es v_{agua} y el pez se mueve con una velocidad igual a v_{pez}. Si Ud. se coloca a la orilla del río observará que el pez se mueve a una velocidad total igual a $v_{total} = v_{agua} + v_{pez}$. Pero si Ud. fuera a bordo de una lancha que se mueve libremente a la misma velocidad de la corriente $v_{lancha} = v_{agua}$, notaría que el pez se mueve hacia la derecha a una velocidad igual a v_{pez}. A la orilla del río Ud. es un observador fijo pero en la lancha Ud. es un observador móvil con cierta velocidad.

Figura 3-13. Comparación de los tipos de flux de masa con un río y un pez.

Realizando el análisis anterior del mismo modo pero aplicado a los fluxes, el flux total $\tilde{M}_A$ se mide con respecto a un punto fijo en el espacio (equivale a v_{total}), el flux $\tilde{J}_A$ se mide con respecto a una referencia móvil (equivale a v_{pez}.) y el flux $\tilde{I}_A$ se mide con relación a un punto fijo también (equivale a v_{agua}). Como el flux $\tilde{J}_A$ sólo tiene que ver con una diferencia de concentraciones es el que se usa en la determinación de difusividades de masa.

Generalmente la magnitud de $\tilde{J}_A$ se obtiene suponiendo que el origen de coordenadas se mueve a una velocidad promedio que a veces se da en moles/tiempo y en otras ocasiones en masa/tiempo.

Si ambos componentes, A y B, difunden, el flux neto de moles se expresa

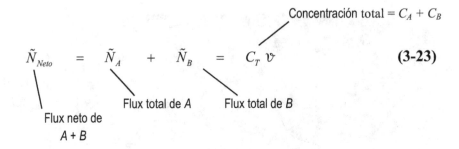

$$\tilde{N}_{Neto} = \tilde{N}_A + \tilde{N}_B = C_T \, \upsilon \qquad (3\text{-}23)$$

Flux neto de $A + B$

Flux total de A

Flux total de B

Concentración total $= C_A + C_B$

y

$$\tilde{N}_B = \tilde{J}_B + \tilde{I}_B \qquad (3\text{-}24)$$

Despejando υ de la Ecuación 3-25

$$\upsilon = \frac{\tilde{N}_A + \tilde{N}_B}{C_T} \qquad (3\text{-}25)$$

y substituyendo en la Ecuación 3-24 tendremos

$$\tilde{N}_A = \tilde{J}_A + \tilde{I}_A = \tilde{J}_A + C_A \upsilon = \tilde{J}_A + C_A \left(\frac{\tilde{N}_A + \tilde{N}_B}{C_T} \right)$$

pero como $\tilde{J}_A$ esta dado por un ΔC se puede substituir la ley de Fick para finalmente obtener

$$\underbrace{\tilde{N}_A = -D_{AB} \frac{dC_A}{dz} + \frac{C_A}{C_T} \left(\tilde{N}_A + \tilde{N}_B \right)}_{} \qquad (3\text{-}26)$$

Ecuación general final para la transferencia de masa (moles) de A en flujo laminar (difusión molecular + convección laminar)

Para B:

$$\tilde{N}_B = -D_{BA}\frac{dC_B}{dz} + \frac{C_B}{C_T}\left(\tilde{N}_A + \tilde{N}_B\right) \tag{3-27}$$

Las Ecuaciones 3-26 y 3-27 son válidas para la difusión en gases, líquidos o sólidos. Para resolverlas hay que conocer la relación entre $\tilde{N}_A$ y $\tilde{N}_B$ (por ejemplo, en una reacción química esta relación esta dada por la estequiometría).

Para el cálculo del flux neto de masa se suman algebraicamente los resultados de las ecuaciones 3-26 y 3-27, considerando que el flux en cierto sentido es positivo y en sentido contrario negativo.

Con el fin de corroborar que la Ecuación 3-26 (y 3-27) es en verdad una expresión general para la transferencia de masa en flujo laminar, la aplicaremos a algunos casos conocidos.

3.3.3 Aplicación de la ecuación convectiva laminar a sistemas completamente estáticos.

Cuando el sistema en estudio consiste en un cuerpo que no se mueve la velocidad promedio de éste será cero, es decir, $\upsilon = 0$. En estas circunstancias, la Ecuación 3-26 se reduce a

$$\tilde{N}_A = \tilde{J}_A = -D_{AB}\frac{dC_A}{dz} = D_{AB}\frac{C_{A(1)} - C_{A(2)}}{\Delta z} \tag{3-28}$$

que consiste en la Ley de Fick. Se recordará que en sistemas estacionarios el único mecanismo presente es la difusión molecular debido a un ΔC.

Considerando que sólo difunde A, $\tilde{N}_{Neto} = \tilde{N}_A$. Si ambos componentes están involucrados en la transferencia de masa $\tilde{N}_{Neto} = \tilde{N}_A + \tilde{N}_B$ y

$$\tilde{N}_B = \tilde{J}_B = -D_{BA}\frac{dC_B}{dz}$$

Observe que en el caso de contradifusión equimolecular, $\tilde{N}_A = -\tilde{N}_B$ y $\tilde{N}_{Neto} = 0$. Los fluxes masa de cada especie se calculan con expresiones equivalentes a las dos anteriores, como se hizo anteriormente, y $\tilde{M}_{Neto}$ se determina con la suma de los fluxes másicos de A y B (recuerde que en este caso $\tilde{M}_A \neq \tilde{M}_B$).

3.3.4 Aplicación de la ecuación convectiva laminar a la difusión de "A" en "B" <u>aparentemente</u> estático.

Considere el sistema de la Figura 3-14. Cierta cantidad de agua se deposita en el fondo de un recipiente. El aire que fluye por el borde es completamente seco y su presión es constante e igual a una atmósfera. De inmediato el agua se evapora formando una capa saturada sobre la superficie del mismo líquido. Debido a la diferencia de concentraciones del agua vapor (A) en fase gaseosa ($P_{A(1)} > P_{A(2)}$) se establece un flux desde esa capa saturada hasta la boca del recipiente. Si dentro de la columna gaseosa que está sobre el agua, la presión total se mantiene constante en todos sus puntos e igual a una atmósfera, debe haber también una diferencia de concentraciones de B (aire) entre el punto "1" y el "2", es decir, $P_{B(1)} < P_{B(2)}$ de tal manera que se cumpla que $P_1 = P_{A(1)} + P_{B(1)} = 1$ atm y $P_2 = P_{A(2)} + P_{B(2)} = 1$ atm. Las moléculas de A que alcanzan el borde del recipiente son atrapadas por la corriente de aire y se eliminan. De esta manera la concentración de agua vapor en "2" se mantiene en cero. Pero las moléculas de B que alcanzan la superficie del agua, al ser insolubles, no pueden entrar a la fase líquida y rebotan. La consecuencia inmediata es que se establece un flujo de moléculas de B hacia arriba (de "1" a "2") que debe igualar en magnitud al flux debido al ΔC_B para mantener invariable la presión parcial de B y la presión total. Como este desplazamiento de moléculas de B no es el resultado directo de un ΔC_B pero si es provocado por un efecto mecánico, se puede afirmar que el sistema (mezcla binaria en fase gaseosa) no es estático aunque su desplazamiento neto sea de cero.

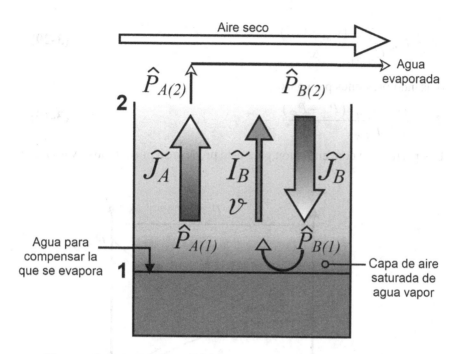

Figura 3-14. Evaporación de agua dentro de una columna aparentemente estática de aire.

Lo anteriormente descrito quiere decir que la velocidad promedio de la mezcla binaria es diferente de cero ($v \neq 0$) y que el transporte neto de B es igual a cero $\tilde{N}_B = 0$ ($\tilde{J}_B = \tilde{I}_B$), por lo que la Ecuación 3-24 aplicada a este caso sería

$$\tilde{N}_A = -D_{AB}\frac{dC_A}{dz} + \frac{c_A}{C_T}\left(\tilde{N}_A\right)$$

Separando variables, integrando de "1" a "2", considerando que el flux de A y la difusividad de masa son constantes,

$$\tilde{N}_A\int_1^2 dz = -D_{AB}\int_1^2 \frac{dC_A}{1-\dfrac{C_A}{C_{TOT}}}$$

Resolviendo la integral obtenemos,

$$\tilde{N}_A = D_{AB} \frac{C_{TOT}}{C_{B(ML)}} \frac{\left(C_{A1} - C_{A2}\right)}{\Delta z} \tag{3-29}$$

o usando presiones para gases,

$$\tilde{N}_A = \frac{D_{AB}}{\mathcal{R}T} \frac{P_{TOT}}{P_{B(ML)}} \frac{\left(P_{A1} - P_{A2}\right)}{\Delta z} \tag{3-30}$$

Los perfiles de concentración para este proceso se pueden observar en la F

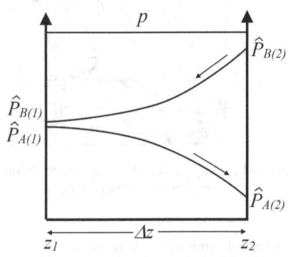

Figura 3-15. Perfil de concentraciones de la difusión de A en B aparentemente estático.

Ejemplo3-3.

Se coloca agua en el fondo de un tubo de ensayo (Figura 3-14). El aire es seco y tiene una presión de 101 325 Pa. El agua y el aire están a 298 K. El agua se evapora y difunde por el aire que está dentro del tubo hasta la boca del mismo. La trayectoria de difusión es de 7 cm. Determine la velocidad de evaporación en estado estable.

Solución.

Consideraciones: (1) Sistema en estado estable. (2) Los gases se comportan como gases ideales. (3) La presión total es constante en todos los puntos.

El sistema es semejante al mostrado en la Figura 3-11. Al ser aire seco la concentración de A (agua vapor) en aire (B) en el punto 2 es igual a cero. Para determinar la concentración (Presión) del agua vapor en 1 se procede así: El agua vapor forma una capa por encima de la superficie del agua, que es una capa de aire saturada de agua vapor. En cualquier aire saturado la presión parcial del agua vapor en fase gaseosa es igual a la presión que ejerce la superficie del agua, es decir $P_A = P^0$ (ver Capítulo 11, equilibrio de fases). De tablas de vapor a 25°C. $P_{sat} = 0.0316$ atm $= P^0 = 3201.9$ Pa. Para B:

$$P_{B2} = 101325 \text{ Pa} - 0 \text{ Pa} = 101325 \text{ Pa}$$

$$P_{B1} = (101325 - 3201.9) \text{ Pa} = 98123.1 \text{ Pa}$$

$$P_{B\overline{ML}} = \frac{P_{B2} - P_{B1}}{\ln\left(P_{B2}\big/P_{B1}\right)} = \frac{(101\,325 - 98\,123.1) \text{ Pa}}{\ln\left(\dfrac{101\,325 \text{ Pa}}{98\,123.1 \text{ Pa}}\right)} = 99\,715.5 \text{ Pa}$$

y el flux de A

$$\tilde{N}_A = \frac{D_{AB}}{\mathcal{R}T}\frac{P_{TOT}}{P_{B(ML)}}\frac{P_{A1} - P_{A2}}{\Delta z}$$

$$\tilde{N}_A = \frac{0.26 \times 10^{-4} \text{ m}^2}{\text{s}}\left|\frac{\text{kmol K}}{8\,314.34 \text{ m}^3 \text{ Pa}}\right|\frac{101\,325 \text{ Pa}}{99\,715.5 \text{ Pa}}\left|\frac{(3\,201.9 - 0) \text{ Pa}}{0.07 \text{ m}}\right| = 1.45 \times 10^{-4} \frac{\text{kmol } A}{\text{s m}^2}$$

3.4 Difusión molecular en fase líquida.

La difusión molecular en fase líquida sigue, en lo general, las mismas relaciones mencionadas en las secciones anteriores siempre y cuando el sistema se encuentre estacionario. La gran diferencia se halla en el coeficiente de difusión que es mucho mayor que en los sólidos pero mucho menor que en los gases. Esto, obviamente, es resultado de la distancia intermolecular que es de magnitud intermedia en los líquidos, en relación con los otros estados de agregación. En los líquidos, además de la distancia intermolecular, las fuerzas de atracción intermolecular tienen un efecto importante sobre la difusión que en esta fase son más grandes. En fase líquida el D_{AB} tiene una dependencia más pronunciada con la concentración de A.

3.4.1 Contradifusión equimolar.

En los líquidos, puesto que ambos componentes tienen movilidad, se puede presentar el caso de contradifusión equimolecular, aunque es poco frecuente. En este caso D_{AB} cambia con la concentración, por eso se usa un D_{AB} promedio. Además, como la concentración total también puede variar con la concentración se utiliza una C_{TOT} promedio, y

Difusividad promedio

Fracciones mol de A en fase líquida

$$\tilde{N}_A = \overline{D}_{AB} \frac{C_{A1} - C_{A2}}{\Delta z} = \overline{C}_{TOT} \overline{D}_{AB} \frac{x_{A1} - x_{A2}}{\Delta z} \qquad \textbf{(3-31)}$$

Concentración molar total promedio

Sin embargo, el caso más común es la difusión de un soluto A en un disolvente B aparentemente estacionario. Este caso es muy parecido al descrito en la sección 3.3.4 para gases y no es de extrañar ya que en fase líquida ambos componentes tienen la posibilidad de migrar de un punto a otro si hay una diferencia de concentraciones. Geankoplis (1989) cita como ejemplo el sistema formado por agua, tolueno y ácido propiónico. Una solución acuosa de ácido propiónico se pone en contacto con tolueno como se muestra en la Figura 3-16. El agua, en el fondo, está imposibilitada de cambiar de fase puesto que es insoluble en tolueno. Lo mismo le ocurre al tolueno. El ácido, se transfiere al tolueno y provoca una diferencia de concentraciones dentro de la solución acuosa. Si la concentración total es constante en la fase acuosa, es obvio que también hay una diferencia de concentraciones de agua en la fase acuosa. Por diferencia de concentraciones el agua difunde hacia el fondo, rebota en la pared de tal manera que su flux neto es de cero. Por otro lado, en la fase orgánica se establece un ΔC y un flux de ácido hacia arriba. Si la concentración total en esta fase es constante (C_{TOT} = constante) también hay un ΔC para tolueno y este difunde hacia abajo, rebota y su flux neto es de cero.

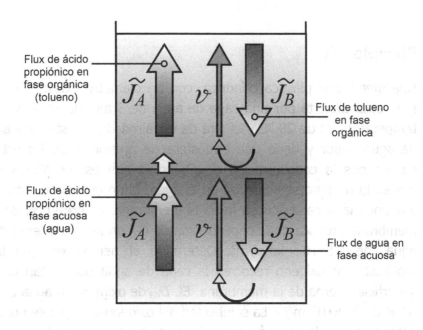

Figura 3-16. Difusión de ácido propiónico a través de agua y tolueno.

Entonces podemos usar una expresión como la Ecuación 3-29, con un D_{AB} promedio y unaC_{TOT} promedio,

117

$$\tilde{N}_A = \overline{D}_{AB} \frac{C_{TOT}}{C_{B\boxed{ML}}} \frac{C_{A(1)} - C_{A(2)}}{\Delta z} = \overline{D}_{AB} \frac{\overline{C}_{TOT}}{C_{TOT}} \frac{\overline{C}_{TOT}}{x_{B\boxed{ML}}} \frac{x_{A1} - x_{A2}}{\Delta z} = \overline{D}_{AB} \frac{\overline{C}_{TOT}}{x_{B\boxed{ML}}} \frac{x_{A1} - x_{A2}}{\Delta z}$$

$$(3\text{-}32)$$

Para soluciones diluidas $x_{B\boxed{ML}} \approx 1.0$, C_{TOT} es esencialmente constante y $C_{TOT} \approx C_{B(ML)}$. Por tanto, en esta situación la Ecuación 3-34 se simplifica a

$$\tilde{N}_A = \overline{D}_{AB} \frac{C_{A1} - C_{A2}}{\Delta z} = C_{TOT} \overline{D}_{AB} \frac{x_{A1} - x_{A2}}{\Delta z} \qquad (3\text{-}33)$$

Ejemplo 3-4.

Una membrana plástica cilíndrica, con un diámetro externo de 18 mm, esta cubierta por una capa de agua de 3 mm de espesor. La temperatura es de 20 ^{0}C y el aire de los alrededores está saturada de agua vapor y tiene una atmósfera de presión total. En estas condiciones la concentración de O_2 en el aire es de 20.5% en moles. El oxígeno se solubiliza en el agua, difunde hacia el interior y abandona la capa acuosa hacia la membrana. La presencia de la membrana provoca una concentración de O_2, en la cara interna del agua, de 1.5×10^{-6} kmol/m^3. Determine el tiempo en que las moléculas de oxígeno recorren la capa de agua para alcanzar la superficie interna de la membrana. EL D_{AB} de oxígeno en agua a 20 ^{0}C es de 2.1×10^{-9} m^2/s. La solubilidad del oxígeno en agua se puede determinar de la relación entre la presión parcial del O_2 en aire (atm) y la fracción mol del mismo O_2 en el agua: $P_A = 4.01 \times 10^4 x_A$. La constante es la conocida constante de Henry en atm/fracción mol.

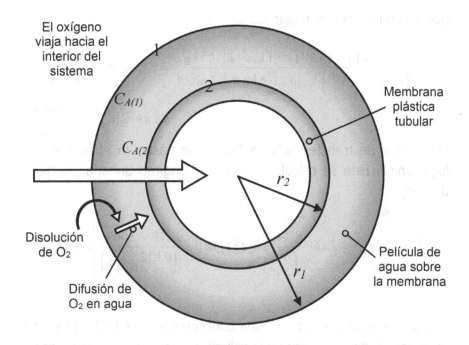

El oxígeno viaja hacia el interior del sistema

$C_{A(1)}$

$C_{A(2)}$

1

2

r_2

r_1

Membrana plástica tubular

Película de agua sobre la membrana

Disolución de O_2

Difusión de O_2 en agua

Figura ejemplo 3.4

Solución.

Consideraciones: (1) Estado estable. (2) No hay difusión de agua. (3) Sistema completamente estático.

Lo primero que debe calcularse es la concentración del oxígeno dentro del agua, en la cara externa. La concentración de oxígeno en aire es del 20.5% en moles, por tanto,

$$P_A = y_A P_{TOT} = 0.205(1 \text{ atm}) = 0.205 \text{ atm}$$

Con la ayuda de la Ley de Henry tendremos

$$x_A = \frac{P_A}{H} = \frac{0.205 \text{ atm}}{1} \left| \frac{\text{fracción mol}}{4.01 \times 10^4 \text{ atm}} \right. = 5.11 \times 10^{-6} \frac{\text{kmol } A}{\text{kmol Tot}}$$

que en concentración molar es:

$$C_{A1} = \frac{5.11 \times 10^{-6} \text{ kmol } A}{\left(1 - 5.11 \times 10^{-6}\right) \text{ kmol } B} \left|\frac{1 \text{ kmol } B}{18 \text{ kg } B}\right| \frac{10^3 \text{ kg } B}{1 \text{ m}^3 B} = 2.839 \times 10^{-4} \frac{\text{kmol } A}{\text{m}^3 B}$$

$$\approx 2.839 \times 10^{-4} \frac{\text{kmol } A}{\text{m}^3 \text{ solución}}$$

La rapidez de transferencia se tiene que basar en el área media logarítmica. Esta se calculará para una longitud unitaria, es decir, de 1 m,

$$A_{M\boxed{ML}} = 2\pi L r_{\boxed{ML}} = 2\pi L \frac{r_2 - r_1}{\ln\left(\frac{r_2}{r_1}\right)} = 2\pi(1 \text{ m})\left[\frac{0.012 - 0.009}{\ln\left(\frac{0.012}{0.009}\right)}\right] \text{m} = 0.0655 \text{ m}^2$$

Como la membrana provoca una concentración de 1×10^{-6} kmol/m^3, en la cara interna del agua y la solución es muy diluida, por tanto,

$$\dot{N}_A = D_{AB} A_{M\boxed{ML}} \frac{C_{A1} - C_{A2}}{\Delta r} = 2.1 \times 10^{-9} \frac{\text{m}^2}{\text{s}} 0.0655 \text{m}^2 \frac{(283.9 - 1.5) \times 10^{-6} \text{ kmol } A}{0.003 \text{ m m}^3}$$

$$= 1.2948 \times 10^{-11} \frac{\text{kmol } A}{\text{s}}$$

La velocidad con que se mueven las moléculas de oxígeno se puede determinar de la relación (que se explicará con más detalle más adelante)

$$\overline{\tilde{N}_A} = \frac{\dot{N}_A}{A_{M\boxed{ML}}} = v_A c_A [=] \frac{\text{m}}{\text{s}} \left|\frac{\text{kmol } A}{\text{m}^3}\right| = \frac{\text{kmol } A}{\text{s m}^2}$$

Flux promedio.

Recuerde que en paredes cilíndricas el flux no es constante, ya que cambia el área de transferencia y la rapidez de transferencia si es constante. Por tanto,

$$\overline{\tilde{N}_A} = \frac{\dot{N}_A}{A_{M\boxed{ML}}} = \frac{1.2948 \times 10^{-11} \text{ kmol } A}{\text{s}} \left| \frac{1}{0.0655 \text{ m}^2} = 1.9768 \times 10^{-10} \frac{\text{kmol } A}{\text{s m}^2} \right.$$

y

$$\mathcal{v}_A = \frac{\tilde{N}_A}{C_A} = \frac{1.9768 \times 10^{-10} \text{ kmol } A}{\text{s m}^2} \left| \frac{\text{m}^3}{(283.9 - 1.5) \times 10^{-6} \text{ kmol } A} = 6.99 \times 10^{-7} \frac{\text{m}}{\text{s}} \right.$$

Como $\mathcal{v} = \Delta r/\theta$, finalmente,

$$\theta = \frac{\Delta r}{\mathcal{v}_A} = \frac{0.003 \text{ m}}{1} \left| \frac{\text{s}}{6.99 \times 10^{-7} \text{ m}} = 4291.84 \text{ s} = 1.19 \text{ h} \right.$$

3.5 Difusión molecular de masa en sólidos estáticos no porosos.

Esta difusión se presentó en la sección 3.2 de este mismo capítulo. Este tipo se presenta cuando el soluto se disuelve realmente en el sólido para formar una solución más o menos homogénea y entonces difunde. La difusión de gases en sólidos, la extracción sólido – líquido y la difusión de agua en alimentos son unos ejemplos de este tipo.

Como se vio en la sección 3.2 la Ley de Fick se aplica directamente ya que el componente B, es decir el sólido, no difunde. Cuando sólo A difunde la ley de Fick puede aplicarse a barreras planas o cilíndricas, sencillas o en serie, tal y como se ilustro en la sección 3.2 mencionada. Sin embargo, es común que la difusión molecular en sólidos se dé en términos de permeabilidad. Recuerde que la concentración en un sólido puede calcularse con su solubilidad,

Solubilidad de A en el sólido en kmol/m³.atm

$$C_A = \mathscr{S} P_A \tag{3-34}$$

Concentración molar de A en el sólido

que substituida en la Ley de Fick nos lleva a la expresión

$$\tilde{N}_A = D_{AB} \frac{C_{A1} - C_{A2}}{\Delta z} = D_{AB} \mathcal{S} \frac{P_{A1} - P_{A2}}{\Delta z} = \mathcal{P} \frac{P_{A1} - P_{A2}}{\Delta z} \qquad (3\text{-}35)$$

Permeabilidad

Simplemente para que el estudiante tenga claro que la difusión molecular en sólidos puede realizarse, aunque sea muy lentamente, en la Figura 3-17 puede observar los mecanismos que se proponen para que A pueda difundir a través del sólido B. No olvide que a escala molecular pueden ocurrir ciertos eventos que para nosotros pueden ser imposibles o al menos muy difíciles. Los mecanismos de substitución directa y en anillos son los menos probables sobre todo en cristales rígidos. La difusión por sitios vacantes es de las más favorables debido a su baja energía de activación. La difusión intersticial, también de baja energía de activación, se presenta cuando A es más pequeño que B y el mecanismo de substitución intersticial cuando los componentes son aproximadamente del mismo tamaño. En este último la partícula de A, en un sitio intersticial, se coloca en la red cristalina provocando que la partícula de B se ubique en otro sitio intersticial.

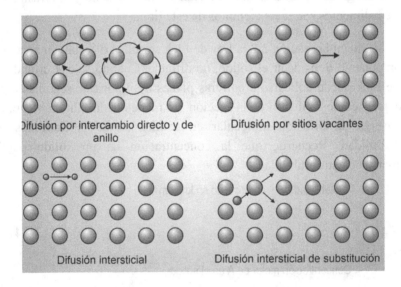

Figura 3-17. Tipos de difusión en sólidos.

3.6 Difusión molecular en sólidos estáticos porosos.

La difusión en sólidos porosos se puede dividir en tres grandes grupos: (1) difusión que sigue la Ley de Fick (2) difusión de Knudsen y (3) difusión combinada de las dos anteriores. La primera se presenta cuando los canales del sólido están llenos de líquido o cuando están llenos de gas pero los poros son muy grandes comparados con la trayectoria libre media de las moléculas del gas. El segundo y tercer tipo de difusión ocurren cuando los canales están llenos de gas y el tamaño del poro es muy pequeño, de magnitud comparable o menor a la trayectoria libre media de las moléculas del gas. Estas relaciones se explican a continuación.

3.6.1 Estructura y propiedades estructurales de un sólido poroso.

Se puede considerar que un sólido poroso está formado de dos partes: el sólido propiamente dicho y los canales, capilares o poros que ocupan el espacio hueco entre las partículas del sólido (Figura 3-18). Estos canales, en general, estarán llenos de gas o de líquido. Normalmente los capilares de un sólido poroso no son rectos y tienen un área de sección transversal de forma y magnitud variables. Como simplificación consideraremos que los poros son cilíndricos y que tendrán un diámetro promedio $\overline{d}_p$.

3.6.1.1 Tortuosidad y porosidad.

Considere la barrera plana porosa de la Figura 3-18. El sólido es un material heterogéneo cuyos poros están interconectados entre sí. Si hay una diferencia de concentración en ambas caras del sólido poroso se presenta la difusión. Esta, obviamente, se llevará a cabo a través de los poros ya que, estén llenos de gas o líquido, ofrecerán una menor resistencia a la transferencia de masa. Es decir, la difusión no se presenta en el sólido que se considerará material *inerte*. Generalmente, como se observa en la misma figura, el recorrido de difusión será mayor al espesor del sólido de tal manera que

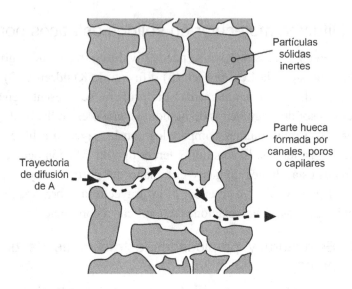

Figura 3-18. Difusión a través de un sólido poroso.

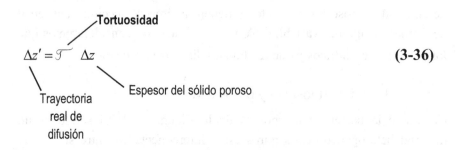

$$\Delta z' = \mathcal{T} \; \Delta z \tag{3-36}$$

En general la tortuosidad toma valores que van de 1.5 a 5.0. Por otro lado, si el volumen total ocupado por el sólido poroso (sólido más poros) es V_T, el volumen ocupado por los sólidos propiamente dichos es V_S y el volumen ocupado por los poros o volumen hueco es V_H, se puede definir la porosidad como

$$\varepsilon = \frac{V_H}{V_{TOT}} \tag{3-37}$$

Porosidad = fracción volumen hueca

La tortuosidad y la porosidad son las dos propiedades significativas que están ligadas a la estructura de los sólidos porosos que influyen en la velocidad de transferencia molecular de masa a través de todo el sólido poroso, como se verá en secciones posteriores.

3.6.2 Difusión dentro de un poro.

Antes de estudiar la difusión a través de un sólido poroso revisemos brevemente que ocurre con la difusión dentro de uno sólo de los poros.

Generalizando podríamos decir que la trayectoria libre media $\overline{\lambda}$ de un fluido (gas o líquido) se define como la distancia promedio que viaja una molécula del fluido sin chocar con otra. Es de esperarse que los líquidos tengan una $\overline{\lambda}$ mucho menor que los gases. En el caso de la fase gaseosa si se reduce la presión del gas su $\overline{\lambda}$ se incrementa.

En la Figura 3-19 se muestran esquemáticamente los tipos de difusión que se pueden presentar dependiendo de las magnitudes de $\overline{\lambda}$ y del diámetro promedio $\overline{d}_p$ del poro en el que se realiza la difusión. Cuando $\overline{\lambda} << \overline{d}_p$ las moléculas que difunden chocan frecuentemente con otras y casi no tienen contacto con las paredes del poro. En estas condiciones la difusión dentro del poro se realiza de acuerdo con la Ley de Fick. Este caso se presenta cuando el poro está lleno de líquido o cuando el poro está lleno de gas a una presión grande o cuando el $\overline{d}_p$ es muy grande. El otro extremo se presenta si $\overline{\lambda} >> \overline{d}_p$, de tal forma que las moléculas chocan preferentemente con las paredes del poro, raramente con otras moléculas e incluso, pueden adherirse temporalmente en la superficie interna del poro. En este tipo de difusión las colisiones moléculas – pared son las importantes y se conoce como *difusión de Knudsen*. Finalmente puede presentarse un tipo de difusión que combine los dos mecanismos vistos anteriormente. La difusión de Fick y de Knudsen pueden ocurrir simultáneamente si $\overline{\lambda} \approx \overline{d}_p$.

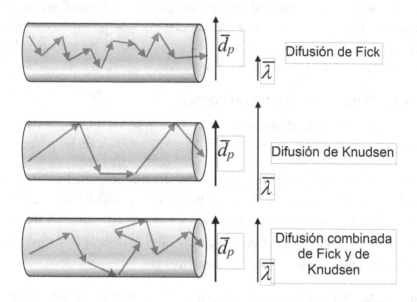

Figura 3-19. Tipos de difusión que se presentan en un poro.

Número de Knudsen. Para tener una indicación más precisa del tipo de difusión que puede presentarse dentro de un poro se utiliza el Número de Knudsen. Este se define como

$$Kn = \frac{\bar{\lambda}}{\bar{d}_p}[=]\frac{\text{m}}{\text{m}}[=]\text{Adimensional} \qquad (3\text{-}38)$$

Número de Knudsen

Así, cuando

$Kn \leq 0.01$ la difusión es principalmente de Fick.

$Kn \geq 10$ la difusión es principalmente de Knudsen.

$0.01 < Kn < 10$ la difusión es una mezcla de los tipos Fick y Knudsen.

126

3.6.2.1 Difusión de Fick dentro de un poro.

En esta difusión la barrera por colisión mencionada al principio del capítulo (sección 3.1) se debe a los choques de las moléculas de A con otras, tanto del mismo A como de B. Comparativamente los choques entre moléculas son mucho más frecuentes que los choques de moléculas con las paredes del poro. En estas circunstancias, si suponemos que el número de moléculas involucradas en el evento es lo suficientemente grande para estar en el dominio del continuo, la rapidez de difusión a través de un poro estará descrita por la Ley de Fick,

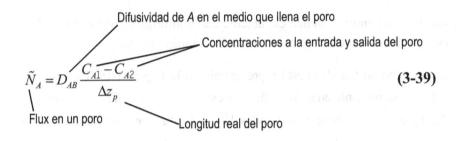

$$\tilde{N}_A = D_{AB} \frac{C_{A1} - C_{A2}}{\Delta z_p} \qquad \textbf{(3-39)}$$

3.6.2.2 Difusión de Knudsen dentro de un poro.

En los líquidos la $\bar{\lambda}$ es muy pequeña comparada con el diámetro de los poros, por eso siguen la Ley de Fick (Figura 3-19). En cambio en los gases, dependiendo de la presión, la $\bar{\lambda}$ puede tener magnitudes comparables a las del poro y esto puede llevarnos a difusiones de otros tipos. En general consideraremos el caso de p_{Tot} = constante pero las presiones parciales de A y de B pueden variar. Cuando los poros son de un tamaño muy pequeño, del orden de la trayectoria libre media de las moléculas del gas, la velocidad de difusión no sigue la Ley de Fick. En este caso el diámetro de los poros puede influir determinantemente en la velocidad de difusión. La barrera por colisión en este caso esta representada por los choques molécula – pared.

La trayectoria libre media de un gas se define como la distancia promedio que viaja una moléculas del gas sin chocar con otra y se calcula con

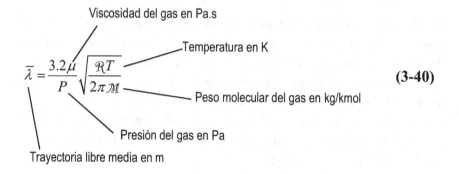

Viscosidad del gas en Pa.s

Temperatura en K

$$\bar{\lambda} = \frac{3.2\mu}{P}\sqrt{\frac{\mathcal{R}T}{2\pi\mathcal{M}}} \qquad (3\text{-}40)$$

Peso molecular del gas en kg/kmol

Presión del gas en Pa

Trayectoria libre media en m

La ecuación anterior indica claramente que conforme se reduce la presión del gas la trayectoria libre media es cada vez más grande.

La difusión de Knudsen está representada en la Figura 3-19. Este tipo de difusión se presenta cuando $\bar{\lambda}$ del gas es mayor que el diámetro promedio del poro $\bar{d}_p$. En estas condiciones las moléculas del gas chocan varias veces con la pared del poro, raramente con otras moléculas, y muchas veces quedan adheridas temporalmente sobre esas superficies. Estos dos efectos cambian de manera determinante la velocidad de difusión. Entonces, las colisiones moléculas – pared juegan un papel importante en la difusión tipo Knudsen, de A, y este tipo de difusión es, obviamente, independiente del componente B (A casi no choca con otras moléculas, ni de A ni de B).

Para determinar la velocidad de difusión en un poro (suponiendo un continuo) se hace uso de una expresión similar a la de Fick pero se introduce una difusividad diferente conocida como *difusividad de Knudsen*.

$$\tilde{N}_A = D_{KA}\frac{C_{A1}-C_{A2}}{\Delta z_p} = \frac{D_{KA}}{\mathcal{R}T}P_{TOT}\frac{x_{A1}-x_{A2}}{\Delta z_p} = \frac{D_{KA}}{\mathcal{R}T}\frac{P_{A1}-P_{A2}}{\Delta z_p} \qquad (3\text{-}41)$$

Difusividad de Knudsen

De la teoría cinética de los gases se obtienen las siguientes expresiones que pueden usarse para la evaluación de la difusividad de Knudsen:

$$\bar{v}_A = \left(\frac{8\mathcal{R}T}{\pi \mathcal{M}_A} \right)^{1/2} \tag{3-42}$$

Velocidad molecular promedio

Diámetro promedio del poro

$$D_{KA} = \frac{1}{3} \bar{d}_p \bar{v}_A \tag{3-43}$$

3.6.2.3 Difusión combinada de Fick y Knudsen dentro de un poro.

Cuando el valor del Numero de Knudsen está entre 0.01 y 10 ninguno de los tipos de difusión predomina presentándose una difusión que combina la difusión de Fick y la de Knudsen. En estas circunstancias (Figura 3-19) la frecuencia de los choques entre moléculas es muy similar a la frecuencia de choques moléculas – pared del poro. Para el cálculo de la velocidad de difusión es muy común que se utilice la siguiente aproximación:

Difusividad combinada ponderada

$$D_{NA} = \frac{1}{\dfrac{1}{D_{AB}} + \dfrac{1}{D_{KA}}} \tag{3-44}$$

Difusividad de Knudsen

Difusividad de Fick

que se incluye en una expresión como la Ley de Fick, para el cálculo de la rapidez de difusión en un poro, es decir,

$$\tilde{N}_A = \frac{D_{NA}}{\mathcal{R}T} \frac{P_{A1} - P_{A2}}{\Delta z_p} \tag{3-45}$$

La difusividad ponderada D_{NA} varia mucho con la concentración de A ($\hat{p}_A$ en los gases) por lo que si se requiere más precisión en los cálculos utilice las expresiones pertinentes, como lo indica Geankoplis (1989).

En este tipo de difusión, conforme se reduzca la $\bar{\lambda}$ (Kn cada vez más pequeño), la difusión de Fick se va haciendo más importante o viceversa.

Ejemplo3-5.

Una mezcla gaseosa de hidrógeno y etileno difunde en el poro de un catalizador de niquel, usado para hidrogenación, a 1.01325×10^5 Pa de presión y 373 K. El radio del poro es de 60 angstroms. Determine la difusividad y la velocidad de difusión del hidrógeno cuando $x_{A1} = 0.8$ y $x_{A2} = 0.2$. La viscosidad del hidrógeno en esas condiciones es de 0.01022 mPa.s. (Geankoplis, 1989)

Solución.

Primero determinamos el Kn para saber que tipo de difusión está presente, por tanto,

$$\bar{\lambda} = \frac{3.2\mu}{P}\sqrt{\frac{\mathcal{R}T}{2\pi\mathcal{M}}} =$$

$$= \frac{3.2 \times 0.01022 \times 10^{-3}\,\text{Pa}\cdot\text{s}}{1.01325\times10^5\,\text{Pa}}\left[\frac{8314.34\,\text{m}^3\text{Pa}\times373\,\text{K}}{\text{kmol}\cdot\text{K}}\left|\frac{1\,\text{kmol}}{2\pi\times2\,\text{kg}}\right.\right]^{1/2} =$$

$$= \frac{3.23\times10^{-10}\,\text{s}}{1}\left[\frac{246789.54\,\text{m}^3\text{Pa}}{\text{kg}}\left|\frac{1}{1\,\text{Pa}}\frac{\text{N}}{1\,\text{m}^2}\right|\frac{1}{1\,\text{N}}\frac{1\,\text{kg}}{1}\frac{\text{m}}{\text{s}^2}\right]^{1/2} =$$

$$= \frac{3.23\times10^{-10}\,\text{s}}{1}\left(\frac{496.78\,\text{m}}{1}\frac{}{\text{s}}\right) = 1.6\times10^{-7}\,\text{m}$$

$$Kn = \frac{\lambda}{\bar{d}_p} = \frac{1.6\times10^{-7}\,\text{m}}{120\times10^{-10}\,\text{m}} = 13.33 > 10 \qquad \Rightarrow \qquad \text{Difusión de Knudsen}$$

$$\overline{v}_A = \left(\frac{8\mathcal{R}T}{\pi \mathcal{M}_A}\right)^{1/2} = \left(\frac{8 \times 8314.34 \text{ kg m}^2}{\text{s}^2 \text{ kmol} \cdot \text{K}} \left| \frac{373 \text{ K}}{1} \right| \frac{\text{kmol}}{\pi \times 2 \text{ kg}}\right)^{1/2} = 1987.12 \text{ m/s}$$

$$D_{KA} = \frac{1}{3}\overline{d}_p\overline{v}_A = \frac{1}{3}\left|\frac{120 \times 10^{-10} \text{ m}}{1}\right|\frac{1987.12 \text{ m}}{\text{s}} = 7.94 \times 10^{-6} \frac{\text{m}^2}{\text{s}}$$

3.6.3 Difusión de Fick en sólidos porosos llenos de líquido.

En esta sección obtendremos la ecuación para la difusión molecular de Fick a través de todo el sólido poroso, es decir, a través de todo el conjunto de canales que constituyen el sólido poroso. La diferencia entre la difusión en un poro y a través de todo el sólido poroso se muestra esquemáticamente en la Figura 3-20.

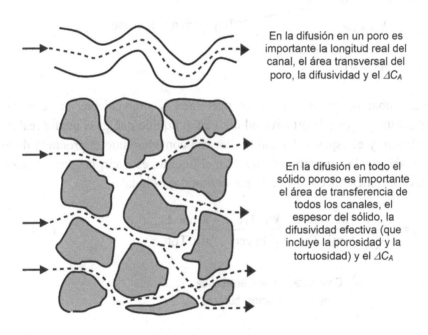

En la difusión en un poro es importante la longitud real del canal, el área transversal del poro, la difusividad y el ΔC_A

En la difusión en todo el sólido poroso es importante el área de transferencia de todos los canales, el espesor del sólido, la difusividad efectiva (que incluye la porosidad y la tortuosidad) y el ΔC_A

Figura 3-20. Diferencias entre la difusión en un capilar o poro y en un sólido poroso.

Suponga que los poros de la pared de la Figura 3-18 están llenos de agua y que las concentraciones en agua del soluto que difunde son $C_{A(1)}$ y $C_{A(2)}$ para cada cara. La especie A difundirá según la ley de Fick (en líquidos $\bar{\lambda}$ $<< \bar{d}_p$) pero siguiendo una trayectoria no rectilínea como se ve en la Figura 3-18. En la Ley de Fick las variables involucradas son: (1) las concentraciones que inducen la transferencia de masa se refieren a todo el volumen de la fase en cuestión, en esta ocasión un sólido poroso, (2) la trayectoria real de difusión y (3) la difusividad de A en el medio poroso completo, es decir,

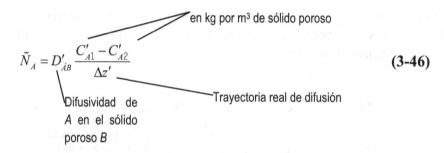

$$\tilde{N}_A = D'_{AB} \frac{C'_{A1} - C'_{A2}}{\Delta z'} \tag{3-46}$$

en kg por m³ de sólido poroso

Difusividad de A en el sólido poroso B

Trayectoria real de difusión

Sin embargo, en este caso es más fácil y conveniente manejar las concentraciones y la difusividad de A en el líquido que es el medio real de difusión, y el espesor del sólido. Por eso considere que el producto de la porosidad y la concentración de A en el líquido, es decir, la concentración en el volumen hueco (ocupado por el líquido) es igual a

$$C'_A = \varepsilon \, C_A \, [=] \frac{m^3 \text{ hueco}}{m^3 \text{ Tot}} \left| \frac{\text{kmol } A}{m^3 \text{ hueco}} \right. [=] \frac{\text{kmol } A}{m^3 \text{ Tot}} \tag{3-47}$$

Concentración de A en el agua que llena los poros (huecos)

Substituyendo las Ecuaciones 3-36 y 3-47 en la Ley de Fick e introduciendo D_{AB} (difusividad en el líquido) en lugar de D'_{AB} (difusividad en el sólido poroso) obtenemos:

$$\tilde{N}_A = D'_{AB} \frac{C'_{A1} - C'_{A2}}{\Delta z'} = D_{AB} \frac{\varepsilon \left(C_{A1} - C_{A2} \right)}{\mathcal{T} \, \Delta z} = D_{AB} \frac{\varepsilon}{\mathcal{T}} \frac{C_{A1} - C_{A2}}{\Delta z} = D_{A(Ef)} \frac{C_{A1} - C_{A2}}{\Delta z}$$

Difusividad o
coeficiente de difusión
de A en el líquido

Difusividad efectiva

$$(3\text{-}48)$$

La difusividad efectiva es un coeficiente de difusión que incluye las dos propiedades características del sólido poroso, tortuosidad y porosidad, y la difusividad de A en el medio real de difusión (líquido).

Ejemplo 3-6.

A través de una pared plana porosa llena de agua difunde etanol a 25 ^{0}C. Se ha determinado que el sólido tiene una porosidad de 0.35 y una tortuosidad de 1.14. Si el coeficiente de difusión del etanol en agua a 25 ^{0}C es de 1.24×10^{-9} m^2/s, las concentraciones en las caras de la pared son de 0.15 y 0.03 kmol/m^3 (de agua) y el espesor de la pared es de 2mm, ¿Cuál es el flux de difusión a través del sólido?

Solución.

Primero se calcula el coeficiente efectivo de difusión para el sólido poroso completo:

$$D_{A(Ef)} = D_{AB} \frac{\varepsilon}{\mathcal{T}} = \frac{1.24 \times 10^{-9} \text{ m}^2}{\text{s}} \left| \frac{0.35}{1.14} \right. = 3.81 \times 10^{-10} \frac{\text{m}^2}{\text{s}}$$

y el flux,

$$\tilde{N}_A = D_{A(Ef)} \frac{C_{A(1)} - C_{A(2)}}{\Delta z} = 3.81 \times 10^{-10} \frac{m^2}{s} \left| \frac{(0.15 - 0.03) kmol}{m^3} \right| \frac{1}{2 \times 10^{-3} \ m} =$$

$$= 2.29 \times 10^{-8} \ \frac{kmol}{s \ m^2}$$

3.6.4 Difusión de Fick en sólidos porosos llenos de gas.

Como ya se mencionó, si los capilares del sólido son muy grandes los gases difunden a través del sólido poroso siguiendo la Ley de Fick. En realidad tienen que conjuntarse un tamaño grande de poro y una trayectoria libre media de las moléculas relativamente pequeña (presiones grandes) de tal manera que $Kn \leq 0.01$. Las relaciones vistas en la sección anterior aplican directamente a este caso y se puede escribir,

Difusividad o coeficiente de difusión de A en el gas

$$\tilde{N}_A = \frac{D_{AB}}{\mathcal{R} T} \frac{\varepsilon}{\mathcal{T}} \frac{P_{A1} - P_{A2}}{\Delta z} = D_{A(Ef)} \frac{P_{A1} - P_{A2}}{\Delta z} \tag{3-49}$$

Difusividad efectiva de Fick

Recuerde que esta expresión permite el cálculo de la velocidad de transferencia de masa por difusión molecular a través de todo el sólido poroso.

3.6.5 Difusión de Knudsen en sólidos porosos llenos de gas.

Del mismo modo se puede escribir una expresión similar cuando la difusión tipo Knudsen se verifica dentro de cada poro. Combinando las Ecuaciones 3-41 y 3-48 mediante el procedimiento mostrado en la sección 3.6.3, se obtiene la ecuación siguiente para la rapidez de difusión a través de todo el sólido poroso:

$$\tilde{N}_A = \frac{D_{KA}}{\mathcal{R} T} \frac{\varepsilon}{\mathcal{T}} \frac{P_{A1} - P_{A2}}{\Delta z} = D_{KA(Ef)} \frac{P_{A1} - P_{A2}}{\Delta z} \tag{3-50}$$

Difusividad efectiva de Knudsen

3.6.6 Difusión combinada de Fick y Knudsen en sólidos porosos llenos de gas.

Para el cálculo de la rapidez de difusión a través de todo el sólido poroso cuando dentro de cada poro se presenta tanto la difusión de Fick, como la difusión de Knudsen, se combinan los procedimientos seguidos en las secciones 3.6.2, Ecuación 3-41 y 3.6.3, Ecuación 3-48, para obtener

$$\tilde{N}_A = \underbrace{\frac{D_{NA}}{\mathcal{R}T}\frac{\varepsilon}{\mathcal{T}}}\frac{P_{A1}-P_{A2}}{\Delta z} = D_{NA(Ef)}\frac{P_{A1}-P_{A2}}{\Delta z} \qquad (3\text{-}51)$$

Difusividad efectiva
combinada

Ejemplo 3-7.

Gas hidrógeno fluye a través de un material sólido poroso de forma cilíndrica de adentro hacia afuera. Dicho material tiene una porosidad de 0.62, una tortuosidad de 1.32, un diámetro promedio de poro de 4.7×10^{-8} m, un diámetro interno de 1 cm, un espesor de 1.5 mm y una longitud de 10 cm. Si la temperatura del proceso es de 25 ^{0}C ¿Con que velocidad se transfiere el hidrógeno cuando las presiones parciales del mismo dentro y fuera del tubo poroso son de 0.14 y 0.011 atmósferas?

Solución.

Primero determinaremos el número de Knudsen para saber que tipo de difusión está presente. Si el gas a 0.14 atm resulta de Knudsen, el hidrógeno a 0.011 lo será también, por tanto, (la viscosidad de un gas permanece prácticamente invariable hasta 10 atmósferas, Brodkey y Hershey, (1988), p 720, por lo que se toma el valor del Ejemplo 3-1)

$$\bar{\lambda} = \frac{3.2\mu}{P}\sqrt{\frac{\mathcal{R}T}{2\pi\mathcal{M}}} = \frac{3.2\times0.01022\times10^{-3}\,\text{Pa}\cdot\text{s}}{0.14\times1.01325\times10^{5}\,\text{Pa}}\left[\frac{8314.34\ \text{m}^3\text{Pa}\times298\ \text{K}}{\text{kmol}\cdot\text{K}}\,\middle|\,\frac{1\ \text{kmol}}{2\pi\times2\ \text{kg}}\right]^{1/2} =$$

$$= \frac{2.3\times10^{-9}\ \text{s}}{1\cdot}\left[\frac{197166.98\ \text{m}^3\text{Pa}}{\text{kg}}\,\middle|\,\frac{1}{1\ \text{Pa}}\frac{\text{N}}{1\ \text{m}^2}\,\middle|\,\frac{1}{1\ \text{N}}\frac{1\ \text{kg}}{1}\frac{\text{m}}{\text{s}^2}\right]^{1/2} =$$

$$= \frac{2.3\times10^{-9}\ \text{s}}{1}\left(\frac{444.035}{1}\frac{\text{m}}{\text{s}}\right) = 1.021\times10^{-6}\ \text{m}$$

$$Kn = \frac{\lambda}{\bar{d}_p} = \frac{1.021\times10^{-6}\ \text{m}}{4.7\times10^{-8}\ \text{m}} = 21.72 > 10 \qquad \Rightarrow \qquad \text{Difusión de Knudsen}$$

$$\bar{v}_A = \left(\frac{8\mathcal{R}T}{\pi\mathcal{M}_A}\right)^{1/2} = \left(\frac{8\times8314.34\ \text{kg m}^2}{\text{s}^2\ \text{kmol}\cdot\text{K}}\,\middle|\,\frac{298\ \text{K}}{1}\,\middle|\,\frac{\text{kmol}}{\pi\times2\ \text{kg}}\right)^{1/2} = 1776.14.12\ \text{m/s}$$

$$D_{KA} = \frac{1}{3}\bar{d}_p\bar{v}_A = \frac{1}{3}\left|\frac{4.7\times10^{-8}\ \text{m}}{1}\right|\frac{1776.14\ \text{m}}{\text{s}} = 2.78\times10^{-5}\ \frac{\text{m}^2}{\text{s}}$$

Para un cilindro hueco,

$$A_{M\overline{[ML]}} = 2\pi L r_{\overline{[ML]}} = 2\pi L\frac{r_2-r_1}{\ln\frac{r_2}{r_1}} = 2\pi(0.1\ \text{m})\frac{(0.0065-0.005)\ \text{m}}{\ln\left(\frac{0.0065}{0.005}\right)} =$$

$$= 3.59\times10^{-3}\ \text{m}^2$$

$$D_{KA(Ef)} = D_{KA}\frac{\varepsilon}{\mathcal{T}} = 2.78\times10^{-5}\frac{\text{m}^2}{\text{s}}\left|\frac{0.62}{1.32}\right| = 1.306\times10^{-5}\frac{\text{m}^2}{\text{s}}$$

y

136

$$\dot{N}_A = \frac{D_{KA(Ef)}}{\mathcal{R}T} A_{M\boxed{ML}} \frac{P_{A1} - P_{A2}}{\Delta r}$$

$$= \frac{1.306 \times 10^{-5} \ \text{m}^2}{\text{s}} \left| \frac{\text{kmol K}}{82.057 \times 10^{-3} \ \text{m}^3 \ \text{atm}} \right| \frac{1}{298 \ \text{K}} \left[\frac{3.59 \times 10^{-3} \ \text{m}^2}{1} \right] \frac{(0.14 - 0.011) \ \text{atm}}{0.0015 \ \text{m}}$$

$$= 1.65 \times 10^{-7} \ \frac{\text{kmol}}{\text{s}}$$

3.7 Comparación de todos los casos con la ecuación básica general para las transferencias.

Si el estudiante compara todas y cada una de las ecuaciones, relativas a la transferencia de masa, establecidas en el presente capítulo, identificará fácilmente los términos de velocidad de transferencia de masa ($\dot{M}_A$ o $\dot{N}_A$; $\tilde{M}_A$ o $\tilde{N}_A$), facilidad que ofrece el medio a la transferencia de masa (D_{AB}, D_{KA}, $D_{A(EF)}$, etc.), área de transferencia de masa (A_M, $A_{M\boxed{ML}}$,etc.), recorrido de la transferencia (Δz, Δr) y propiedades que forman un potencial responsable de la transferencia de masa (C_A, $\hat{C}_A$, x_A, P_A, $\hat{x}_A$ etc.).

4 Transferencia molecular de cantidad de movimiento en líquidos newtonianos.

En este capítulo se estudiarán los principios de la transferencia de cantidad de movimiento en fluidos newtonianos que se mueven a velocidades muy bajas. En otras palabras y para dejar clara la relación con otras obras, en este capítulo se presentan los principios de la mecánica de fluidos. En el sector industrial se requiere de manera intensiva el traslado de fluidos de un lugar a otro; de pipas a tanques de almacenamiento, de éstos a otros tanques, o a reactores, intercambiadores de calor, secadores, etc. El transporte de agua de los lagos o presas a nuestras casas; de hidrocarburos a través de oleoductos o de gas natural a través de gasoductos se basan en la mecánica de fluidos. Y es allí donde radica la importancia del estudio de la transferencia de cantidad de movimiento. Además, debe recordarse que la mecánica de fluidos influye determinantemente en la transferencia turbulenta de calor y masa.

El diagrama conceptual del presente capítulo se muestra en la Figura 4-1. Empezamos con la descripción de la forma básica de transferencia de cantidad de movimiento en fluidos que se mueven a velocidades bajas. Posteriormente establecemos la Ley Newton que se usa para el cálculo de la velocidad de transferencia de cantidad de movimiento, identificamos la fuerza impulsora y las curvas de flujo para de estas ver una clasificación de los tipos de fluidos.

4.1 Definición de cantidad de movimiento.

La cantidad de movimiento que posee un cuerpo se define como el producto de la masa del cuerpo por su velocidad. A la cantidad de movimiento también se le conoce *ímpetu*, *momento* o *momentum*.

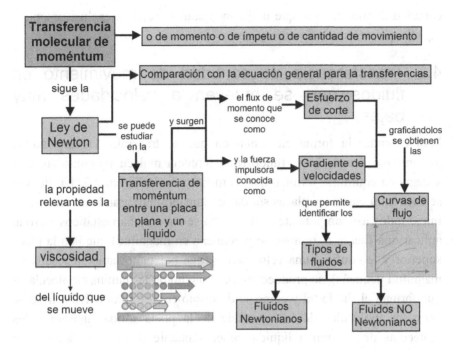

Figura 4-1. Diagrama conceptual del Capítulo 4.

Matemáticamente la cantidad de movimiento la podemos expresar así:

Masa del cuerpo

$$\Omega = mv \tag{4-1}$$

Velocidad lineal del cuerpo

Cantidad de movimiento del cuerpo

En física hemos calculado la cantidad de movimiento que poseen cuerpos macroscópicos como rocas o automóviles, y en fisicoquímica lo hemos hecho para cuerpos microscópicos como átomos o moléculas. En todos los casos se ha considerado a los cuerpos como entes sólidos indeformables. En este capítulo se aplicará el concepto de cantidad de movimiento a substancias que por sus características *fluyen* al ser sometidos a ciertas fuerzas por lo que se conocen como fluidos. Por tanto, la transferencia de cantidad de movimiento que trataremos aquí se referirá exclusivamente a aquella que ocurre en líquidos y gases.

4.2 Transferencia de cantidad de movimiento en fluidos que se mueven a velocidades muy bajas.

Para entender la forma elemental en que se transmite la cantidad de movimiento dentro de un fluido (transferencia molecular) considérese el sistema en equilibrio térmico que se muestra en la Figura 4-2. Un líquido se encuentra entre dos placas sólidas de tamaño muy grande de área A. Al inicio todos los componentes del sistema se encontraban estáticos, pero al aplicar una fuerza F_I (constante y pequeña en magnitud) que jala la placa superior y le confiere una velocidad u_I (que por tanto también resulta de magnitud pequeña), se produce un movimiento de las láminas moleculares que forman el fluido tal y como se describió en el Capítulo 1. La fricción entre las moléculas de la superficie de la placa sólida superior y las moléculas de la lámina líquida inmediatamente debajo de dicha placa ocasionan que esta lámina molecular adquiera una velocidad u_{I-1} ligeramente menor que u_I. La fricción entre esta primera lámina molecular de líquido con la siguiente confiere una velocidad u_{I-2} a la segunda lámina de líquido ligeramente menor que u_{I-1} y así sucesivamente. La última lámina molecular de líquido y la placa sólida inferior permanecerán estacionarias, es decir con una velocidad de cero. De esta manera lo que se está produciendo, tal como se ilustra en la Figura 4-2, es un gradiente de velocidades entre las dos placas sólidas o una diferencia de velocidades entre la primera y la última láminas de líquido.

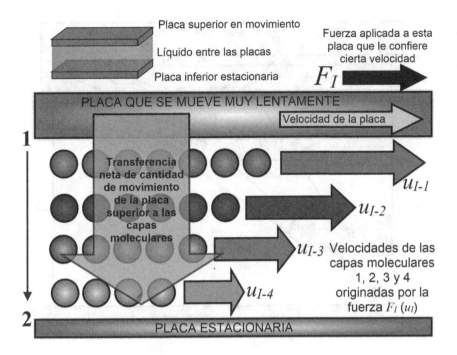

Figura 4-2. Transferencia de ímpetu de a través de las capas moleculares de un fluido.

4.3 Ley de Newton.

Si se repitiera el experimento con el mismo sistema y condiciones pero ahora aplicando una fuerza F_{II} ligeramente mayor que F_I, la placa superior obtendría una velocidad u_{II} ligeramente mayor que u_I, la primera lámina tendría una velocidad u_{II-1} ligeramente mayor que u_{I-1}, etc. Hasta llegar a la última lámina molecular que en este caso también tendría un valor de cero. Se puede aplicar ahora una fuerza F_{III} ligeramente mayor que F_{II} con efectos similares a los descritos. Los resultados de las tres experiencias se muestran esquemáticamente en la Figura 4-3. Así, se puede concluir de manera sencilla que cuanto más grande es la fuerza aplicada más grande es la diferencia de velocidades entre la primera y la última lámina de líquido. En términos matemáticos:

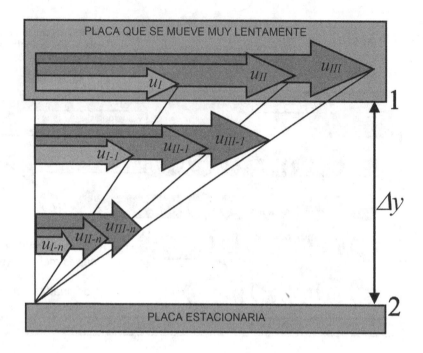

Figura 4-3. Aplicación de tres fuerzas diferentes a la placa superior.

$$F \propto \left(u_{\text{primera lámina}} - u_{\text{última lámina}} \right) \qquad (4\text{-}2)$$

Si se toma en cuenta que la placa superior (mediante la fricción que hay entre sus moléculas y la primera lámina) en realidad aplica una fuerza tangencial (paralela) sobre la superficie del líquido en contacto con la superficie del sólido y como justamente el área de contacto es la misma en los tres casos se puede escribir:

$$\frac{F}{A_s} \propto \left(u_{\text{primera lámina}} - u_{\text{última lámina}} \right) \qquad (4\text{-}3)$$

Como además la distancia entre las placas sólidas es la misma en los tres casos, la relación anterior la podemos reescribir:

$$\frac{F}{A_s} \propto \frac{\left(u_{\text{primera lámina}} - u_{\text{última lámina}}\right)}{\Delta y} \qquad \textbf{(4-4)}$$

Finalmente si $F/A_s = \tau$, insertando una constante de proporcionalidad y considerando diferenciales tendremos la expresión conocida como Ley de Newton:

Viscosidad molecular o dinámica o simplemente viscosidad del líquido en (fuerza/área) x tiempo, por ejemplo Pa.s.

$$\tau = \mu \frac{du}{dy} = \mu \, \dot{\gamma} \qquad \textbf{(4-5)}$$

F/A es el esfuerzo de corte en unidades de Fuerza/Area, por ejemplo Pa (N/m²)

$\dot{\gamma} = du/dy$ es el gradiente de velocidades aunque comúnmente se le conoce como velocidad de deformación o velocidad de corte en 1/tiempo, por ejemplo 1/s.

No debe confundirse el esfuerzo de corte con una presión. Cuando se utiliza una fuerza con dirección tangencial (paralela) a la superficie de aplicación y se refiere a la unidad de área se denomina esfuerzo de corte, mientras que en el caso de la presión la fuerza es normal (perpendicular) a la superficie de aplicación.

Al igual que lo hemos hecho en los capítulos anteriores en esta ocasión analizaremos el caso de la viscosidad. Despejando de la Ecuación 4-5

$$\mu = \tau \left(\frac{dy}{du}\right) = \tau \left(\frac{1\,\text{m}}{1\,\dfrac{\text{m}}{\text{s}}}\right) \qquad \textbf{(4-6)}$$

De tal manera que cuando existe un gradiente unitario de velocidades $\mu = \tau$. Lo que quiere decir que la viscosidad representa la fuerza tangencial por unidad de área que debe aplicarse a un fluido para lograr dentro de éste un gradiente unitario de velocidades. Así, para lograr un mismo gradiente unitario en fluidos con viscosidad cada vez más grande se requerirá de una fuerza cada vez mayor. Por tanto la viscosidad es una medida de la resistencia que ofrecen los fluidos a la deformación, es decir la resistencia que ofrecen a formar gradientes de velocidad en su seno. En otras palabras la viscosidad de los fluidos representa la resistencia que ofrecen los mismos a fluir.

La viscosidad es propiedad del fluido y como tal depende del estado del mismo. Por tanto, en general, la viscosidad es función de la temperatura, la presión y la composición del fluido. Las unidades de la viscosidad pueden ser de (fuerza/área)tiempo, o de masa/(longitud)(tiempo) tal y como se muestra enseguida:

$$\mu = \tau \left(\frac{dy}{du} \right) [=] \mathrm{Pa} \left| \mathrm{m} \frac{\mathrm{s}}{\mathrm{m}} \right| [=] \mathrm{Pa\ s} [=] \frac{\mathrm{N}}{\mathrm{m}^2} \mathrm{s} [=] \frac{\mathrm{kg} \frac{\mathrm{m}}{\mathrm{s}^2}}{\mathrm{m}^2} \mathrm{s} [=] \frac{\mathrm{kg\ m\ s}}{\mathrm{m}^2\ \mathrm{s}^2} [=] \frac{\mathrm{kg}}{\mathrm{m\ s}}$$

(4-7)

Tabla 4-1. Viscosidades de algunos fluidos.

Fluido	Temperatura (^{0}C)	Viscosidad (mPa.s)
Agua	0	1.7921
Agua	25	0.914
Etanol 100%	0	1.8
Acido sulfúrico 100%	0	44
Pentano	0	0.305
Tolueno	0	0.77
Hidrógeno	0	0.00840
Oxígeno	0	0.0192
Miel de abeja (1)	25	6000
Leche entera [1]	20	2.12
Continúa en la próxima pagina		

Tabla 4-1. Viscosidades de algunos fluidos (continuación).		
Fluido	Temperatura (^{0}C)	Viscosidad (mPa.s)
Jugo de manzana [1]	27	2.1
Aceite de soya [1]	30	40

(1) Hayes (1987) Food Engineering Handbook

Igual como se hizo con la transferencia molecular de calor y masa, la ecuación integrada de Newton para estado estable y μ constantes es (Figura 4-2)

$$\tau = -\mu \frac{u_2 - u_1}{y_2 - y_1}$$
(4-8)

y se puede despejar u para obtener,

$$u = u_1 - \frac{\tau}{\mu}(y - y_1)$$
(4-9)

que indica que el perfil de velocidades es lineal con "y", cuando μ y el flux de ímpetu son constantes (Figura 4-4).

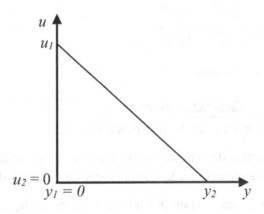

Figura 4-4. Perfil de velocidades de un fluido newtoniano entre dos placas planas.

Observe que en este caso "*y*" incrementa su valor hacia abajo, de acuerdo con la Figura 4-2.

4.3.1 Fuerza impulsora en la transferencia de cantidad de movimiento.

Como ya se dijo el fenómeno descrito corresponde a la transferencia de cantidad de movimiento entre las capas moleculares del líquido, es decir, si la primera lámina tiene una masa m_1 y una velocidad u_1, tendrá una cantidad de movimiento igual a m_1u_1; que por interacción con las moléculas de la segunda lámina le conferirá a ésta capa molecular una cantidad de movimiento igual a m_2u_2, etc. Sin embargo de la Ley de Newton no se aprecia de manera directa y clara el fenómeno de transferencia descrito, por lo que debemos realizar el siguiente análisis adicional.

Primero estableceremos las unidades adecuadas del esfuerzo de corte, desde el punto de vista de los fenómenos de transferencia, para ello escribiríamos lo que sigue, utilizando las unidades del sistema internacional:

$$\tau\,[=]\,\mathrm{Pa}\,[=]\,\frac{\mathrm{N}}{\mathrm{m}^2}\,[=]\,\frac{\mathrm{kg}\,\dfrac{\mathrm{m}}{\mathrm{s}^2}}{\mathrm{m}^2}\,[=]\,\frac{\mathrm{kg}\,\dfrac{\mathrm{m}}{\mathrm{s}}}{\mathrm{s}\,\mathrm{m}^2} \qquad \textbf{(4-10)}$$

o en términos de variables

$$\tau = \frac{mv}{\theta\,A_s} = \frac{\text{Cantidad de movimiento}}{\text{Tiempo x Area de superficie o pared}} \qquad \textbf{(4-11)}$$

Por lo que, además de ser una fuerza tangencial por unidad de área, el esfuerzo de corte representa la transferencia de cantidad de movimiento

por unidad de tiempo y por unidad de área, es decir, τ es un *flux de cantidad de movimiento* que va de la primera lámina molecular hasta la última que es estacionaria, a través de todas las láminas intermedias tal y como se muestra en le Figura 4-2 por medio de la flecha ancha dirigida hacia abajo. Si el esfuerzo de corte es la rapidez de transferencia de cantidad de movimiento de un punto a otro, comparando la Ley de Newton con la de Fourier y con la Fick podemos afirmar que para que haya transferencia de cantidad de movimiento debe haber una diferencia de velocidades entre los puntos considerados. La fuerza impulsora para este fenómeno será el gradiente de velocidades. Debe resaltarse nuevamente que la transferencia de cantidad de movimiento planteada en este capítulo es a través de *saltos de magnitud molecular* (de una lamina molecular a otra), y por tanto es una transferencia molecular de ímpetu.

En virtud de lo anteriormente señalado, el esfuerzo de corte también lo denotaremos como:

$$\tilde{\Omega} = \tau = \frac{\text{Cantidad de movimiento}}{\text{Tiempo x Area}} = \text{Flux de cantidad de movimiento} \quad \textbf{(4-12)}$$

Desde el punto de vista de los fenómenos de transferencia, la viscosidad representa entonces el flux de cantidad de movimiento que se logra con un gradiente unitario de velocidades. En otras palabras, cuando se tiene un gradiente unitario de velocidades (aplicando cierta fuerza externa al fluido), se tiene un flux de cantidad de movimiento que numéricamente es igual a la viscosidad del fluido en cuestión. Si comparamos dos fluidos con viscosidades diferentes, si en ambos establecemos el mismo gradiente unitario de velocidades, habrá una transferencia mayor de cantidad de movimiento en el fluido de mayor viscosidad. Esto aparentemente contradice lo establecido algunos párrafos antes, sin embargo no es así. Para lograr el mismograde de movimiento (mismo gradiente unitario) en los fluidos con mayor viscosidad debe haber una mayor transferencia de energía de movimiento. En otras palabras, para lograr el mismo grado de movimiento, en fluidos de mayor viscosidad debe gastarse más energía (por eso es necesaria una fuerza tangencial por unidad de área más grande).

La razón por la que los fluidos viscosos transfieren más energía de movimiento radica en las interacciones a nivel molecular. Cuanto más grande es la fricción entre moléculas más grande es su viscosidad y por lo tanto transfiere más fácilmente la cantidad de movimiento. Si Ud. fuera corriendo en la calle y rozara ligeramente del hombro a otra persona le proporcionaría apenas un poco de la cantidad de movimiento que Ud.

lleva, tal vez haciéndolo girar un poco sobre su cintura, pero si chocara casi de frente probablemente la tiraría al piso transfiriéndole una cantidad mayor de la energía de movimiento que Ud. llevaba. A mayor interacción, mayor fricción y mayor facilidad de transferencia de energía de movimiento.

Todo lo anteriormente planteado puede finalmente comprenderse si se analiza el caso de la transferencia negativa de cantidad de movimiento, es decir, la pérdida de energía de movimiento. Para ello considérese el sistema esquematizado en la Figura 4-5. Un líquido se mueve en un inicio libre de cualquier interacción con otra substancia, por lo que todas sus capas moleculares se mueven a la misma velocidad y se aproxima tangencialmente a una superficie sólida estacionaria. Al entrar en contacto con la superficie sólida, la interacción líquido – sólido hace que la primera lámina molecular del líquido (inmediatamente arriba de la superficie del sólido) se adhiera prácticamente al sólido y pierda toda su velocidad. Debido a la interacción entre las láminas moleculares, la primera retrasa a la segunda (en dirección hacia arriba) a tal grado que su velocidad está muy próxima a cero; la segunda lámina retrasará a la tercera y ésta tendrá una velocidad ligeramente superior a la de la segunda lámina, y así sucesivamente hasta llegar a una región en la que todas las capas tendrán la misma velocidad original. Este caso es contrario al inicialmente planteado, dado que el fluido es el que se mueve y se encuentra repentinamente con una superficie sólida estática. Al ponerse en contacto, el cuerpo sólido presenta una resistencia al movimiento del líquido (fricción entre el sólido y el líquido) y reduce la velocidad a ciertas capas moleculares, es decir les quita cierta cantidad de energía de movimiento. De esta manera se establece un gradiente de velocidades que va desde la superficie sólida hasta cierto punto dentro del líquido donde todas las láminas moleculares tienen la misma velocidad. Es claro que en este caso se establece una transferencia negativa de cantidad de movimiento puesto que las láminas moleculares no confieren movimiento a las otras, por el contrario, las retrasan disminuyendo su velocidad. Por eso podemos afirmar que para un mismo gradiente de velocidades, para fluidos de mayor viscosidad habrá una mayor pérdida de cantidad de movimiento (transferencia negativa o hacia afuera del líquido) debido a la mayor fricción entre sus capas moleculares. Para vencer esa mayor fricción o mayor pérdida de energía de cantidad de movimiento a los fluidos de mayor viscosidad hay que proporcionarles más energía o más fuerza para moverlos.

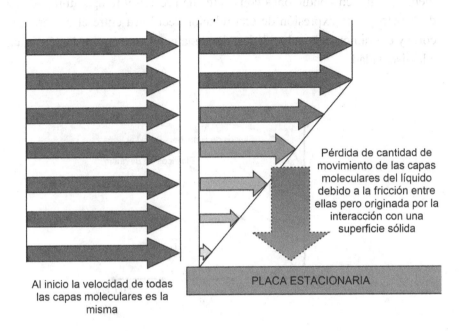

Pérdida de cantidad de movimiento de las capas moleculares del líquido debido a la fricción entre ellas pero originada por la interacción con una superficie sólida

Al inicio la velocidad de todas las capas moleculares es la misma

PLACA ESTACIONARIA

Figura 4-5. Pérdida de ímpetu en presencia de una pared plana paralela al flujo.

No debe olvidarse que el flux de pérdida de cantidad de movimiento es también un esfuerzo de corte de fricción (fuerza tangencial de fricción por unidad de área) en las inmediaciones de la pared del sólido, y que este esfuerzo de corte es el origen real o primario de la pérdida de energía por parte del fluido. En otras palabras, el fenómeno de transferencia de cantidad de movimiento es esencialmente mecánico (no termodinámico como el caso de los otros fenómenos analizados previamente), por lo que su origen es una fuerza mecánica en la forma de un esfuerzo de corte que puede provocar dos cosas, dar cantidad de movimiento a un fluido estático (1er caso analizado) o quitar cantidad de movimiento a los fluidos que se están desplazando (2° caso).

4.3.2 Curvas de flujo.

Si la ley de Newton se representa gráficamente se obtiene lo que se conoce como curva de flujo como se muestra en la figura 4-6. Fácilmente se identifica que en condiciones constantes de presión y temperatura, la Ley de Newton es la expresión de una relación rectilínea entre el esfuerzo de corte y el gradiente de velocidades, donde la pendiente es constante e igual a la viscosidad.

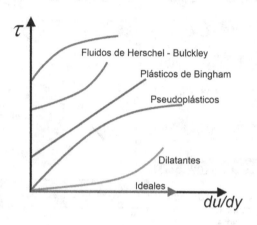

Figura 4-6. Curvas de flujo para diferentes tipos de fluidos.

4.3.3 Otros tipos de fluidos.

Cuando la respuesta de un fluido a la deformación sigue la Ley de Newton, a este fluido se le conoce como Fluido Newtoniano. En la práctica industrial se pueden encontrar fluidos con un comportamiento diferente al descrito, de tal manera que se tienen curvas de flujo de formas diversas. En la Figura 4-7 se pueden apreciar otros tipos de fluidos de acuerdo a la respuesta que presentan a la deformación. De todos ellos los más comunes, después de los Newtonianos, son los pseudoplásticos que presentan pendiente decreciente con el aumento en el gradiente de velocidades y los fluidos de Herschel – Bulckley. La Figura 4-7 también incluye la curva de flujo de un fluido ideal (que se describirá en el Capítulo 7) que posee una viscosidad de cero, por lo que los esfuerzos de corte presentes en el mismo son de cero también. Por esa razón la curva de flujo de un fluido ideal coincide con el eje de las abscisas.

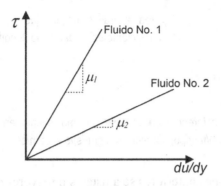

Figura 4-7. Curvas de flujo para dos fluidos que siguen la Ley de Newton.

Como la obra presente es una introducción a los Fenómenos de Transferencia, nos enfocaremos al estudio de la transferencia de momento, calor y masa en fluidos exclusivamente del tipo Newtoniano.

4.4 Comparación con la ecuación básica general para las transferencias.

Seguramente que a estas alturas el lector ya habrá establecido las relaciones de semejanza que existen entre la transferencia molecular de cantidad de movimiento con las transferencias moleculares de calor y de masa. En efecto, la Ley de Newton la podemos escribir en cualquiera de las formas siguientes:

$$\tau = \mu \frac{du}{dy} = \mu \, \dot{\gamma} \qquad (4\text{-}13)$$

o

$$\tilde{\Omega} = \frac{\dot{\Omega}}{A_\Omega} = \mu \frac{du}{dy} = \mu \, \dot{\gamma} \qquad (4\text{-}14)$$

donde $A_\Omega = A_s = A_p$ y $\tilde{\Omega} = \tau$

o

Área a través de la que se transfiere la cantidad de movimiento en unidades de (longitud)^2, por ejemplo m^2.

$$\dot{\Omega} = \mu A_\Omega \frac{du}{dy} = \mu\, A_\Omega \, \dot{\gamma} \qquad\qquad \textbf{(4-15)}$$

Rapidez de transferencia de cantidad de movimiento en unidades de (masa)(velocidad)/tiempo, por ejemplo kg(m/s)/s = kg.m/s^2

Todas las ecuaciones anteriores se ajustan sin mayores complicaciones a la forma general establecida en el primer capítulo. En los ejemplos siguientes se ilustra de manera más concreta la semejanza matemática del fenómeno visto aquí con el de transferencia de calor y masa.

Ejemplo 4-1.

Dos placas horizontales están separadas por 3 cm y el espacio entre ellas se llena con un líquido a 20 °C y una viscosidad de 5500 mPa.s. La placa inferior está inmóvil y la placa superior se mueve a 0.6 m/s. Si considera Ud. un área de 0.01 m^2 lejos de cualquier extremo de las placas, determine la fuerza, el esfuerzo de corte y el flux de cantidad de movimiento entre las placas. (Brodkey y Hershey, 1988)

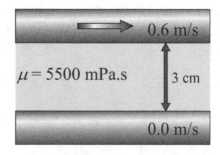

Figura ejemplo 4.1

Solución.

Se aplicará la ley de Newton de la forma siguiente:

$$\left(\frac{du}{dy}\right) = \frac{(0.6-0.0)\ \text{m}}{\text{s}}\left|\frac{1}{0.03\ \text{m}} = 20\ \frac{1}{\text{s}}\right.$$

por tanto,

$$\tilde{\Omega} = \tau = \mu\left(\frac{du}{dy}\right) = 5.5\ \text{Pa.s} \times 20\frac{1}{\text{s}} = 110\ \text{Pa} = 110\ \frac{\text{N}}{\text{m}^2}$$

y para la fuerza,

$$F = \tau\ A_\Omega = \frac{110\ \text{N}}{\text{m}^2}\left|\frac{0.01\ \text{m}^2}{} = 1.1\ \text{N}\right.$$

Ejemplo 4-2.

Tres placas paralelas están separadas por dos fluidos. La placa No 1 (inferior) está inmóvil Entre las placas 1 y 2 hay agua a 30 °C con una viscosidad de 0.8007 cP. Entre las placas 2 y 3 hay tolueno a 30 °C con una viscosidad de 0.5179 cP. La distancia entre cada par de placas es de 10 cm. La placa 3 se mueve a 3 m/s. Encuentre: a) La velocidad de estado estable de la placa 2. b) La fuerza por unidad de área necesaria sobre la placa 3 para mantener la velocidad en 3 m/s. (Brodkey y Hershey, 1988)

Solución.

a) El flux de ímpetu a través de cada líquido es constante, por tanto,

$$\tau = \mu_1\left(\frac{du}{dy}\right)_1 = \mu_2\left(\frac{du}{dy}\right)_2$$

153

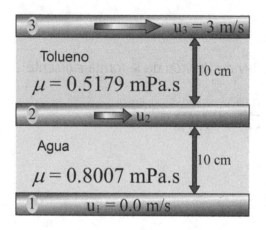

Figura ejemplo 4.2

pero $dy_1 = dy_2$, y

$$\mu_1\left(u_2 - u_1\right) = \mu_2\left(u_3 - u_2\right)$$

u_1 es igual a cero

$$\mu_1 u_2 + \mu_2 u_2 = \mu_2 u_3 + \mu_1 u_1 = u_2\left(\mu_1 + \mu_2\right)$$

finalmente,

$$u_2 = \frac{\mu_{Tol} u_3}{\mu_{Agua} + \mu_{Tol}} = \frac{0.5179 \text{ mPa.s} \left| \dfrac{3 \text{ m}}{\text{s}}\right.}{\left(0.8007 + 0.5179\right) \text{ mPa.s}} = 1.178 \text{ m/s}$$

b) $\tau = \mu_{Tol}\left(\dfrac{du}{dy}\right)_{2 \to 3} = 0.5179 \text{ mPa.s} \times \dfrac{\left(3 - 1.178\right) \text{ m}}{\text{s}} \left| \dfrac{1}{0.1 \text{ m}}\right. = 9.43 \text{ mPa}$

$= 0.00943 \text{ N/m}^2$

5 Analogías entre los fenómenos de transferencia molecular.

A lo largo de los Capítulos 2, 3 y 4, se han planteado y aplicado una serie de *analogías* entre los tres fenómenos de transferencia estudiados, de tal manera que se ha observado una simplificación en el análisis de la transferencia molecular de masa y de momento, basándose en el examen previo de la transferencia molecular de calor. En este capítulo se formalizaran dichas analogías, pero también se remarcarán claramente las diferencias existentes entre los tres fenómenos mencionados.

Primero estableceremos claramente que los tres fenómenos analizados son de naturaleza física diferente (Figura 5-1). No obstante esas diferencias se ha observado, y se puntualizará en este capítulo, que las expresiones matemáticas que los describen son muy similares. Esta semejanza da pie a lo que llamaremos analogías entre los fenómenos de transferencia, analogías que son sólo matemáticas. Sin embargo, al comparar las leyes de Fourier, Fick y Newton nos daremos cuenta que no son exactamente iguales e iniciaremos la tarea de modificarlas para hallar una expresión análoga de cada una y una expresión análoga común a todas ellas. Entonces, definiremos las difusividades de propiedad: de cantidad de movimiento, térmica y de masa. Finalmente, presentaremos las conclusiones del análisis comparativo.

5.1 Diferencias y analogías entre los tipos de transferencia molecular.

En los capítulos previos se presentó una descripción detallada de la forma en que se transfiere molecularmente la energía térmica, la masa y la cantidad de movimiento. El análisis comparativo de la esencia física de cada uno de esos eventos conducirá al lector a afirmar, sin lugar a dudas, que los fenómenos de transferencia están muy lejos de ser idénticos. En efecto, si el estudiante recuerda los cursos previos de física y fisicoquímica y lo une a lo señalado en los capítulos antecedentes estará de acuerdo en que la naturaleza de los tres fenómenos es completamente diferente.

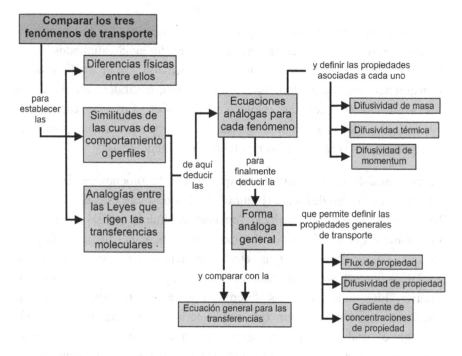

Figura 5-1. Diagrama conceptual del Capítulo 5.

Sólo por señalar algunos aspectos de interés diríamos que la transferencia de calor es un fenómeno termodinámico que involucra el flujo de energía térmica, puede ocurrir en sistemas de uno o más componentes, y la transferencia unidireccional queda bien descrita con la ayuda de un sólo eje. La transferencia de masa es un fenómeno termodinámico que involucra desplazamientos grandes de moléculas, ocurre en sistemas de al menos dos componentes y la transferencia unidireccional queda bien descrita con la ayuda de un sólo eje. Mientras que la transferencia de momento es un fenómeno mecánico que involucra el flujo de energía mecánica de movimiento, puede ocurrir en sistemas de uno o más componentes y la transferencia unidireccional queda bien descrita sólo si se usan dos ejes.

Por otro lado, en esos mismos capítulos se han comparado entre sí, de manera insistente, las leyes de Fourier, de Fick y de Newton identificándose plenamente que sus correspondientes expresiones matemáticas son similares y que se ajustan a una expresión general común a todas ellas. Estas relaciones de semejanza matemática se resumen en las Tablas 5-1 y 5-2.

Tabla 5-1. Comparación de las leyes de Fourier, Fick y Newton.

	Velocidad de transferencia	Facilidad que ofrece el medio a la transferencia	Area de transferencia	Fuerza impulsora	Recorrido de la transferencia
Ley de Fourier	$\dot{Q}$	k	A_Q	$T_1 - T_2$	Δz
Ley de Fick	$\dot{N}_A$	D_{AB}	A_M	$C_{A(1)} - C_{A(2)}$	Δz
Ley de Newton	$\dot{\Omega}$	μ	A_Ω	$u_1 - u_2$	$\Delta z\, (\Delta y)$

Tabla 5-2. Comparación de las leyes de Fourier, Fick y Newton expresando la velocidad de transferencia por unidad de área.

	Flux de transferencia por unidad de área.	Facilidad que ofrece el medio a la transferencia	Fuerza impulsora	Recorrido de la transferencia
Ley de Fourier	$\tilde{Q}$	k	$T_1 - T_2$	Δz
Ley de Fick	$\tilde{N}_A$	D_{AB}	$C_{A(1)} - C_{A(2)}$	Δz
Ley de Newton	$\tilde{\Omega}$	μ	$u_1 - u_2$	$\Delta z\, (\Delta y)$

Adicionalmente, cuando se estudiaron los casos de transferencia molecular de calor, masa o cantidad de movimiento en sistemas geométricamente semejantes, se observó que en lo esencial las soluciones eran equivalentes y que los perfiles de comportamiento resultaban también muy afines (Figuras 2-4, 2-6, 3-8, y 4-4; Ecuaciones 2-5, 3-10 y 4-9).

Resumiendo, los fenómenos de transferencia molecular de calor, masa y cantidad de movimiento son completamente diferentes pero las expresiones matemáticas que los describen son análogas (no iguales) entre sí.

Las tres leyes de transferencia molecular también tienen en común que fueron establecidas por observación hace muchos años, y son útiles cuando están involucradas propiedades puntuales, es decir, cuando las propiedades pueden considerarse como continuas. En otras palabras, las leyes de Fourier, Fick y Newton son empíricas y sólo aplican si el sistema es un continuo o *continuum*.

5.2 Formas análogas de las ecuaciones de transferencia molecular.

No obstante que las analogías matemáticas entre los fenómenos de transferencia resultan claras, también es evidente que las tres leyes estudiadas no contienen términos completamente equivalentes. La temperatura da idea de la intensidadde la energía térmica contenida en un cuerpo, pero de ninguna manera es totalmente comparable con la concentración de masa de un componente ni con la velocidad de las capas moleculares. De la misma manera si se comparan las unidades (ignorando la propiedad que se transfiere, que de hecho es diferente en cada caso) de la conductividad térmica, el coeficiente de difusión y la viscosidad (J/h.m.K, m^2/s y Pa.s, respectivamente), resulta patente que no son completamente equivalentes entre sí. Por esa razón es necesario establecer de manera contundente las equivalencias físicas y matemáticas de los términos involucrados en las leyes que rigen los tres fenómenos.

Al analizar con más detalle a las multicitadas leyes de transferencia molecular, se encuentra que el enunciado matemático más apropiado es la ley de Fick. Esta es la única expresión en la que *el flux de la propiedad involucrada está en función de una diferencia en los contenidos de la misma propiedad.* Una relación general conveniente para las transferencias se podría escribir así:

$$\begin{bmatrix} \text{Flux de} \\ \text{propiedad} \end{bmatrix} = \begin{bmatrix} \text{Constante de} \\ \text{proporcionalidad} \end{bmatrix}\begin{bmatrix} \text{Gradiente de los niveles de} \\ \text{contenido de la propiedad} \end{bmatrix} \quad \textbf{(5-1)}$$

o

$$\begin{bmatrix} \text{Flux de} \\ \text{propiedad} \end{bmatrix} = \begin{bmatrix} \text{Difusividad de} \\ \text{propiedad} \end{bmatrix}\begin{bmatrix} \text{Gradiente de concentraciones} \\ \text{de la propiedad} \end{bmatrix} \quad \textbf{(5-2)}$$

Donde la palabra propiedad se refiere a la variable o propiedad de estado del sistema directamente involucrada en la transferencia. En otras palabras, por propiedad se entenderá energía térmica, masa o cantidad de movimiento.

5.2.1 El caso de la transferencia molecular de masa.

Como ya se mencionó la Ley de Fick se ajusta completamente al modelo de la Ecuación 5-2 por lo que está en la forma análoga apropiada. Los términos entonces quedarán de la siguiente forma:

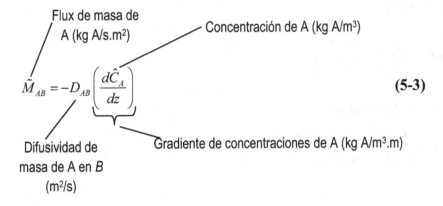

$$\tilde{M}_{AB} = -D_{AB}\left(\frac{d\hat{C}_A}{dz}\right) \quad \textbf{(5-3)}$$

Flux de masa de A (kg A/s.m²)

Concentración de A (kg A/m³)

Difusividad de masa de A en *B* (m²/s)

Gradiente de concentraciones de A (kg A/m³.m)

5.2.2 Modificaciones a la Ley de Fourier.

En el caso de la transferencia molecular de calor es evidente que la Ley de Fourier no se ajusta completamente a la Ecuación 5-2. Para lograrlo el flux de energía térmica debería estar expresado como una función de una difusividad y una diferencia de concentraciones de energía térmica.

Considerando que el producto de la densidad por el calor específico a presión constante y por la temperatura nos da unidades de concentración de energía

$$\rho\, c_p\, T\, [=] \left|\frac{kg}{m^3}\right| \frac{J}{kg\ K} |K| = \frac{J}{m^3} \tag{5-4}$$

si la Ecuación de Fourier cuyas unidades involucradas son

$$\tilde{Q} = -k\left(\frac{dT}{dz}\right)[=]$$

$$\frac{J}{s\ m^2} = \frac{J}{s\ m\ K} \frac{K}{m}$$

se multiplica y divide por el producto de ρc_p, se obtiene

$$\tilde{Q} = -k\left(\frac{dT}{dz}\right)\frac{\rho c_p}{\rho c_p} = -\frac{k}{\rho c_p}\left(\frac{dT}{dz}\right)\rho c_p$$

cuando la densidad y el c_p son constantes se pueden introducir a la derivada por lo que

$$\tilde{Q} = -\frac{k}{\rho c_p}\left[\frac{d\left(\rho c_p T\right)}{dz}\right]$$

si ahora denominamos a

$$\alpha = \frac{k}{\rho\, c_p}\, [=] \left|\frac{J}{s\ m\ K}\right| \left|\frac{m^3}{kg}\right| \left|\frac{kg\ K}{J}\right| [=] \frac{m^2}{s} \tag{5-5}$$

y

$$C_h = \rho\, c_p\, T\, [=]\, \frac{J}{m^3} \tag{5-6}$$

la expresión matemática análoga para la transferencia molecular de energía térmica puede escribirse finalmente como

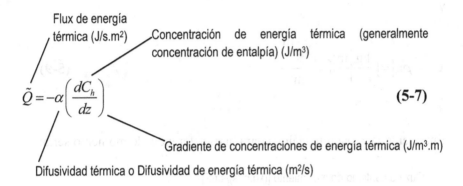

Flux de energía térmica (J/s.m²)

Concentración de energía térmica (generalmente concentración de entalpía) (J/m³)

$$\tilde{Q} = -\alpha \left(\frac{dC_h}{dz} \right) \tag{5-7}$$

Gradiente de concentraciones de energía térmica (J/m³.m)

Difusividad térmica o Difusividad de energía térmica (m²/s)

5.2.3 Modificaciones a la Ley de Newton.

Aplicando el mismo procedimiento a la transferencia molecular de cantidad de movimiento tendríamos:

$$\tilde{\Omega} = -\mu \left(\frac{du}{dz} \right) [=]$$

$$\frac{kg\frac{m}{s}}{s\,m^2} = \frac{kg}{s\,m} \left(\frac{m}{s}\frac{1}{m} \right)$$

Multiplicando y dividiendo la Ley de Newton por la densidad del fluido involucrado

$$\tilde{\Omega} = -\mu \left(\frac{du}{dz} \right) \frac{\rho}{\rho} = -\frac{\mu}{\rho} \left(\frac{du}{dz} \right) \rho$$

si la densidad es constante

$$\tilde{\Omega} = -\frac{\mu}{\rho}\left[\frac{d(\rho u)}{dz}\right]$$

denotando a $\quad v = \frac{\mu}{\rho}$ (5-8)

y

$$C_\Omega = \rho u \left[=\right] \left|\frac{\text{kg}}{\text{m}^3}\right|\left|\frac{\text{m}}{\text{s}}\right| \left[=\right] \frac{\text{kg}\dfrac{\text{m}}{\text{s}}}{\text{m}^3}$$ (5-9)

finalmente la ecuación análoga para la transferencia de momento sería:

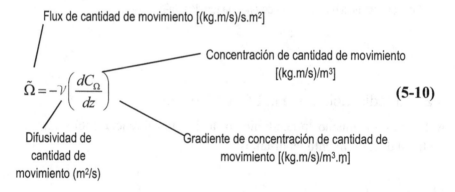

Flux de cantidad de movimiento [(kg.m/s)/s.m²]

Concentración de cantidad de movimiento [(kg.m/s)/m³]

$$\tilde{\Omega} = -\gamma\left(\frac{dC_\Omega}{dz}\right)$$ (5-10)

Difusividad de cantidad de movimiento (m²/s)

Gradiente de concentración de cantidad de movimiento [(kg.m/s)/m³.m]

5.3 La forma análoga general.

La ecuación 5-2 es de hecho la expresión de la forma análoga general entre los fenómenos de transferencia molecular. Enunciándola matemáticamente se tendría:

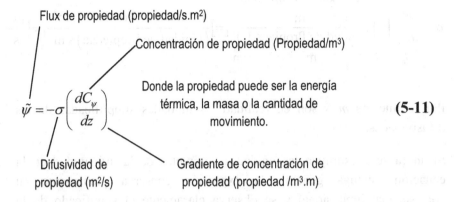

Flux de propiedad (propiedad/s.m²)

Concentración de propiedad (Propiedad/m³)

Donde la propiedad puede ser la energía térmica, la masa o la cantidad de movimiento.

$$\tilde{\psi} = -\sigma\left(\frac{dC_\psi}{dz}\right)$$

Difusividad de propiedad (m²/s)

Gradiente de concentración de propiedad (propiedad /m³.m)

(5-11)

La ecuación general es una analogía matemática que nos indica que la rapidez a la que ocurren los fenómenos de transferencia molecular, es decir el flux de propiedad, depende de su difusividad y del gradiente de concentraciones de la misma propiedad. Se observa también que las constantes de proporcionalidad o difusividades tienen las mismas unidades de m^2/s en todos los casos, independientemente del fenómeno estudiado. Dichas unidades son poco sugerentes y tienden a esconder el hecho de que las difusividades representan la facilidad que ofrece el medio a la transferencia de la propiedad. Las difusividades de momento, calor y masa tienen un significado físico análogo. La difusividad de propiedad es simplemente el flux resultante de esa propiedad cuando el gradiente de concentraciones de la misma propiedad es unitario. Recuérdese que este significado se discutió en el capítulo 3, en referencia al coeficiente de difusión. De la misma manera se puede ilustrar el caso general como sigue:

Despejando la difusividad de la ecuación 5-11 es factible el establecer sus unidades. En el sistema internacional y utilizando *unidad depropiedad* en lugar del Joule, el kilogramo o las unidades de la cantidad de movimiento, se puede generalizar así

$$\sigma = \dfrac{\tilde{\psi}}{\dfrac{dC_\psi}{dz}} [=] \dfrac{\dfrac{\text{Unidad de Propiedad}}{\text{s m}^2}}{\dfrac{\text{Unidad de Propiedad}}{\text{m}^3}\dfrac{1}{\text{m}}} [=] \dfrac{(\text{Unidad de Propiedad})\,\text{m}^4}{(\text{Unidad de Propiedad})\,\text{s m}^2} [=] \dfrac{\text{m}^2}{\text{s}}$$

Por lo que los m^2/s son en realidad las unidades simplificadas de las difusividades.

Si ahora se substituyen las unidades completas de la difusividad en la ecuación análoga general, la expresión conserva plenamente su consistencia dimensional y se observa claramente el significado de la difusividad.

$$\dfrac{\text{Unidad de Propiedad}}{\text{s m}^2} [=] \dfrac{\dfrac{\text{Unidad de Propiedad}}{\text{s m}^2}}{\left(\dfrac{\text{Unidad de Propiedad}}{\text{m}^3\,\text{m}}\right)} \left(\dfrac{\text{Unidad de Propiedad}}{\text{m}^3\,\text{m}}\right)$$

Por ejemplo, para transferencia de calor

$$\sigma = \dfrac{\tilde{\psi}}{\dfrac{dC_\psi}{dz}} [=] \dfrac{\dfrac{\text{J}}{\text{s m}^2}}{\dfrac{\text{J}}{\text{m}^3}\dfrac{1}{\text{m}}} [=] \dfrac{\text{J m}^4}{\text{J s m}^2} [=] \dfrac{\text{m}^2}{\text{s}}$$

y

$$\dfrac{\text{J}}{\text{s m}^2} [=] \dfrac{\dfrac{\text{J}}{\text{s m}^2}}{\left(\dfrac{\text{J}}{\text{m}^3\,\text{m}}\right)} \left(\dfrac{\text{J}}{\text{m}^3\,\text{m}}\right)$$

5.4 Comparación de todos los casos con la ecuación básica general para las transferencias.

Al llegar a esta sección el estudiante debe tener claras las semejanzas matemáticas de los tres fenómenos estudiados. Al mismo tiempo debe identificar las equivalencias entre los términos de cada ley, así como las equivalencias con las ecuaciones básicas para las transferencias.

5.5 Conclusiones.

Las conclusiones más relevantes de este capítulo son:

Las expresiones matemáticas sobre la transferencia molecular de calor, masa y cantidad de movimiento se ajustan a una ecuación general común.

En lo esencial las soluciones son idénticas para problemas parecidos de transferencia molecular de calor, masa y cantidad de movimiento.

Los fenómenos de transferencia de calor, masa y cantidad de movimiento son de naturaleza completamente diferente.

6 Estimación de propiedades de transferencia molecular

Sin lugar a dudas, la determinación del valor numérico de las propiedades de transferencia molecular es importante. Normalmente, con excepción de la difusividad de masa, no se determinan directamente las difusividades. Es común que en la literatura encuentre valores y métodos para la estimación de conductividades térmicas y de viscosidades, y muy raro para las difusividades térmicas y de ímpetu. Esto es comprensible porque, como se verá en los próximos capítulos, la conductividad térmica y la viscosidad son las propiedades de aplicación directa en los métodos de cálculo en ingeniería química y áreas afines. La determinación numérica de las propiedades de transferencia molecular se tiene que hacer por la vía experimental, sin embargo, este es un tópico que no es de interés directo en esta obra. Por tal razón, en el presente capítulo abordaremos exclusivamente algunos métodos para la estimación, es decir, una determinación indirecta aproximada de los valores numéricos de las propiedades de transferencia molecular. La Figura 6-1 describe la organización del presente capítulo.

6.1 Gases.

Sin lugar a dudas el estado de agregación que ha sido descrito apropiadamente por una teoría es la fase gaseosa. La más conocida de las teorías y la de aplicación más difundida es la Teoría cinética de los gases. No es intención de este texto el deducir las ecuaciones de ninguna teoría para la determinación de las propiedades de transferencia molecular; más bien se desea dar a conocer dichas ecuaciones, su precisión y su consecuente aplicabilidad.

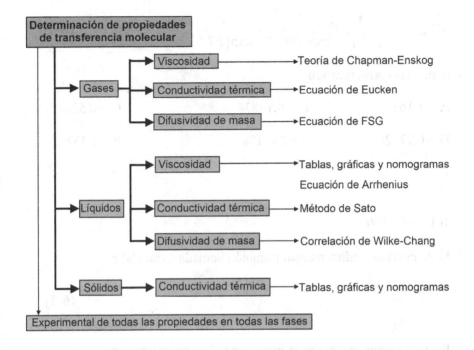

Figura 6-1. Diagrama conceptual del Capítulo 6.

6.1.1 Viscosidad.

No se recomienda usar correlaciones empíricas puesto que la Teoría de Champan- Enskog es lo suficiente mente precisa (99%) (Brodkey y Hershey, 1988). Esta es válida para sistemas monocomponentes y relaciona la viscosidad de un gas a baja presión con el diámetro de colisión σ, el peso molecular M, la temperatura T y la integral de colisión de viscosidad Ω_μ

$$\mu = 2.6693 \times 10^{-26} \left[\frac{\left(M\, T \right)^{1/2}}{\sigma^2 \Omega_\mu} \right] \tag{6-1}$$

Para moléculas no polares la integral de colisión (adimensional) se expresa convenientemente así:

$$\Omega_{\mu, \text{no polar}} = \frac{A}{\left(T^{\otimes}\right)^B} + \frac{C}{\exp\left(DT^{\otimes}\right)} + \frac{E}{\exp\left(FT^{\otimes}\right)} \qquad (6\text{-}2)$$

donde las constantes son

A = 1.16145   B = 0.14874   C = 0.52487

D = 0.77320   E= 2.16178   F = 2.43787

y

$$0.3 \le T^{\otimes} \le 100$$

La temperatura adimensional (también llamada reducida) es

$$T^{\otimes} = \frac{T}{\varepsilon/k_B} \qquad (6\text{-}3)$$

Para estimaciones rápidas la Ecuación 6-2 se aproxima con

$$\Omega_{\mu, \text{no polar}} = \frac{1.604}{\left(T^{\otimes}\right)^{1/2}} \qquad 0.4 < T^{\otimes} < 1.4 \qquad (6\text{-}4)$$

Para moléculas polares el potencial de Lennard – Jones no es adecuado. Por eso los Parámetros pueden estimarse de (Brodkey y Hershey, 1988)

$$\sigma = 1.166 \times 10^{-9} \left(\frac{V_b}{1+1.3\delta^2} \right)^{1/3} \qquad (6\text{-}5)$$

m³/kmol a T_b

en m

$$\varepsilon/k_B = (1.18)(1+1.3\delta^2)(T_b) \qquad (6\text{-}6)$$

Temperatura de ebullición (K)

en K

$$\delta = \frac{(1.94)(DPM)^2}{V_b T_b}$$

Momento dipolar en debyes (un debye es igual a 3.162×10^{-25} $N^{1/2}.m^2$)

(6-7)

y Momento dipolar adimensional

$$\Omega_{\mu, polar} = \Omega_{\mu, \text{no polar}} + 0.2 \delta^2 \big/ T^{\otimes}$$

(6-8)

Ejemplo 6-1.

Estime la viscosidad de aire a 40^0C y presión atmosférica. (Brodkey y Hershey, 1988)

Solución.

Se usará la Ecuación 6-1, basada en la teoría de Chapman-Enskog. De la tabla 6-1 se obtienen los parámetros de Lennard-Jones, que para aire son

$\sigma = 3.711 \times 10^{-10}$ m y $\cdot/k_B$ = 78.6 K

La integral de colisión se calcula con la ecuación

$$\Omega_{\mu, \text{no polar}} = \frac{A}{\left(T^{\otimes}\right)^B} + \frac{C}{\exp\left(DT^{\otimes}\right)} + \frac{E}{\exp\left(FT^{\otimes}\right)}$$

donde las constantes son

Tabla 6-1. Constantes en el potencial de Lennard-Jones 12-6, determinados de datos de viscosidad. De Svehla, NASA Technical report, R-132, LewiusResearchCenter, ClevelandOH, 1962. *Fuente*: Reid, Prausnitz y Sherwood, *The Properties of Gases and Liquids*, 3rd ed., McGraw HillN.Y. 1977, pp 678,679. Con autorización.

Compuesto	Diámetro de colisión $\sigma \times 10^{10}$, m	Relación de energía ε_μ/k_B, K
Ar (Argón)	3.542	93.3
He (Helio)	2.551	10.22
Aire	3.711	78.6
Br$_2$ (Bromo)	4.296	507.9
CCl$_4$ (Tetracloruro de carbono)	5.947	322.7
CHCl$_3$ (Cloroformo)	5.389	340.2
CH$_3$OH (Metanol)	3.626	481.8
CH$_4$ (Metano)	3.758	148.6
CO (Monóxido de carbono)	3.690	91.7
CO$_2$ (Dióxido de carbono)	3.941	195.2
C$_2$H$_2$ (Acetileno)	4.033	231.8
C$_2$H$_5$OH (Etanol)	4.530	362.6
CH$_3$COCH$_3$ (Acetona)	4.600	560.2
C$_6$H$_6$ (Benceno)	5.349	412.3
Cl$_2$ (Cloro)	4.217	316.0
HCl (Cloruro de hidrógeno)	3.339	344.7
H$_2$ (Hidrógeno)	2.827	59.7
H$_2$O (Agua)	2.641	809.1
H$_2$S (Sulfuro de hidrógeno)	3.623	301.1
Hg (Mercurio)	2.969	750
NH$_3$ (Amoniaco)	2.900	558.3
N$_2$ (Nitrógeno)	3.798	71.4
O$_2$ (Oxígeno)	3.467	106.7
SO$_2$ (Dióxido de azufre)	4.112	335.4

Para compuestos que no están en la tabla las ecuaciones siguientes son satisfactorias:

$\sigma = 1.18 \times 10^{-9} V_b^{1/3}$ (•en m. V_b es el volumen molar en el punto normal de ebullición T_b)

$\varepsilon/k_B = 1.21 T_b$ T_b, Temperatura normal de ebullición

$\varepsilon/k_B = 0.75 T_c$ T_c, Temperatura crítica

$\varepsilon/k_B = 1.92 T_m$ T_m, Temperatura de fusión

ε, Energía característica en la función del potencial de Lennard - Jones

k_B, constante de Boltzmann

A = 1.16145   B = 0.14874   C = 0.52487

D = 0.77320   E= 2.16178   F = 2.43787

La temperatura adimensional será

$$T^\otimes = \frac{T}{\varepsilon / k_B} = \frac{313.15\ \text{K}}{78.6\ \text{K}} = 3.984$$

Substituyendo valores en la Ecuación 6-2,

$\Omega_\mu = 0.96984$

Por tanto la viscosidad es

$$\mu = 2.6693 \times 10^{-26} \left[\frac{(\mathcal{M}T)^{1/2}}{\sigma^2 \Omega_\mu} \right] = 2.6693 \times 10^{-26} \left[\frac{(29 \times 313.15)^{1/2}}{(3.711 \times 10^{-10})(0.96984)} \right] =$$

$$= 19 \times 10^{-6}\ \text{Pa.s}$$

o,   0.019 cP. El resultado es muy parecido al reportado.

6.1.2 Conductividad térmica.

En general se puede afirmar que errores pequeños en los valores de k de sistemas gaseosos no tienen impacto relevante en los resultados de los métodos de diseño comúnmente utilizados en ingeniería química. Por eso se considera que las ecuaciones de Eucken son apropiadas no obstante su simplicidad.

$$\frac{k}{\mu} = c_v \left(\frac{9\gamma - 5}{4} \right) = c_p + \frac{5}{4}\frac{R}{\mathcal{M}} = c_v + \frac{9}{4}\frac{R}{\mathcal{M}} \tag{6-9}$$

$$\frac{k}{\mu} = 1.32c_v + \frac{1.4728 \times 10^4}{\mathcal{M}} = 1.32\frac{c_p}{\gamma} + \frac{1.4728 \times 10^4}{\mathcal{M}} = c_v\left(\frac{7.032\gamma - 1.720}{4}\right)$$

$$(6\text{-}10)$$

Para gases monoatómicos y nobles

$$k = \frac{15}{4}\frac{\mathcal{R}}{\mathcal{M}}\mu = \frac{5}{2}c_v\mu \qquad\qquad (6\text{-}11)$$

$$k = 8.3224 \times 10^{-22}\left[\frac{\left(T / \mathcal{M}\right)^{1/2}}{\sigma^2\Omega_\mu}\right] \qquad\qquad (6\text{-}12)$$

Ejemplo 6-2.

Calcule la conductividad térmica de aire a 40 ^{0}C usando la teoría de Chapman-Enskog. (Brodkey y Hershey, 1988)

Solución.

La conductividad la podemos determinar de la Ecuación 6-12,

$$k = 8.3224 \times 10^{-22}\left[\frac{\left(313.15 / 29\right)^{1/2}}{\left(3.711 \times 10^{-10}\right)\left(0.96984\right)}\right] = 0.0205 \text{ W/m.K}$$

6.1.3 Difusividad de masa.

De acuerdo con Brodkey & Hershey (1988), Fuller, Schettler y Giddings han propuesto una correlación excelente basada en los datos más recientes y confiables. La ecuación de FSG es estrictamente empírica y hace uso de la Tabla 6-2.

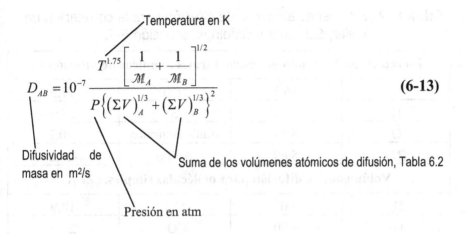

$$D_{AB} = 10^{-7} \frac{T^{1.75}\left[\dfrac{1}{\mathcal{M}_A} + \dfrac{1}{\mathcal{M}_B}\right]^{1/2}}{P\left\{(\Sigma V)_A^{1/3} + (\Sigma V)_B^{1/3}\right\}^2} \qquad\qquad \textbf{(6-13)}$$

Temperatura en K

Difusividad de masa en m²/s

Suma de los volúmenes atómicos de difusión, Tabla 6.2

Presión en atm

Ejemplo 6-3.

Encuentre el coeficiente de difusión del sistema helio – etanol a 30 °C y 3 atmósferas usando la relación de FSG. Los pesos moleculares son 4 y 46, respectivamente.

Solución.

Se usará la Ecuación 6-13. Los volúmenes atómicos de difusión se obtienen con auxilio de la Tabla 6-2. Por tanto,

$$(\Sigma V)_A = 2V_C + 6V_H + V_O = 2\times16.5 + 6\times1.98 + 1\times5.48 = 50.36$$

$$D_{AB} = 10^{-7}\frac{T^{1.75}\left[\dfrac{1}{\mathcal{M}_A} + \dfrac{1}{\mathcal{M}_B}\right]^{1/2}}{P\left\{(\Sigma V)_A^{1/3} + (\Sigma V)_B^{1/3}\right\}^2} = 10^{-7}\frac{(303)^{1.75}\left[\dfrac{1}{4} + \dfrac{1}{46}\right]^{1/2}}{3\left\{(50.36)_A^{1/3} + (2.88)_B^{1/3}\right\}^2} = 1.49\times10^{-5}\ \frac{\text{m}^2}{\text{s}}$$

Tabla 6-2. Volúmenes atómicos de difusión para la correlación de Fuller, Schettler y Giddings, ecuación 6-7.

Incrementos de volúmenes estructurales atómicos de difusión V			
C	16.5	(Cl)	19.5
H	1.98	(S)	17.0
O	5.48	Anillo aromático	-20.2
(N)	5.69	Anillo	-20.2
Volúmenes de difusión para moléculas simples, $(\Sigma V)_A$			
H_2	7.07	CO	18.9
D_2	6.70	CO_2	26.9
He	2.88	N_2O	35.9
N_2	17.9	NH_3	14.9
O_2	16.6	H_2O	12.7
Aire	20.1	(CCl_2F_2)	114.8
Ar	16.1	(SF_6)	69.7
Kr	22.8	(Cl_2)	37.7
(Xe)	37.9	(Br_2)	67.2
Ne	5.59	(SO_2)	41.1

6.2 Líquidos.

A diferencia del caso anterior, para conocer los valores de las propiedades de transferencia molecular de la fase líquida, el ingeniero hace uso de la gran cantidad de tablas y correlaciones empíricas que existen disponibles en la literatura. Dicha información puede estar organizada en forma de tablas, gráficas, nomogramas y en ocasiones como ecuaciones (ver Apéndice C).

6.2.1 Viscosidad.

No hay expresiones que permitan la estimación de esta propiedad, sin embargo, con los datos disponibles se pueden extrapolar e interpolar valores a temperaturas diferentes. Estas estimaciones hacen uso de una forma como la de Arrhenius, es decir

$$\mu = Ae^{B/[\mathcal{R}T]} \tag{6-14}$$

6.2.2 Conductividad térmica.

Para una estimación rápida de la conductividad térmica de líquidos orgánicos se recomienda el método de Sato (en Brodkey & Hershey, 1988)

Temperatura en K

$$k = \frac{1.105}{\mathcal{M}^{1/2}} \frac{c_p}{c_{pe}} \left(\frac{\rho}{\rho_e} \right)^{4/3} \frac{T_e}{T} \tag{6-15}$$

En W/m.K

donde e se refiere al punto de ebullición.

Ejemplo 6-4

Determine la conductividad térmica del tetracloruro de carbono en su punto de ebullición (350 K) y a 20 ^{0}C (293 K). Las capacidades caloríficas a ambas temperaturas son 0.92 y 0.836 kJ/kg.K, respectivamente. Las densidades correspondientes son 1480 y 1590 kg/m^3. El peso molecular de CCl$_4$ es de 153.8. (Brodkey y Hershey, 1988)

Solución.

Se utilizará la Ecuación 6-15 para estimar la k del líquido. En el punto de ebullición:

$$k_{pe} = \frac{1.105}{\mathfrak{M}^{1/2}} \frac{c_p}{c_{pe}} \left(\frac{\rho}{\rho_e}\right)^{4/3} \frac{T_e}{T} = \frac{1.105}{153.8^{1/2}} \frac{0.9205}{0.9295} \left(\frac{1480}{1480}\right)^{4/3} \frac{350}{350} = 0.0891 \frac{W}{m.K}$$

A 20 ^{0}C (293 K)

$$k_{20} = \frac{1.105}{\mathfrak{M}^{1/2}} \frac{c_p}{c_{pe}} \left(\frac{\rho}{\rho_e}\right)^{4/3} \frac{T_e}{T} = \frac{1.105}{153.8^{1/2}} \frac{0.8368}{0.9295} \left(\frac{1590}{1480}\right)^{4/3} \frac{350}{293} = 0.1064 \frac{W}{m.K}$$

6.2.3 Difusividad de masa.

Se sugiere la correlación de Wilke-Chang,

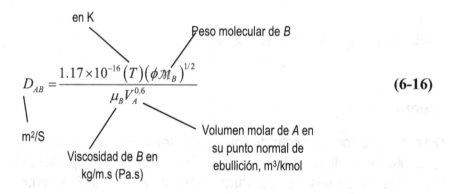

$$D_{AB} = \frac{1.17 \times 10^{-16} (T)(\phi \mathfrak{M}_B)^{1/2}}{\mu_B V_A^{0.6}} \tag{6-16}$$

en K

Peso molecular de B

m²/S

Viscosidad de B en kg/m.s (Pa.s)

Volumen molar de A en su punto normal de ebullición, m³/kmol

El término ϕ es el parámetro de asociación de Wilke-Chang para B, con los siguientes valores:

Agua,	2.26;
Metanol,	1.9;
Etanol,	1.5
Otros disolventes no asociados (como benceno, eter y heptano),	1.0.

El término V_A se obtiene por el método de Le Bas que se ilustra en el ejemplo siguiente.

Ejemplo 6-4.

Determine el coeficiente de difusión de ácido acético en agua estacionaria a 20 ^{0}C.

Solución.

Se hará uso de la ecuación de Wilke-Chang. Por tanto

$$V_A = 2 \times 0.0148 + 4 \times 0.0037 + 2 \times 0.012 = 0.0684$$

$$D_{AB} = \frac{1.17 \times 10^{-16}(T)(\phi \mathcal{M}_B)^{1/2}}{\mu_B V_A^{0.6}} = \frac{1.17 \times 10^{-16}(293)(2.26 \times 18)^{1/2}}{0.001(0.0684)^{0.6}} =$$

$$= 1.093 \times 10^{-9} \frac{m^2}{s}$$

Tabla 6-3. Volúmenes atómicos y moleculares. Fuente: Treybal (1980), *Operaciones de transferencia de masa,* 2ª.Ed. Mc Graw Hill.

Volumen atómico (V_b) m³/1000 átomos x10³		Volumen molecular (V_b) m³/kmol x10³		Volumen atómico (V_b) m³/1000 átomos x10³		Volumen molecular (V_b) m³/kmol x10³	
Carbón	14.8	H_2	14.3	Oxígeno	7.4	NH_3	25.8
Hidrógeno	3.7	O_2	25.3 6	Oxígeno en metil esters	9.1	H_2O	18.9
Cloro	24.6	N_2	31.2	Oxígeno en esteres mayores	11.0	H_2S	32.9
Bromo	27.0	Aire	29.9	Oxígeno en ácidos	12.0	COS	51.5
Iodo	37.0	CO	30.7	Oxígeno metil eters	9.9	Cl_2	48.4
Azufre	25.6	CO_2	34.0	Oxígeno en metil eteres mayores	11.0	Br_2	53.2
Nitrógeno	15.6	SO_2	44.8	Anillo bencénico: substraer	15	I_2	71.5
Nitrógeno en aminas primarias	10.5	NO	23.6	Anillo de naftaleno: substraer	30		
Nitrógeno en aminas secundarias	12.0	N_2O	36.2				

6.3 Sólidos.

La propiedad más importante de estos es la conductividad térmica. Esta se mide directamente ya que la determinación experimental en sólidos es muy sencilla. Como un sólido no puede fluir, la viscosidad pierde sentido. Además, como se vio en el Capítulo 3, para efectos prácticos la difusión en sólidos no existe (Los alimentos y otros materiales como los geles, no son sólidos).

7 Movimiento molecular y tipos de flujo

Probablemente la operación más común en las plantas de proceso sea el transporte de fluidos. Este traslado de material puede obedecer a un simple cambio de ubicación o para llevar a cabo una operación de transmisión de calor o de transferencia de masa. El movimiento de los fluidos no se realiza como se vio en el Capítulo 4, normalmente la forma de desplazamiento es más compleja. Por eso, antes de analizar con más detalle el comportamiento de los fluidos cuando se desplazan a través de tuberías o equipos de proceso, debemos entender claramente los tipos básicos de movimientos moleculares que pueden presentarse durante el traslado de los fluidos. En este capítulo se describirán detalladamente las formas de movimiento molecular que pueden presentarse durante el transporte de un fluido y que dependen fundamentalmente de la velocidad y de los obstáculos presentes en la trayectoria del fluido. (Figura 7-1). Se revisarán las evidencias experimentales que apoyan la descripción de los movimientos moleculares, que son dos: el experimento de Reynolds y la curva de pérdida de presión en función de la velocidad del fluido. Definiremos el Número de Reynolds y discutiremos su significado físico y su importancia en ingeniería.

7.1 Movimiento molecular en fluidos que se desplazan.

Cuando los fluidos se mueven a velocidades muy bajas se comportan como si estuvieran constituidos por laminas o capas moleculares. Esta conducta, descrita en los Capítulos 1 y 4 se mantiene si no hay perturbaciones u obstáculos que alteren el movimiento fundamentalmente unidireccional de las moléculas. Así como los fluidos estáticos toman la forma del recipiente que los contiene, cuando fluyen, sus láminas moleculares tienden a seguir la geometría del tubo que los conduce, como se muestra en la Figura 7-2. Este comportamiento es mucho más claro en el caso de los líquidos.

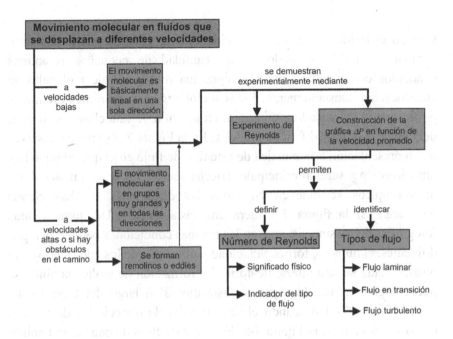

Figura 7-1. Diagrama conceptual del Capítulo 7.

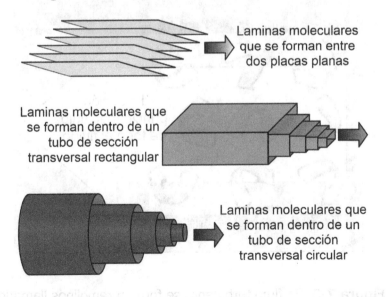

Laminas moleculares que se forman entre dos placas planas

Laminas moleculares que se forman dentro de un tubo de sección transversal rectangular

Laminas moleculares que se forman dentro de un tubo de sección transversal circular

Figura 7-2. Las láminas moleculares toman la forma del conducto.

Cuando el fluido se mueve a velocidades muy altas se pierde el patrón laminar de flujo formándose gran cantidad de pequeños remolinos conocidos como eddies, donde grupos macroscópicos de moléculas se entremezclan constantemente. Estos remolinos se forman aleatoriamente por lo que la velocidad en un punto, en un flujo de esta clase, es función del tiempo y es muy difícil de predecir. En la Figura 7-3 se puede observar una representación esquemática de este tipo de flujo en el que, aunque hay una dirección y sentido principales (flecha ancha), los grupos moleculares macroscópicos se mueven en todas las direcciones (flechas curvas pequeñas). Si la figura 7-3 fuera una instantánea y Ud. tomara otras fotografías del mismo sistema, en las mismas condiciones pero en tiempos diferentes, el número, forma, velocidad y ubicación de los eddies no serían iguales, dada su naturaleza aleatoria. La formación de eddies también se puede lograr colocando algunos obstáculos a lo largo del trayecto del fluido (Figura 7-4) o cuando el tubo cambia de dirección o de tamaño como se observa en la Figura 7-5. Este tipo de flujo de patrón no laminar puede presentarse en tubos de cualquier geometría.

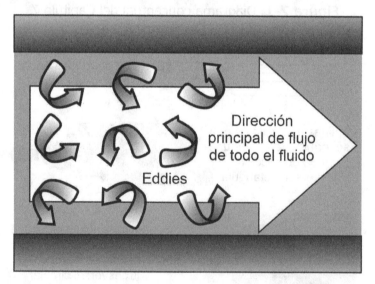

Figura 7-3. En flujo turbulento se forman remolinos llamados eddies.

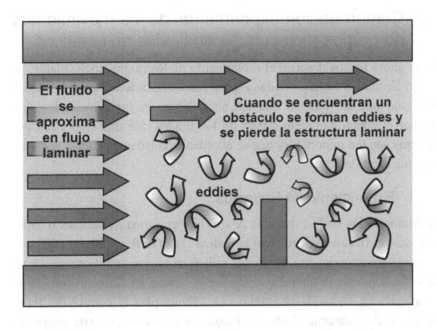

Figura 7-4. Un obstáculo en el flujo puede formar eddies.

El patrón laminar se pierde cuando el tubo cambia bruscamente de dirección

El patrón laminar se pierde cuando el tubo cambia bruscamente de tamaño

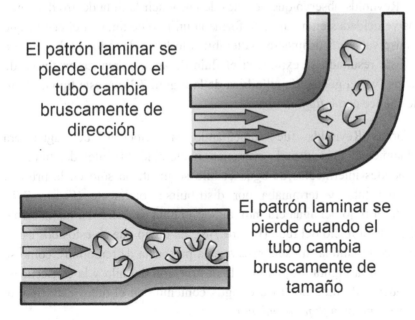

Figura 7-5. Los cambios de dirección y de tamaño del tubo también forman eddies.

7.2 Comprobación experimental de los movimientos de grupos moleculares en fluidos no estáticos.

Hasta ahora hemos descrito el movimiento de los grupos moleculares, ya sea en láminas o eddies, sin dar alguna fundamentación. Tampoco hemos precisado que tan bajas o que tan altas deben ser las velocidades para obtener el comportamiento citado de los fluidos. Sin embargo estos dos aspectos son tan importantes que se abordan detalladamente en el resto del presente capítulo.

7.2.1 Experimento de Reynolds.

La demostración de la existencia de un flujo en forma de láminas o capas moleculares (o casi moleculares) la realizó Osborne Reynolds en 1883 con su ya clásico experimento. Reynolds utilizó un tanque grande de agua y un pequeño depósito de tinta. En el tanque se colocó un tubo con entrada de campana y en su salida se instaló una válvula para el control del flujo. Manteniendo constante el nivel del agua en el tanque, con este equipo se pudieron obtener una gran cantidad de velocidades uniformes dentro del tubo. Reynolds observó que después de introducir la tinta dentro del agua, si las velocidades eran bajas, se formaba un hilo de tinta en el centro que se conservaba prácticamente inalterable a lo largo de todo el tubo, Figura 7-6. Este resultado se explica si el flujo de agua se realiza en forma de láminas (ver la geometría cilíndrica de la Figura 7-1). A este tipo de flujo se le conoce como *flujo laminar*

Conforme Reynolds fue aumentando la velocidad del agua era gradualmente más difícil mantener inalterable el hilo de tinta. A velocidades intermedias de agua el hilo se mantenía sólo en la primera parte del tubo y terminaba por distribuirse totalmente (Figura 7-7). Cuando el flujo del agua era muy rápido la tinta se distribuía rápidamente casi desde el inicio del tubo (Figura 7-8). Es obvio que en estos dos casos la estructura laminar no se conserva y la presencia de remolinos, como se muestra en la Figura 7-3, explica la destrucción del hilo y la consecuente distribución de tinta por toda el agua contenida en el tubo. Este tipo de flujo se denomina *flujo turbulento*.

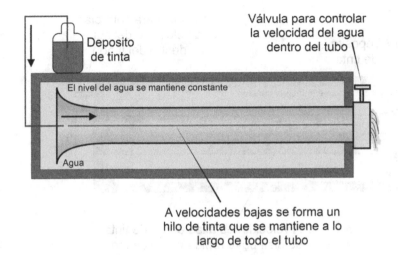

Figura 7-6. Experimento de Reynolds. Demostración del flujo laminar.

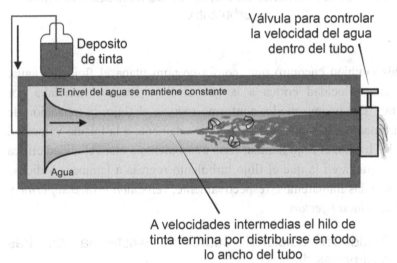

Figura7-7. Experimento de Reynolds. Demostración de flujo en transición.

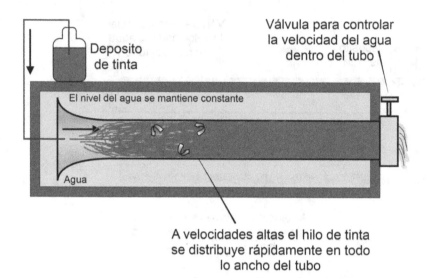

Figura 7-8. Experimento de Reynolds. Demostración del flujo turbulento.

Reynolds también encontró que, conforme aumentaba el flujo del agua, existía una velocidad crítica a la que el flujo laminar cambiaba por turbulento. Del mismo modo, conforme reducía el flujo, la transición de flujo turbulento a laminar ocurría aproximadamente a la misma velocidad crítica. De hecho, el flujo laminar pasa a turbulento a una velocidad crítica mayor a aquella en la que el flujo turbulento regresa a laminar. A dichas velocidades las llamaremos, respectivamente, *velocidad crítica superior* y *velocidad crítica inferior*.

7.2.2 Evidencia adicional sobre la existencia de tres regímenes de flujo.

Vennard y Street (1983), nos dicen que también se puede demostrar la existencia de dos regímenes de flujo mediante la realización de un experimento sencillo. Se hace fluir agua por un tubo a diferentes velocidades de flujo y se mide la pérdida de presión con la ayuda de un manómetro en U, tal como se muestra en la Figura 7-9. La experiencia se hace primero incrementando la velocidad, obteniéndose la línea O-II-III-IV y la velocidad crítica superior indicada por el punto II cuando se pierde la relación lineal entre la pérdida de presión y la velocidad promedio del agua. Enseguida se reduce paulatinamente la velocidad de flujo y la gráfica resultante es la señalada por la línea IV-III-I-O. En este caso la velocidad crítica inferior está indicada por el punto I que ocurre en el momento en que se reestablece la relación lineal entre Z y v. Las conclusiones de este experimento saltan a la vista. Para valores pequeños de velocidad promedio se tiene una línea recta ($Z\,\alpha v$), y para valores grandes de velocidad se tiene una curva casi parabólica ($Z\,\tilde{\alpha}\,v^2$). Evidentemente en el primer caso el flujo es laminar y en el segundo es turbulento. De la Figura 7-9 también se puede reconocer la existencia de un tercer régimen de flujo que está situado entre los dos ya mencionados, la *región o flujo de transición*. Esta región se encuentra delimitada por los puntos I y III.

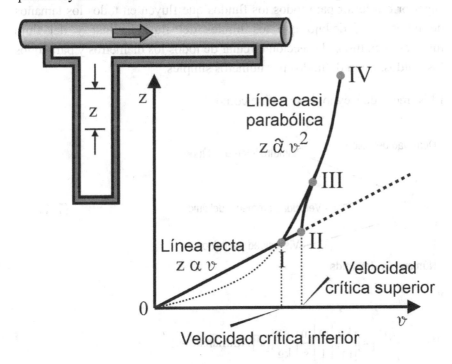

Figura 7-9. Evidencia adicional sobre los regímenes de flujo.

7.3 Número de Reynolds.

7.3.1 Definición e importancia

El reconocimiento de la existencia de tres tipos de flujo es una de las conclusiones relevantes del experimento de Reynolds pero no la única. Si se cambiaba el diámetro del tubo o el fluido de experimentación (cambiando por lo tanto la viscosidad o la densidad o ambas), se encontraban velocidades críticas con valores diferentes para cada caso. Esta complicación tuvo una solución genial, por sencilla. Reynolds fue capaz de unificar sus resultados y generalizar sus conclusiones por medio de la introducción de un término adimensional que ahora se conoce como *Número de Reynolds*. Este estudioso encontró que ciertos valores críticos de este número adimensional son los que definen las velocidades críticas superior e inferior para todos los fluidos que fluyen en todos los tamaños de tubos. Así, dedujo que los límites del flujo laminar y del flujo turbulento en tubos de sección circular de todos los diámetros y para todos los fluidos, están definidos por números simples.

El Número de Reynolds se define como

Densidad del fluido

Diámetro interno del tubo

$$Re = \frac{\rho \, d_i \, \upsilon}{\mu} \tag{7-1}$$

Velocidad promedio del fluido

Viscosidad del fluido

Número de Reynolds

y

$$Re = \frac{\rho \, d_i \upsilon}{\mu} \, [=] \left| \frac{kg}{m^3} \right| \frac{m}{1} \left| \frac{m}{s} \right| \frac{m \, s}{kg} \right| [=] \text{Adimensional}$$

7.3.2 Delimitación de los regímenes de flujo con el No. de Reynolds

De esta manera se estableció que el flujo laminar termina y empieza el de transición cuando el Re = 2 100, y que el flujo turbulento inicia con un Re = 4 000. Un hecho también significativo de estos valores es que no dependen del sistema de unidades utilizado.

Los valores críticos de 2 100 y 4 000 del Re sólo son válidos cuando se utilizan tubos de sección transversal circular, que son muy comunes. Si el conducto utilizado tiene una geometría diferente como por ejemplo, tubos de sección transversal cuadrada, rectangular o anular; o cuando el conducto obliga al fluido a seguir una trayectoria sinuosa como en el caso del flujo a través de lechos empacados o a través de un intercambiador de calor de placas, los valores críticos son muy diferentes. La importancia de la influencia de las características geométricas del sistema de flujo sobre los valores que definen los límites entre los tipos de flujo se resumen en la Tabla 7-1.

Tabla 7-1. Reynolds críticos para sistemas de geometrías diferentes.

Geometría del sistema	$Re_{crit} = \dfrac{\rho L \upsilon}{\mu}$	L: Variable geométrica característica
Tubo de sección circular	2 100	L: diámetro interno del tubo
Placas planas paralelas	1 000	L: separación entre las placas
Canal abierto	500	L: profundidad del líquido
Flujo sobre una esfera	1	L: diámetro de la esfera
Intercambiadores de placas	10 a 500	L: separación entre las placas

7.3.3 Significado físico del No. de Reynolds.

El Número de Reynolds tiene además un significado físico que no ayudará a comprender su relevancia en el estudio de la ingeniería. Reescribiendo el *Re* de la siguiente manera:

$$Re = \frac{\rho\, d_i\, \vartheta}{\mu}\, [=]\, \frac{\frac{kg}{m^3}\, m\, \frac{m}{s}}{Pa\, s}\, [=]\, \frac{m\, \frac{kg\frac{m}{s}}{m^3}}{Pa\, s}\, [=]\, \frac{(\text{Diámetro})\begin{pmatrix}\text{Concentración}\\ \text{de cantidad}\\ \text{de movimiento}\end{pmatrix}}{\begin{array}{c}\text{Resistencia al flujo}\\ \text{de entremezclado}\end{array}}\, [=]\, \frac{\text{Fuerzas inerciales}}{\text{Fuerzas viscosas}}$$

$$(7\text{-}2)$$

o

$$Re = \frac{\rho\, d_i\, \vartheta}{\mu} = \frac{d_i\, \vartheta}{\frac{\mu}{\rho}} = \frac{d_i\, \vartheta}{\gamma}\, [=]\, \frac{(\text{Diámetro})(\text{Velocidad promedio})}{\text{Difusividad de cantidad de movimiento}} \qquad (7\text{-}3)$$

éste se puede ver como el cociente de las fuerzas principalmente involucradas en el mantenimiento o disgregación del flujo laminar. Las fuerzas inerciales, representadas por la velocidad y acentuadas por el diámetro, tienden a favorecer el entremezclado de grandes grupos moleculares. Por el contrario las fuerzas viscosas, representadas por la viscosidad, tienden a mantener el flujo laminar. En otras palabras, en cualquier flujo se puede presentar alguna pequeña perturbación que puede ser amplificada para producir eddies. Si las fuerzas viscosas son lo suficientemente grandes en relación con las inerciales, serán capaces de contrarrestar esa posible amplificación y mantener así el flujo laminar. Pero al incrementarse paulatinamente el flujo, las fuerzas inerciales son cada vez más importantes en relación con las viscosas, por lo que pequeñas perturbaciones pueden ser cada vez más fácilmente amplificadas y dar origen a la transición al flujo turbulento.

7.4 Resumen y conclusiones.

Hay tres tipos básicos de flujo: laminar, transición y turbulento. El primero se caracteriza por el movimiento del fluido en laminas moleculares que prácticamente toman la forma del conducto. El flujo turbulento se caracteriza por la presencia de remolinos macromoleculares aleatorios con movimiento de todas las direcciones. El Número de Reynolds no índica el tipo de flujo. Así, para conductos de sección circular el flujo laminar se mantiene si el $Re<$ 2100, es de transición entre 2100 y 4000 e inicia el turbulento para $Re>$ 4000. En el régimen de transición están presentes los dos tipos de flujo, predomina el laminar a Re cercanos a 2100 y el flujo turbulento es más dominante conforme el Re se aproxima a 4000. Estos límites cambian de acuerdo con el sistema, tal como se indica en la Tabla 7-1.

El número de Reynolds es el cociente de las fuerzas inerciales entre las viscosas. Así, si las fuerzas viscosas son relativamente más grandes que las fuerzas inerciales, es decir el Re es relativamente pequeño, el flujo tendera a ser laminar. Por el contrario, cuando las fuerzas inerciales son relativamente mayores que las viscosas, o el Re es relativamente grande, el flujo tendera a ser turbulento. Las fuerzas inerciales tienden a formar remolinos, las fuerzas viscosas tienden a mantener las láminas moleculares.

8 Transferencia de cantidad de movimiento en líquidos que se mueven en presencia de una pared sólida

El estudio de los efectos que ejerce una pared sólida que está en contacto con un fluido en movimiento es uno de los temas más trascendentes de estudio para un ingeniero bioquímico. El conocer con detalle estos efectos y sus consecuencias permitirán al estudiante entender mejor las operaciones de transferencia de cantidad de movimiento así como la transferencia turbulenta de calor y masa que, como ya se dijo, están gobernadas parcialmente por la mecánica de fluidos. En este capítulo revisaremos los eventos que se presentan cuando se pone en contacto un fluido con una pared sólida (Figura 8-1). Primero estudiaremos el caso del contacto con una pared plana paralela al flujo. Conoceremos los conceptos de capa límite y fricción de pared o de superficie. Después se analizará el caso del flujo sobre una pared perpendicular al flujo, la formación de estelas y remolinos y su significado en cuanto a pérdidas de energía. Posteriormente se revisará la situación que ocurre cuando un fluido se mueve dentro de un tubo de sección circular, tanto en flujo laminar como turbulento. Al final se verán los casos particulares que ofrecen un perfil plano de velocidades.

8.1 Flujo sobre una pared sólida plana paralela al flujo.

Una breve introducción sobre este aspecto se presentó en el Capítulo 4, donde se explicó la relación de la viscosidad con el fenómeno de transferencia de cantidad de movimiento. Se retomará ese aspecto pero abundando en detalles hasta ahora no mencionados.

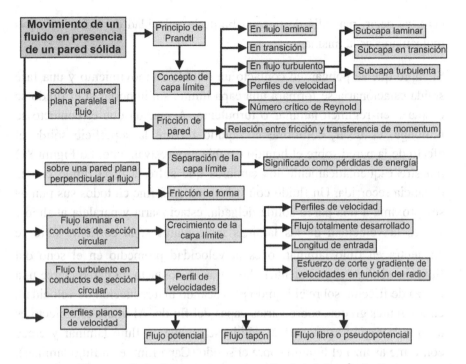

Figura 8-1. Diagrama conceptual del Capítulo 8.

8.1.1 Transferencia de cantidad de movimiento de una pared plana y estática sobre un fluido en movimiento.

El efecto que tiene una pared estática paralela al flujo se esbozó brevemente en el Capítulo 4, estableciendo que el contacto de las dos fases produce un retraso de las láminas del fluido cercanas al sólido. La división que se hizo en dos zonas de flujo muy claras (Figura 4-5), una donde se observa una variación en las velocidades de las láminas moleculares y otra donde todas las capas poseen la misma velocidad, se basó en el *Principio de Prandtl*. Enunciado en 1904 este principio establece que, con excepción de fluidos que se mueven a muy bajas velocidades o que poseen viscosidades muy altas, el efecto de una frontera sólida sobre el movimiento del líquido se confina a una porción inmediatamente adyacente a la pared sólida. En esa zona es donde se confinan los efectos del esfuerzo de corte y la formación del gradiente de velocidades y se le conoce como *capa límite*. Fuera de ésta el gradiente de velocidades es de cero, es decir, más allá de la capa límite la velocidad de todas las capas moleculares es la misma.

Siempre que se pongan en contacto un líquido en movimiento y una fase sólida estacionaria se formará una capa límite, sin importar si el fluido se desplaza en régimen laminar o turbulento. A medida que el contacto se prolonga, es decir, conforme el líquido recorre la superficie sólida el efecto de la pared sobre el líquido cambia progresivamente. La Figura 8-2 muestra esquemáticamente los cambios que sufre la capa límite con la distancia recorrida. Un fluido con velocidad uniforme en todos sus puntos se aproxima a una pared sólida delgada, estacionaria y paralela al flujo (u_∞ es la velocidad de las láminas moleculares si la corriente libre se encuentra en flujo laminar, o es la velocidad promedio en el seno del fluido si el flujo es turbulento). Al entrar en contacto, la pared ejerce una fuerza de fricción sobre el líquido provocando una reducción de velocidad, en diferentes grados, sobre varias capas del fluido. Al inicio este efecto es tal que la región adyacente al sólido se mueve en flujo laminar y crece conforme avanza el líquido sobre el sólido (Capa Límite en flujo laminar). A medida que el contacto sólido – líquido progresa la capa límite tiende a cambiar al régimen turbulento (Capa Límite en flujo turbulento). La transformación de flujo laminar a turbulento se realiza paulatinamente a través de una región de la capa límite en régimen de transición. Al mismo tiempo se van distinguiendo tres zonas de la capa límite turbulenta que llamaremos subcapas. La primera, aledaña al sólido y que va reduciendo asintóticamente su espesor con la distancia, es la subcapa en flujo laminar; inmediatamente arriba se ubica la subcapa en flujo de transición y más arriba la subcapa en flujo turbulento.

También en la Figura 8-2 y de acuerdo con McCabe y Smith (1976), se indica que cuando la capa límite es completamente laminar su espesor crece siguiendo una relación de $z^{0.5}$, cuando la turbulencia aparece aumenta con $z^{1.5}$ y cuando la turbulencia es franca, con $z^{0.8}$. Los mismos autores mencionan que entre el extremo izquierdo de la placa y hasta z_c, el espesor de la capa límite puede ser de unos 2 mm, con agua o aire a velocidades moderadas, y la subcapa laminar disminuye hasta aproximadamente 0.2 mm, después de la z_c.

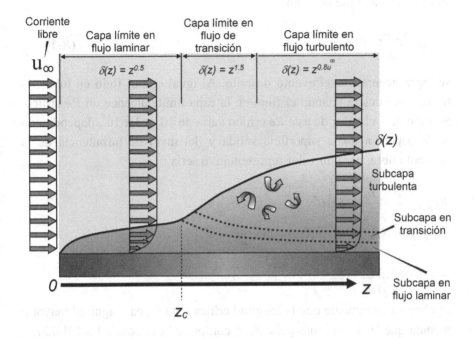

Figura 8-2. Capa límite de velocidades.

8.1.2 No. de Reynolds crítico y distancia crítica.

El comportamiento mostrado en la Figura 8-2 se presenta independientemente de la magnitud de la velocidad de aproximación (u_∞) o del tipo de flujo que posea el líquido antes de tocar al sólido. Siempre existirá una *distancia crítica (z_c)*, medida desde el extremo en que se ponen en contacto las fases, que el fluido debe recorrer para que la capa límite pierda sus características laminares y se inicie la región de transición. Esa longitud crítica depende fundamentalmente de u_∞ y de las propiedades del fluido. Esta situación es análoga a las múltiples velocidades críticas que se tenían en el experimento de Reynolds y se resuelve también introduciendo un *Re* alternativo adecuado a esta situación.

Definiendo al No. de Reynolds para el flujo de un fluido sobre una superficie sólida plana como

$$Re_z = \frac{\rho \, z \, u_\infty}{\mu}$$ (8-1)

se logra generalizar el evento descrito. Al igual que el flujo en tubos, la transición iniciará cuando el flujo en la capa límite alcance un Re crítico. Se sabe que el valor de este Re crítico varía de 10^5 a 3 x 10^6, dependiendo de la aspereza de la superficie sólida y del nivel de turbulencia de la corriente libre, pero un valor representativo sería

$$Re_{z(c)} = \frac{\rho \, z_c \, u_\infty}{\mu} = 5x10^5$$

Despejando z_c de la expresión anterior,

$$z_c = 5x10^5 \, \frac{\mu}{\rho \, u_\infty}$$

se observa claramente que la longitud crítica tendrá una magnitud mayor a medida que la u_∞ sea más pequeña y conforme la viscosidad del fluido se incrementa. A velocidades bajas y/o viscosidades altas es más fácil mantener la capa límite laminar.

La existencia de las diferentes zonas y subcapas de la capa límite son una señal inequívoca de que sus características de flujo cambian con respecto a la distancia recorrida sobre la placa sólida. El No. de Reynolds es, nuevamente, un indicador importante de las condiciones internas de flujo que se pueden encontrar en diversos puntos de la capa límite. Esta es una conclusión de gran transcendencia en ingeniería puesto que, antes de alcanzar la longitud crítica la transferencia de cantidad de movimiento es del tipo molecular y después de ella, una vez que se cruza la zona de transición, es turbulenta.

Entonces, la transferencia de cantidad de movimiento es función de la distancia recorrida y por tanto del Re; lo que significa que el esfuerzo de corte de fricción que ejerce el sólido sobre el líquido se va modificando conforme el fluido avanza sobre la placa, es decir

$$\tau_z = f(z)$$

En la zona laminar la capa límite pierde cantidad de movimiento en forma molecular por lo que se puede determinar con la Ley de Newton. En la zona turbulenta también se podría utilizar la Ley de Newton pero aplicada exclusivamente a la subcapa laminar. Observe que en esta región (Figura 8-3) el gradiente de velocidades (pendiente) es menor que en la capa límite laminar). Este comportamiento se retomará con más detalle en el Capítulo 11. Por tanto,

$$\tau_z = \mu \left.\left|\frac{du}{dy}\right|\right|_{y=0} \tag{8-2}$$

Donde el esfuerzo de corte varía con la longitud z.

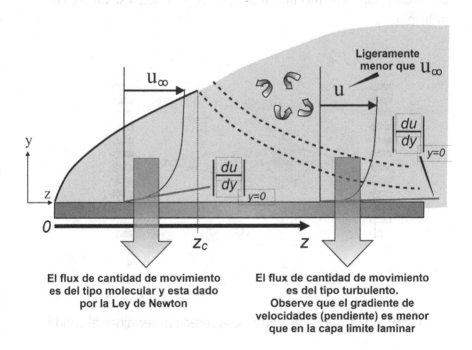

El flux de cantidad de movimiento es del tipo molecular y esta dado por la Ley de Newton

El flux de cantidad de movimiento es del tipo turbulento. Observe que el gradiente de velocidades (pendiente) es menor que en la capa limite laminar

Figura 8-3. Variación del gradiente de velocidades en la pared.

8.1.3 Concepto de fricción de película o de pared.

Una de las consecuencias relevantes que surge del análisis de los que sucede al poner en contacto un fluido y un sólido de la manera descrita, son las pérdidas de energía mecánica que sufre el fluido. El responsable de tales pérdidas es el esfuerzo de corte de fricción que ejerce el sólido sobre el fluido y que en este caso se conoce simplemente como *fricción de superficie*, de película o de pared.

8.2 Flujo sobre una pared sólida perpendicular al flujo.

Completando el esquema del flujo sobre una pared plana paralela sucedería más o menos lo que se muestra en la Figura 8-4. La capa límite alcanza el extremo derecho de la placa con su espesor máximo, persiste cierta distancia, pero finalmente desaparece y el fluido se mueve como al principio.

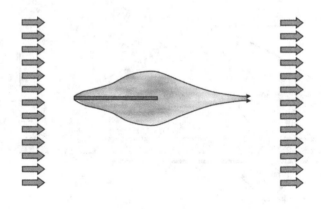

Figura 8-4. La capa límite desaparece al terminar el sólido.

8.2.1 Separación de la capa límite y formación de estelas.

Si se repite el proceso pero ahora colocando una placa perpendicular al flujo ocurriría lo que se ve en la Figura 8-5. Primero se forma una capa límite en la cara anterior de la placa que crece hacia los extremos. En el momento de alcanzar las orillas la capa límite, impedida de seguir unida a la placa por inercia propia, se separa del sólido siguiendo una línea curva como la que se muestra en la misma figura. En la parte posterior de la placa se tiene una zona conocida como *La Estela* (similar a la que deja un barco a su paso por el océano), integrada por grandes eddies llamados *vórtices*.

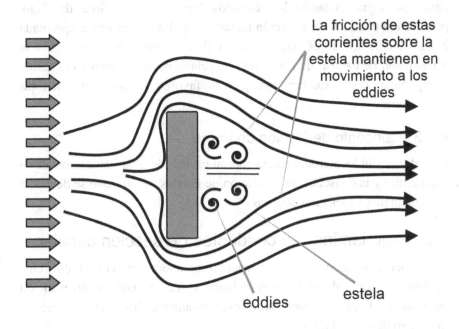

La fricción de estas corrientes sobre la estela mantienen en movimiento a los eddies

eddies   estela

Figura 8-5. Separación de la capa límite y formación de estelas.

Siempre que haya un cambio muy grande y repentino en la velocidad del fluido (en magnitud y/o dirección), éste no se mantendrá adherido al sólido y la capa límite se separará con la consecuente formación de la estela. Es muy frecuente encontrar en ingeniería bioquímica el cambio abrupto en el área de flujo o en la dirección de un tubo, o la presencia de alguna obstrucción en el camino que sigue el fluido, por lo que es importante resaltar el significado de la separación de la capa límite y la formación de estelas.

8.2.2 Significado en cuanto a pérdidas de energía.

Los eddies de la Estela se mantienen en movimiento debido al esfuerzo cortante que ejercen las corrientes aledañas sobre la Estela, lo que provoca un gran desperdicio de energía mecánica que se refleja en una pérdida considerable de presión del fluido. En el caso del transporte de fluidos es deseable minimizar o prevenir la separación de la capa límite ya que esto reduce considerablemente el consumo de energía. En la mayor parte de los casos se logra evitando los cambios bruscos en el área de flujo, procurando cambios de dirección paulatinos y dándole la forma apropiada a los objetos sobre los que pasará el fluido. Por el contrario, para la transmisión de calor o de masa, o el mezclado de substancias es deseable la separación de la capa límite ya que esto favorece los propósitos de estas operaciones.

8.2.3 Concepto de fricción de forma.

Cuando el fluido pierde energía mecánica debido a la separación de la capa límite y la consecuente formación de Estelas, se dice que se debe a la existencia de una *fricción de forma*.

8.3 Flujo laminar en conductos de sección circular.

Los experimentos anteriores los repetiremos ahora pero colocando frente al fluido un tubo de pared muy delgada y sección circular en posición paralela al flujo. Se analizarán exclusivamente los sucesos que se presentan dentro del tubo.

8.3.1 Crecimiento de la capa límite.

Como se muestra en la Figura 8-6 la capa límite comienza a formarse a la entrada del tubo y crece conforme lo recorre. En esta Figura no se puede apreciar pero no debe olvidarse que la capa límite crece radialmente hacia el centro formado anillos cada vez más gruesos (ver Figura 6-2). Entre 0 y z_t el flujo esta formado por la capa límite anular y un centro con flujo tapón (velocidad uniforme con el radio). Dentro de la capa límite la velocidad varía de cero hasta la velocidad que haya en el flujo tapón. Cuando la capa límite llega al centro del tubo y el flujo tapón desaparece, el fluido ha recorrido una distancia igual a z_t. A partir de este punto la distribución o perfil de velocidades adquiere su forma final y no cambia en el resto del tubo. Este flujo con distribución invariable de velocidades se le conoce como *flujo totalmente desarrollado* y a z_t se le llama *longitud de transición*.

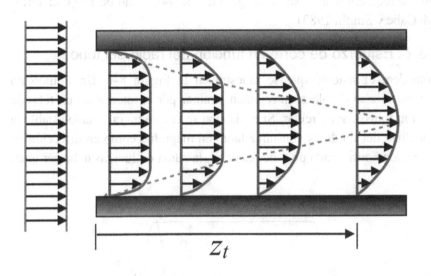

Figura 8-6. Formación de la capa límite dentro de un tubo de sección circular.

Para flujo laminar la longitud de transición se puede encontrar de manera aproximada con la siguiente relación (McCabe y Smith, 1983):

Diámetro interno de la tubería en pulgadas

$$z_t = 0.05 \, d \, Re \tag{8-3}$$

Distancia en pulgadas

así, para un diámetro de 2 in y $Re = 1500$ se obtiene una $z_t = 12.5$ ft (McCabe y Smith, 1983)

Si el fluido entra en flujo turbulento y la velocidad dentro del tubo es mayor a la crítica, la z_t es casi independiente del Re y es de aproximadamente 40 a 50 diámetros, con muy poca diferencia encontrada después de 25 diámetros. Para un tubo de 2 in , 6 a8 ft de tubo recto son suficientes. Si el flujo es laminar y se transforma a turbulento al entrar al tubo se requiere una z_t mayor tan grande, incluso, como de 100 diámetros. (McCabe y Smith, 1983)

8.3.2 Esfuerzo de corte en función del radio del tubo.

Considere el sistema que se muestra en la Figura 8-7. Un líquido no compresible se desplaza en régimen laminar por el interior de un tubo de sección transversal circular. Si el sistema se encuentra en estado estable la velocidad del fluido es constante tanto en magnitud como en dirección en la sección considerada de tubo, es decir, la suma de fuerzas debe ser igual a cero.

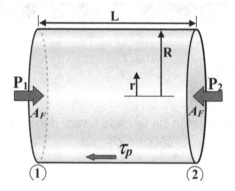

Figura 8-7. Balance de fuerzas en un tramo de tubería.

Estado estable $\Sigma F = 0$

En este sistema actúan tres fuerzas, dos debido a la presión del líquido

$$F_1 = A_1 P_1 = \pi R^2 P_1$$

202

$$F_2 = A_2 P_2 = \pi R^2 P_2$$

y una debida a la fricción del tubo sobre el sólido, dada por el esfuerzo de corte en la pared del mismo tubo

$$F_p = A_p \tau_p = \pi 2 R L \tau_p$$

Considerando las fuerzas que se dirigen a la derecha como positivas y las que se dirigen a la izquierda como negativas la suma nos da

$$\pi R^2 \left(P_1 - P_2 \right) - 2\pi R L \tau_p = 0$$

Despejando el esfuerzo de corte en la pared nos queda

$$\tau_p = \frac{R\left(P_1 - P_2\right)}{2L} = \frac{d_i\left(P_1 - P_2\right)}{4L} \qquad \text{(8-4)}$$

Del mismo modo, el esfuerzo de corte a cualquier radio se puede escribir

$$\tau_r = \frac{r\left(P_1 - P_2\right)}{2L} \qquad \text{(8-5)}$$

Combinando las Ecuaciones 8-4 y 8-5 tendremos

$$\tau_r = \tau_p \frac{r}{R} \qquad \text{(8-6)}$$

o

$$r = R \frac{\tau_r}{\tau_p} \qquad \text{(8-7)}$$

8.3.3 Perfil de velocidades.

El perfil de velocidades para un fluido newtoniano que pasa por un tubo de sección circular en flujo laminar se obtiene de la siguiente manera:

Partimos de la Ley de Newton, despejando du

$$\tau_r = -\mu \left(\frac{du}{dr} \right)_r$$

$$du = -\frac{\tau_r}{\mu} dr$$

substituyendo la equivalencia de τ_r, Ecuación 8-5

$$du = -\frac{P_1 - P_2}{2L\mu} r dr$$

integrando desde $r = r$ y $u = u$ hasta $r = R$ y $u = 0$ (note que si $r = 0$, $u = u_{max}$)

$$\int_0^u du = -\frac{P_1 - P_2}{2L\mu} \int_R^r r dr$$

$$u = -\frac{P_1 - P_2}{2L\mu} \left[\frac{r^2}{2} \right]_R^r$$

$$u = \frac{P_1 - P_2}{4L\mu} \left(R^2 - r^2 \right) \qquad \text{(8-8)}$$

Esta ecuación permite la determinación de la velocidad de las capas moleculares en flujo laminar a cualquier radio r. Sin embargo, es costumbre normalizarla entre valores de 0 y 1 de la siguiente forma:

Como se dijo previamente, cuando $r = 0$, $u = u_{max}$, por tanto

$$u_{máx} = \frac{P_1 - P_2}{4L\mu} \left(R^2 \right)$$

y el cociente de $u/u_{máx}$ será

$$\frac{u}{u_{máx}} = \frac{\dfrac{P_1 - P_2}{4L\mu} \left(R^2 - r^2 \right)}{\dfrac{P_1 - P_2}{4L\mu} \left(R^2 \right)} = \frac{R^2 - r^2}{R^2} = 1 - \left(\frac{r}{R} \right)^2 \qquad \text{(8-9)}$$

Ejemplo 8-1.

Construya el perfil de velocidades para el flujo laminar en un tubo de sección transversal circular.

Solución.

La mejor manera de dibujar el perfil de velocidades es normalizando el radio y la velocidad, es decir, dividiendo todos los radios r entre el radio interno del tubo R, y todas las velocidades u entre la $u_{máx}$ al centro del tubo. En otras palabras, para graficar el perfil de velocidades se hace uso de la Ecuación 8-9. Primero tabulamos los valores de r/R de 0.0 a 1.0, los substituimos en la Ecuación 8-9 y obtenemos el valor de $u/u_{máx}$. Los resultados tabulados se grafican obteniéndose la figura que se muestra y que consiste en una media parábola.

r/R	u/u$_{máx}$
0.0 (centro del tubo)	1.0
0.1	0.99
0.2	0.96
0.3	0.91
0.4	0.84
0.5	0.75
0.6	0.64
0.7	0.51
0.8	0.36
0.9	0.19
1.0 (pared del tubo)	0.00

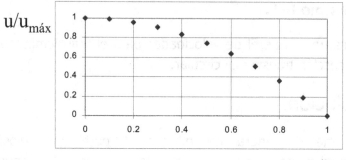

8.4 Perfiles planos de velocidad.

Cuando un fluido se encuentra en movimiento y su perfil de velocidades es plano tal y como se muestra en la Figura 8-8, es obvio que su gradiente de velocidades es cero y por lo tanto los esfuerzos de corte no existen o son casi nulos. Este tipo de perfil se obtiene en los casos del flujo potencial y el flujo libre que se describen a continuación.

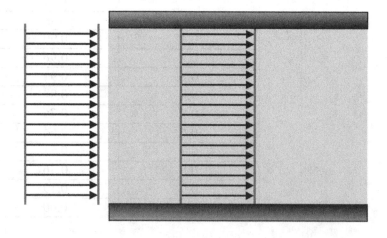

Figura 8-8. Perfil plano de velocidad.

8.4.1 El fluido ideal.

Se define como un fluido ideal a aquel que es incompresible y tiene una viscosidad igual a cero. En otras palabras un fluido ideal tiene una densidad constante a cualquier presión y no presenta esfuerzos de corte de fricción entre sus capas moleculares ni fricción entre sus moléculas y una pared sólida. (Vennard & Street, 1983)

8.4.2 El flujo potencial.

Existe un tipo de flujo conocido como *flujo potencial* en el que no existen esfuerzos de corte (viscosidad de cero) y todas las capas del fluido se mueven a la misma velocidad (gradiente de cero). En el flujo potencial no hay circulaciones laterales ni eddies dentro del fluido por lo que también se le conoce como *flujo irrotacional*. Además, como no se presenta fricción entre las capas de fluido ni entre éste y el sólido presente no existe disipación de energía mecánica a calor. Como consecuencia de las características mencionadas el flujo potencial puede considerarse como un *flujo ideal*. (Figura 8-8).

8.4.3 Flujo libre o pseudopotencial.

Un fluido se mueve en flujo libre cuando no hay alguna pared cercana o ésta no ejerce efecto alguno sobre el fluido. En flujo libre prácticamente no existen esfuerzos de corte por lo que es un flujo casi potencial o pseudopotencial. Todas las capas se mueven a la misma velocidad y forman lo que también se conoce como *flujo tapón* (Figura 8-8).

8.5 Flujo turbulento en tubos de sección circular.

Cuando el flujo dentro del tubo es turbulento es necesario medir las velocidades (promedio en el tiempo) a diferentes radios. Recuerde que en este régimen de flujo las velocidades puntuales también son función del tiempo y no corresponden con capas moleculares puesto que estas no se mantienen. Una determinación experimental del perfil de velocidades a diferentes radios dentro de un tubo se muestra en la Figura 8-9. En general el perfil tiende a achatarse con respecto al flujo laminar. Es razonable considerar que en todos los radios se tiene prácticamente la misma velocidad. No se tiene un flujo tapón pero si un perfil muy cercano al plano.

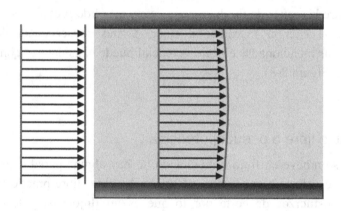

Figura 8-9. Perfil de velocidades en flujo turbulento.

8.6 Resumen y conclusiones.

Una pared sólida estacionaria siempre ejercerá un efecto importante sobre un fluido en movimiento que tenga contacto con ella. Cuando la pared y el flujo tienen la misma dirección se presenta una fricción de superficie que da lugar a la formación de la capa límite. Esta es la zona de fluido contigua a la pared donde los efectos de fricción sobre el fluido se reflejan como un gradiente de velocidades. Fuera de la capa límite el gradiente de velocidades es de cero y consecuentemente no hay esfuerzos de corte. La fricción de superficie provoca pérdida de energía del fluido como se verá con más detalle en el capítulo siguiente. Si la pared tiene una dirección diferente a la del flujo se presenta fricción de forma. Este tipo de fricción provoca mayores pérdidas de energía debido a la formación de estelas con sus remolinos.

El flujo laminar totalmente desarrollado en tubos de sección circular posee un perfil de velocidades parabólico. Debido a lo estrecho de los tubos, la capa límite ocupa toda el área de flujo, por tanto, los efectos de la fricción por la pared se reflejan en todo el flujo. El gradiente de velocidades en flujo laminar es mayor en el límite con la pared, por lo que el llamado esfuerzo de corte en la pared del tubo es también mayor y reduce su magnitud hacia el centro del tubo.

La turbulencia dentro de tubos de sección circular provoca que el perfil de velocidades se aplane a tal grado que es una buena aproximación considerar que a cualquier radio se medirá la misma velocidad. Los perfiles verdaderamente planos sólo se presentan en el flujo ideal o en sistemas en los que la capa límite no ocupa toda el área de flujo.

9 Introducción a las operaciones de transferencia de cantidad de movimiento

Las operaciones de transferencia de cantidad de movimiento tienen un lugar necesario, indiscutible, dentro de las plantas industriales de proceso. Si se requiere transportar un fluido de un lugar a otro o transferir calor y/o masa entre dos fluidos, la mecánica de fluidos juega un papel relevante. En este capítulo abordaremos exclusivamente los sistemas de transporte de fluidos (Figura 9-1). Como estos sistemas intercambian energía y masa con sus alrededores iniciaremos con el balance de masa (ecuación de continuidad) y lo continuaremos con el balance global de energía de sistemas abiertos, lo aplicaremos a sistemas abiertos en estado estable y posteriormente lo reduciremos al balance de energía mecánica, también conocido como Ecuación de Bernoulli. Identificaremos los tipos principales de energía mecánica involucrados en el transporte de fluidos y conoceremos el concepto de cargas. Más adelante aplicaremos el balance de energía mecánica a un sistema constituido por un tramo de tubería con flujo ideal y a un tramo de tubería con flujo real con el fin de reconocer que la fricción entre el fluido y el tubo provoca una pérdida de presión del fluido. Para el cálculo de esas pérdidas de energía por fricción deduciremos la Ecuación de Hagen – Poiseuille que aplica sólo al flujo laminar en tubo recto. Posteriormente modificaremos dicha ecuación con el fin de aplicarla al flujo turbulento y a válvulas y accesorios, y definiremos el coeficiente de fricción. También se ilustrará la forma en que el concepto de factor de fricción puede extenderse a los casos de tubos de sección rectangular, flujo a través de lechos empacados y flujo sobre cuerpos sumergidos.

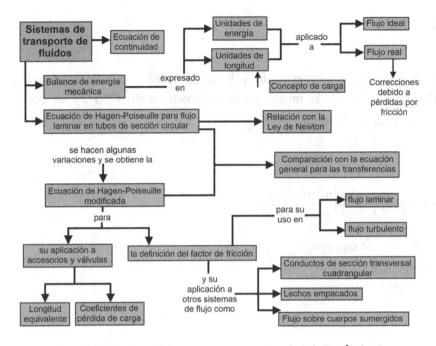

Figura 9-1. Diagrama conceptual del Capítulo 9.

9.1 Ecuación de continuidad.

La tan conocida ecuación de continuidad no es más que la expresión matemática de un balance de masa para un sistema abierto. Considere el sistema de la Figura 9-2. Un fluido atraviesa un cuerpo con área de flujo variable. El balance de masa entre los puntos 1 y 2 se puede escribir, para estado estable,

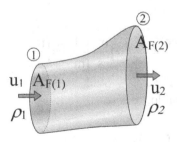

Figura 9-2. Flujo a través de un conducto de área variable.

$$\dot{m}_1 = \dot{m}_2$$

Si el flujo tiene un perfil de velocidades plano, la velocidad a los diferentes radios es la misma en determinado punto (1 o 2), es decir, $u \neq f(radio)$, por tanto,

$$\dot{m} = \rho\, u\, A_F \left[=\right] \frac{kg}{m^3} \left|\frac{m}{s}\right| \frac{m^2}{1} \left[=\right] \frac{kg}{s}$$

Velocidad lineal del fluido

Area de flujo

y

$$\rho_1 u_1 A_{F(1)} = \rho_2 u_2 A_{F(2)} \qquad\qquad \textbf{(9-1)}$$

o

$$\dot{m} = \rho\, u\, A_F \left[=\right] \text{Constante} \qquad\qquad \textbf{(9-2)}$$

Ecuación de continuidad.

Cuando el flujo no es de perfil plano $u = f\ (radio)$. En este caso se puede substituir u por la *velocidad lineal promedio del fluido* v, Figura 9-3, que se define como

$$v = \frac{\text{Flujo volumétrico}}{\text{Area de flujo}} = \frac{\dot{V}}{A_F} \left[=\right] \frac{m^3}{s} \left|\frac{1}{m^2}\right| \left[=\right] \frac{m}{s}$$

o estrictamente hablando,

$$v = \frac{\dot{V}}{A_F} = \frac{\dot{m}}{\rho A_F} = \frac{1}{A_F} \int_{A_F} u\, dA_F \qquad\qquad \textbf{(9-3)}$$

Velocidad lineal promedio del fluido

212

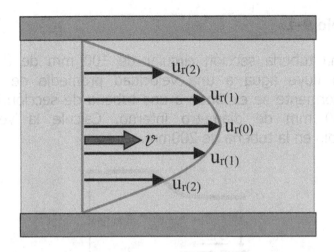

Figura 9-3. Velocidad promedio de un fluido que pasa a través de un tubo de sección circular.

La ecuación de continuidad se escribe entonces así,

$$\rho_1 \mathcal{v}_1 A_{F(1)} = \rho_2 \mathcal{v}_2 A_{F(2)} \tag{9-4}$$

o

$$\dot{m} = \rho \mathcal{v} A_F = \text{Constante} \tag{9-5}$$

Para fluidos no compresibles como los líquidos, la densidad es constante por lo que la Ecuación 9-4 se reduce a

$$\mathcal{v}_1 A_{F(1)} = \mathcal{v}_2 A_{F(2)} [=] \frac{m}{s} \left| \frac{m^2}{1} \right. [=] \frac{m^3}{s} \tag{9-6}$$

o

$$\dot{V}_1 = \dot{V}_2 \tag{9-7}$$

Ejemplo 9-1.

Por una tubería sección circular de 100 mm de diámetro interno fluye agua a una velocidad promedio de 3 m/s. Posteriormente se expande a una tubería de sección circular de 200 mm de diámetro interno. Calcule la velocidad promedio en la tubería de 200mm.

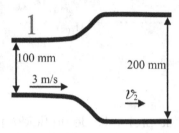

Figura Ejemplo 9.1

Solución.

Consideraciones. Estado estable. Fluido no compresible.

Para tubos de sección circular y líquidos no compresibles la ecuación de continuidad se escribe

$$\mathscr{v}_1 \frac{\pi}{4} d^2_{i(1)} = \mathscr{v}_2 \frac{\pi}{4} d^2_{i(2)}$$

Por tanto,

$$\mathscr{v}_2 = \mathscr{v}_1 \frac{d^2_{i(1)}}{d^2_{i(2)}} = 3 \frac{m}{s} \left| \frac{(0.1 \text{ m})^2}{(0.2 \text{ m})^2} \right| = 0.75 \frac{m}{s}$$

Ejemplo 9-2.

Una tubería de sección circular de 0.5 m de diámetro se divide en dos ramales, uno de 0.3 m y otro de 0.2 m de diámetro, también de sección circular. El flujo volumétrico en la línea principal es de

0.6 m³/s y la velocidad promedio en el tubo de 0.3 m es de 2.4 m/s. ¿Cuál es el flujo en el tubo de 0.2 m de diámetro? Considere fluido no compresible.

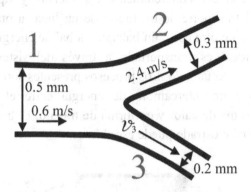

Figura ejemplo 9.2

Solución.

Consideraciones. Estado estable. Fluido no compresible
En concordancia con el esquema, el flujo volumétrico en el ramal 2, es

$$\dot{V}_2 = v_2 A_{F(2)} = \frac{2.4 \text{ m}}{\text{s}} \left| \frac{\pi}{4} \frac{(0.3)^2 \text{ m}^2}{1} \right. = 0.1696 \frac{\text{m}^3}{\text{s}}$$

Y, si la densidad del fluido es constante, el balance de masa se puede escribir como un balance de flujos volumétricos,

$$\dot{V}_1 = \dot{V}_2 + \dot{V}_3$$

Por tanto, en el ramal 3, el flujo es,

$$\dot{V}_3 = (0.6 - 0.1696) \frac{\text{m}^3}{\text{s}} = 0.4304 \frac{\text{m}^3}{\text{s}}$$

9.2 Balance global de energía de un sistema abierto.

Con el fin de conocer concretamente las fuerzas y tipos de energía implicados en el transporte de un fluido de un lugar a otro es necesario realizar, primero que otra cosa, un balance global de energía. En la Figura 9-4 un fluido ideal es transportado a través del sistema de interés, representado por el rectángulo. Los procesos presentes son completamente reversibles y hay un intercambio de energía entre el sistema y los alredededores en forma de calor y en forma de trabajo. El balance global de energía del sistema mostrado puede escribirse

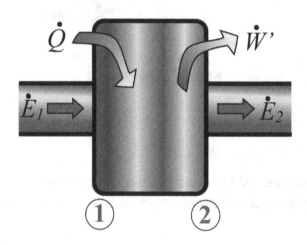

Figura 9-4. Sistema abierto para el balance global de energía.

$$\dot{E}_{entrada} + \dot{E}_{generada} - \dot{E}_{salida} - \dot{E}_{consumida} = \dot{E}_{acumulada} \ \left(\text{cambio de energía del sistema}\right)$$

(9-8)

En el sistema no se genera ni consume energía y el balance se reduce a

$$\dot{E}_{entrada} - \dot{E}_{salida} = \Delta \dot{E}_{sistema} \qquad \text{(9-9)}$$

La energía que entra por unidad de tiempo está constituida por la energía que entra asociada al flujo masa y el calor,

$$\dot{E}_{entrada} = \dot{E}_1 + Q [=] \frac{kJ}{h} \qquad \text{(9-10)}$$

La energía asociada a la masa estará compuesta por tres componentes: la energía interna, la energía potencial y la energía cinética, es decir,

$$E_1 = \mathcal{U}_1 + E_{P(1)} + E_{C(1)} = \mathcal{U}_1 + m_1 g z_1 + \frac{1}{2} m_1 v_1^2 [=] J \qquad \text{(9-11)}$$

que por unidad de masa es, $(m_1 = 1 \text{ kg})$

Energía total por unidad de masa

Energía potencial por unidad de masa

$$e_1 = \mathcal{U}_1 + gz_1 + \frac{1}{2} v_1^2 [=] \frac{J}{kg} \qquad \text{(9-12)}$$

Energía cinética por unidad de masa

Energía interna por unidad de masa

Del mismo modo para la salida

$$e_2 = \mathcal{U}_2 + gz_2 + \frac{1}{2} v_2^2 \qquad \text{(9-13)}$$

y

$$\dot{E}_{salida} = \dot{E}_2 + \dot{W}' \qquad \text{(9-14)}$$

Por otro lado considere la Figura 9-5. Para introducir cierta masa al sistema debe aplicarse una fuerza F_1 (P_1) en una distancia L_1, es decir, se requiere realizar un trabajo igual a

$$W_1 = F_1 L_1 = P_1 A_1 L_1 = P_1 V_1 \qquad \text{(9-15)}$$

usando el volumen por unidad de masa V (volumen específico o $1/\rho$), el

trabajo para introducir la unidad de masa será

217

$$w_1 = P_1 V_1 \; [=] \; \frac{N}{m^2} \left| \frac{m^3}{kg} \; [=] \; \frac{N \cdot m}{kg} \; [=] \; \frac{J}{kg} \right. \qquad (9\text{-}16)$$

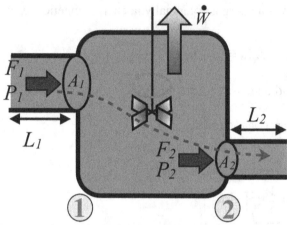

Figura 9-5. Trabajo de eje que realiza el fluido al golpear unas aspas.

Para la salida, entonces, el trabajo necesario para sacar la unidad de masa del sistema es

$$w_2 = P_2 V_2 \qquad (9\text{-}17)$$

Por tanto, el trabajo total transferido a los alrededores es

$$W' = W + W_2 - W_1 = W + \underbrace{P_2 V_2 - P_1 V_1}_{} \qquad (9\text{-}18)$$

Trabajo de eje o de flecha. Es el trabajo que se genera por el flujo al mover las aspas que están dentro del sistema

Esta diferencia se conoce como trabajo de flujo. Es el trabajo necesario para que el material fluya por el sistema

o por unidad de tiempo

$$\dot{W}' = \dot{W} + \dot{W}_2 - \dot{W}_1 = \dot{W} + P_2 \dot{V}_2 - P_1 \dot{V}_1 \qquad (9\text{-}19)$$

218

El balance de energía, por tanto, se puede escribir (recuerde que el calor que fluye hacia adentro y el trabajo que va hacia afuera son positivos)

$$\dot{E}_1 + \dot{Q} - \dot{E}_2 - \dot{W}' = \Delta \dot{E}_{sist} \qquad \text{(9-20)}$$

$$e_1 \dot{m}_1 + \dot{Q} - e_2 \dot{m}_2 - \dot{W}' = \dot{\Delta}\left(e_{sist} m_{sist}\right) \qquad \text{(9-21)}$$

Substituyendo los desgloses de energía y trabajo, Ecuaciones 9-12 y 9-13 , en el balance global obtenemos,

$$\left(u_1 + gz_1 + \frac{1}{2}v_1^2\right)\dot{m}_1 - \left(u_2 + gz_2 + \frac{1}{2}v_2^2\right)\dot{m}_2 + \dot{Q} - \dot{W}' =$$
$$= \dot{\Delta}\left[\left(u + gz + \frac{1}{2}v^2\right)m\right]_{sist} \qquad \text{(9-22)}$$

substituyendo la equivalencia del trabajo total $\dot{W}'$, ecuaciones 9-16 y 9-17

$$\left(u_1 + gz_1 + \frac{1}{2}v_1^2\right)\dot{m}_1 - \left(u_2 + gz_2 + \frac{1}{2}v_2^2\right)\dot{m}_2 + \dot{Q} - \dot{W} - P_2 v_2 \dot{m}_2 + P_1 v_1 \dot{m}_1 =$$
$$= \dot{\Delta}\left[\left(u + gz + \frac{1}{2}v^2\right)m\right]_{sist}$$

juntando todos los términos de entradas y salidas

$$\left(u_1 + P_1 v_1 + gz_1 + \frac{1}{2}v_1^2\right)\dot{m}_1 - \left(u_2 + P_2 v_2 + gz_2 + \frac{1}{2}v_2^2\right)\dot{m}_2 + \dot{Q} - \dot{W} =$$
$$= \dot{\Delta}\left[\left(u + gz + \frac{1}{2}v^2\right)m\right]_{sist} \qquad \text{(9-23)}$$

Balance global de energía de un sistema abierto

Como la entalpía por unidad de masa es $h = u + Pv$, el balance se escribe,

$$\left(h_1 + gz_1 + \frac{1}{2}v_1^2\right)\dot{m}_1 - \left(h_2 + gz_2 + \frac{1}{2}v_2^2\right)\dot{m}_2 + \dot{Q} - \dot{W} =$$
$$= \dot{\Delta}\left[\left(u + gz + \frac{1}{2}v^2\right)m\right]_{sist} \qquad \text{(9-24)}$$

9.2.1 Balance global para sistemas abiertos en estado estable.

En el estado estable $\dot{m}_1 = \dot{m}_2 = \dot{m}$, y el $\Delta\dot{E}_{sist} = 0$, por lo que dividiendo entre $\dot{m}$ obtenemos los cambios de energía que sufre la unidad de masa al pasar por el sistema, entre 1 y 2,

$$h_1 + gz_1 + \frac{1}{2}v_1^2 - h_2 - gz_2 - \frac{1}{2}v_2^2 + \frac{\dot{Q}}{\dot{m}} - \frac{\dot{W}}{\dot{m}} = 0 \qquad \textbf{(9-25)}$$

o

$$\Delta h + g\Delta z + \frac{1}{2}\Delta\left(v^2\right) - q + w = 0 \qquad \textbf{(9-26)}$$

9.3 Balance de energía mecánica.

El balance global de energía de un sistema abierto en estado estable incluye dos tipos básicos de energía: energía térmica (energía interna y entalpía relacionadas con calor como forma de transmisión de energía), y energía mecánica (potencial y cinética relacionadas con el trabajo como forma de transferir energía). En los sistemas de flujo o de transporte de fluidos son importantes sólo los componentes de energía mecánica y reduciremos el balance global a un balance de energía mecánica de un sistema abierto. De la primera y segunda leyes de la termodinámica, para un proceso reversible, se tiene que

$$\Delta h = T\Delta s + v\Delta P = q + v\Delta P \qquad \textbf{(9-27)}$$

y se puede substituir en el balance global de energía, Ecuación 9-26, ya que los procesos del sistema de la Figura 9-4 se han considerado reversibles,

$$q + v\Delta P + g\Delta z + \frac{1}{2}\Delta\left(v^2\right) - q + w = 0$$

y

$$v\Delta P + g\Delta z + \frac{1}{2}\Delta\left(v^2\right) + w = 0 \qquad \textbf{(9-28)}$$

En el caso de líquidos se usa la densidad en lugar del volumen específico,

$$\frac{\Delta P}{\rho} + g\Delta z + \frac{1}{2}\Delta\left(v^2\right) + w = 0 \qquad (9\text{-}29)$$

Este es el balance de energía mecánica que escrito en términos de energías en la entrada y la salida sería:

Energía de presión por unidad de masa en 2

$$\underbrace{gz_1}_{} + \underbrace{\frac{1}{2}v_1^2}_{} + \frac{P_1}{\rho} + w = gz_2 + \underbrace{\frac{1}{2}v_2^2}_{} + \overbrace{\frac{P_2}{\rho}}^{} \qquad (9\text{-}30)$$

Energía potencial por unidad de masa en 1

Trabajo de eje por unidad de masa

Energía cinética por unidad de masa en 2

Las unidades de todos los términos deben ser iguales para mantener la consistencia dimensional, por ejemplo, kJ/kg. En el sistema internacional normalmente se omite la constante dimensional g_c, ya que es igual a 1. En el caso general los términos de energía potencial y cinética están multiplicados por $1/g_c$. Entonces, el balance se escribe

$$\frac{g}{g_c}z_1 + \frac{1}{2g_c}v_1^2 + \frac{P_1}{\rho} + w = \frac{g}{g_c}z_2 + \frac{1}{2g_c}v_2^2 + \frac{P_2}{\rho} \qquad (9\text{-}31)$$

y las unidades son

$$\frac{g}{g_c}z [=] \frac{m}{s^2} \left| \frac{1\,N}{1\,\dfrac{kg\,m}{s^2}} \right| \frac{m}{1} [=] \frac{N\,m}{kg} [=] \frac{J}{kg}$$

$$\frac{1}{2g_c}v^2 [=] \frac{1\,N}{1\,\dfrac{kg\,m}{s^2}} \left| \frac{m^2}{s^2} \right| = [=] \frac{J}{kg}$$

$$\frac{P}{\rho}[=]\frac{N}{m^2}\left|\frac{m^3}{kg}\right.[=]\frac{J}{kg}$$

$$w[=]\frac{J}{kg}$$

Ha sido costumbre por muchos años el expresar el balance de energía mecánica en unidades de longitud. Esto se debe a que en el sistema americano de ingeniería al multiplicar la Ecuación 9-31 por g_c/g los valores de cada término no se alteran ya que en ese sistema de unidades $g_c/g = 1$. Multiplicando la Ecuación 9-31 por g_c/g, tendremos

$$z_1 + \frac{1}{2g}v_1^2 + \frac{g_c}{g}\frac{P_1}{\rho} + \frac{g_c}{g}w = z_2 + \frac{1}{2g}v_2^2 + \frac{g_c}{g}\frac{P_2}{\rho} \quad \textbf{(9-32)}$$

Carga estática en 1 — Carga de trabajo o carga de la bomba — Carga de velocidad en 2 — Carga de presión en 2

cuyas unidades respectivas en el S. I. son

$$z[=]m$$

$$\frac{1}{2g}v^2[=]\frac{s^2}{m}\left|\frac{m^2}{s^2}\right.[=]m$$

$$\frac{g_c}{g}\frac{P}{\rho}[=]\left|\frac{1\,kg\,m}{s^2\,1\,N}\right|\left|\frac{s^2}{m}\right|\frac{N}{m^2}\left|\frac{m^3}{kg}\right.[=]m$$

$$\frac{g_c}{g}w[=]\left|\frac{1\,kg\,m}{s^2\,1\,N}\right|\frac{s^2}{m}\left|\frac{N\,m}{kg}\right.[=]m$$

En el S. I. $g/g_c = 9.8$ N/kg por lo que las magnitudes del balance expresado en unidades de energía por unidad de masa y en unidades de longitud tendrán valores diferentes. El balance expresado en unidades de longitud es muy útil y el estudiante debe tener claro que, no obstante sus unidades, es un balance de energía. En el sistema americano de ingeniería no había problemas de magnitud, por ejemplo, si $z_1 = 10$ ft quería decir que la energía potencial en 1 era de 10 $lb_f.ft/lb_m$. En el S. I. no ocurre lo mismo ya que la diferencia en valores es de aproximadamente diez veces. Si el lector tiene claro todo esto podrá aplicar correctamente el balance en cualquiera de sus dos formas.

Como se observa en la Ecuación 9-32, los términos de energía expresados en unidades de longitud se denominan cargas. Así, al término de energía potencial dada por z se le denomina carga estática, al término que corresponde a la energía cinética se le llama carga de velocidad, el término de presión será la carga de presión y al término de trabajo se le conoce como carga de trabajo. Cuando este último es realizado por una bomba el término se conoce como carga de la bomba.

9.3.1 Aplicación a un tramo de tubería y flujo sin fricción.

Un líquido fluye en estado estable por un tramo de tubería como se muestra en la Figura 9-6. Se han colocado dos tubos de diámetro pequeño; uno recto que mide directamente la presión estática del fluido y uno doblado que mide esa misma presión más la presión debido al impacto del fluido. Si ignoramos la diferencia de alturas entre los dos extremos inferiores de estos tubos, ambos medirán la misma presión estática. Además, cuanto más grande sea la velocidad, el impacto en el extremo inferior del tubo doblado será mayor y el líquido alcanzará mayor altura dentro de este tubo. Por tanto, el tubo recto nos dará una medida de la carga de presión del fluido y el tubo doblado una medida de la carga de velocidad. Si a estas dos cargas le adicionamos la altura del fluido con respecto a una referencia obtendremos la carga total del fluido, como se indica en la misma Figura 9-6. Apliquemos ahora el balance energía mecánica al sistema de la Figura 9-6. El trabajo de eje se elimina puesto que en ese tramo no hay algún dispositivo que de o quite trabajo a través de un eje. Además, considerando que el flujo es reversible o ideal el balance para ese sistema es

$$\underbrace{z_1 + \frac{1}{2g}v_1^2 + \frac{g_c}{g}\frac{P_1}{\rho}}_{H_1:\text{ Carga total del fluido en 1}} = \underbrace{z_2 + \frac{1}{2g}v_2^2 + \frac{g_c}{g}\frac{P_2}{\rho}}_{H_2:\text{ Carga total del fluido en 2}} = \text{constante} = H$$

(9-33)

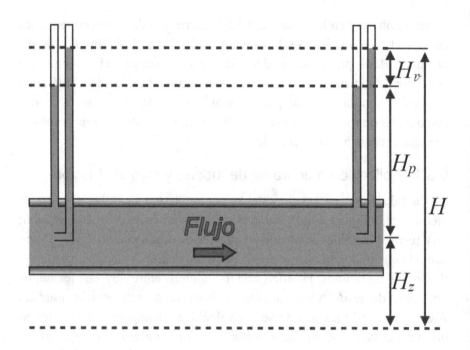

Figura 9-6. Sin fricción no hay pérdida de presión.

Como no hay eventos disipativos, no hay fricción entre el tubo y el fluido ni entre las moléculas del fluido, no hay pérdida de energía y esta se mantiene constante durante todo el proceso. En términos de cargas diríamos que la carga total del sistema se mantiene constante. En el esquema de la misma Figura 9-6 se observa que, como el sistema está en estado estable y el tubo es horizontal y de área de flujo constante, la carga estática y la carga de velocidad se mantienen invariables a lo largo del tubo, como consecuencia la carga de presión también es constante, es decir,

$$z_1 = z_2 = H_z = \text{constante1}$$

$$\frac{1}{2g}v_1^2 \;=\; \frac{1}{2g}v_2^2 = H_v = \text{constante2}$$

$$\frac{g_c}{g}\frac{P_1}{\rho} \;=\; \frac{g_c}{g}\frac{P_2}{\rho} = H_P = \text{constante3}$$

$$H_1 = H_2 = H = \text{constante}$$

9.3.2 Aplicación a un tramo de tubería y flujo con fricción.

Si el sistema analizado en la sección anterior esta formado por un fluido y un flujo reales, tendrán lugar eventos disipativos como la fricción entre el fluido y la pared del tubo y la fricción entre las mismas moléculas del fluido. Esta fricción provoca perdidas de energía o pérdidas de carga, tal como se muestra en la Figura 9-7. Nuevamente, como el sistema se encuentra en estado estable, es horizontal y el área de flujo no cambia, las energías potencial y cinética, y sus cargas correspondientes, se mantienen constantes. Por tanto, la energía que sufre los efectos de la fricción es la energía de presión (carga de presión), como puede verse también en la Figura 9-7. Por esta razón es que normalmente se asocia la fricción con las pérdidas de energía de presión.

El razonamiento anterior, para un flujo real, matemáticamente se puede escribir así

$$z_1 = z_2 = H_z = \text{constante1} \qquad \cdots\cdots$$

$$\frac{1}{2g}v_1^2 \;=\; \frac{1}{2g}v_2^2 = H_v = \text{constante2}$$

$$\frac{g_c}{g}\frac{P_1}{\rho} \;>\; \frac{g_c}{g}\frac{P_2}{\rho} \quad \text{o} \quad H_{P(1)} > H_{P(2)}$$

$$H_1 > H_2$$

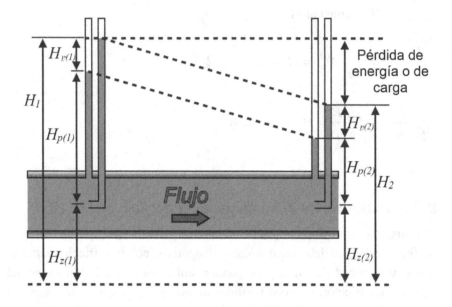

Figura 9-7. La fricción con el sólido provoca una pérdida de presión.

Por tanto el balance para un flujo real queda como la desigualdad

$$z_1 + \frac{1}{2g}v_1^2 + \frac{g_c}{g}\frac{P_1}{\rho} > z_2 + \frac{1}{2g}v_2^2 + \frac{g_c}{g}\frac{P_2}{\rho} \qquad (9\text{-}34)$$

o

$$\frac{g}{g_c}z_1 + \frac{1}{2g_c}v_1^2 + \frac{P_1}{\rho} > \frac{g}{g_c}z_2 + \frac{1}{2g_c}v_2^2 + \frac{P_2}{\rho} \qquad (9\text{-}35)$$

Para mantener la igualdad del balance sumamos a las salidas las pérdidas de carga debidas a la fricción

$$z_1 + \frac{1}{2g}v_1^2 + \frac{g_c}{g}\frac{P_1}{\rho} = z_2 + \frac{1}{2g}v_2^2 + \frac{g_c}{g}\frac{P_2}{\rho} + \frac{g_c}{g}\Sigma F \quad (9\text{-}36)$$

o las pérdidas de energía por fricción

226

$$\frac{g}{g_c}z_1 + \frac{1}{2g_c}v_1^2 + \frac{P_1}{\rho} = \frac{g}{g_c}z_2 + \frac{1}{2g_c}v_2^2 + \frac{P_2}{\rho} + \Sigma F$$

(9-37)

Ejemplo 9-3.

Por una tubería recta horizontal de 25 mm de diámetro interno fluye agua a razón de 20 l/min. En el punto 1 de medición la presión es de 4.32 atm absolutas y varios metros adelante de 3.57 atm abs. Determine las pérdidas de energía por fricción.

Solución.

Aplicando el balance de energía mecánica y considerando que los términos de energía cinética y potencial no cambian (tubo horizontal y de diámetro constante) se tiene

$$\frac{\Delta P}{\rho} + \Sigma F = 0$$

y

$$\Sigma F = \frac{-\Delta P_f}{\rho} = \frac{(4.32-3.57)\ \text{atm}}{1}\left|\frac{\text{m}^3}{1000\ \text{kg}}\right|\frac{1.01325\times10^5\ \text{N}}{1\ \text{atm}}\frac{}{\text{m}^2} = 75.99\ \frac{\text{kJ}}{\text{kg}}$$

Significa que por cada kg de agua que pasa por ese tramo de tubería se pierden 75.99 kJ de energía de presión

9.3.3 La suma de pérdidas por fricción (ΣF).

En el diseño de sistemas de transporte de fluidos el hallar la potencia de la bomba es uno de los objetivos principales. Para ello se aplica el balance de energía mecánica al sistema de interés. En ese balance la mayoría de los términos se conocen o se pueden conocer. Las cargas estáticas, de velocidades y de presiones son fijadas por los requerimientos de proceso y de planta. Por ejemplo, la diferencia de alturas entre los tanques de succión y descarga la establece la distribución de equipo en planta. Como el término de trabajo es la incógnita principal, las pérdidas de energía por fricción se convierten en el término crucial para el cálculo de la potencia de bombeo. En efecto la ΣF, o su equivalente en cargas, ha sido motivo de un estudio intensivo. Se denota como una sumatoria porque es la suma de las pérdidas de energía por fricción debido a tubería recta, más las pérdidas debidas a los accesorios, más las correspondientes a las válvulas, más las debidas a medidores, más las provocadas por el equipo de proceso. Matemáticamente,

$$\Sigma F = F_{tubo\ recto} + F_{accesorios} + F_{válvulas} + F_{instrumentos} + F_{equipo\ de\ proceso} \qquad \textbf{(9-38)}$$

No es de interés de esta obra el detallar la forma de cálculo de todos los términos de la ecuación anterior, pero si es necesario abordar con un análisis detallado las pérdidas por tubo recto y fundamentar el cálculo de las perdidas por accesorios y válvulas.

9.4 Ecuación de Hagen-Poiseuille (H-P).

El problema de la determinación de las pérdidas de energía por fricción debidas a tubería recta se puede dividir en dos: pérdidas por fricción en flujo laminar y pérdidas por fricción en flujo turbulento. Las pérdidas de presión por fricción en flujo laminar en tubo recto se determinan con la Ecuación de Hagen – Poiseuille. Esta es una expresión que interrelaciona las propiedades del fluido, las dimensiones del tubo y las características del flujo.

9.4.1 Deducción de la ecuación de H-P.

Para obtener esta ecuación realizaremos la integración del flujo volumétrico sobre el área total de flujo de un tubo de sección circular (Figura 9-8). El régimen de flujo en el tubo es laminar y el sistema se encuentra en estado estable. Cualquier flujo volumétrico se puede determinar con

Flujo volumétrico = (Area de flujo) (Velocidad) $[=]$ m^2 (m/s) $[=]$ m^3/s

$$\textbf{(9-39)}$$

En flujo laminar las capas moleculares tendrán velocidades diferentes por lo que el flujo volumétrico total dentro del tubo requiere de una velocidad promedio y

Velocidad promedio del fluido dentro del tubo

$$\dot{V} = A_F \; \mathcal{v} \quad [=] \frac{m^2}{1} \left| \frac{m}{s} \right. [=] \frac{m^3}{s} \tag{9-40}$$

Area total de flujo del tubo

Flujo volumétrico total

Un anillo de espesor diferencial dr (Figura 9-8) tendrá el área de flujo siguiente

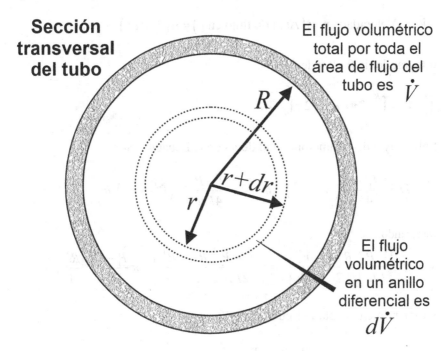

Sección transversal del tubo

El flujo volumétrico total por toda el área de flujo del tubo es $\dot{V}$

R

$r+dr$

r

El flujo volumétrico en un anillo diferencial es $d\dot{V}$

Figura 9-8. Integración del flujo sobre anillos diferenciales.

$$dA_F = A_{F(r+dr)} - A_{F(r)} = \pi(r+dr)^2 - \pi r^2 =$$

$$= \pi r^2 + 2\pi r(dr) + \pi(dr)^2 - \pi r^2 = 2\pi r(dr) + \pi(dr)^2$$

pero $(dr)^2$ es más pequeña todavía que dr, por lo que se puede ignorar y

$$dA_F = 2\pi r \ dr$$

pero $(dr)^2$ es más pequeña todavía que dr, por lo que se puede ignorar y

$$dA_F = 2\pi r \ dr$$

El flujo volumétrico que pasa por ese anillo es un flujo volumétrico diferencial dado por (Ecuación 9-39)

$$d\dot{V} = (\text{Velocidad en } r)(\text{Area de flujo en } r) = u(2\pi r \ dr)$$

Integrando de 0 aR y de 0 a $\dot{V}$

$$\int_0^{\dot{V}} d\dot{V} = \int_0^R u 2\pi r \ dr = 2\pi \int_0^R ur \ dr$$

Substituyendo la funcionalidad de u con r, Ecuación 8-8

$$\dot{V} = 2\pi \int_0^R \frac{P_1 - P_2}{4L\mu}\left(R^2 - r^2\right)r \ dr = 2\pi \frac{P_1 - P_2}{4L\mu} \int_0^R \left(R^2 r - r^3\right)dr$$

Integrando,

$$\dot{V} = \pi \frac{P_1 - P_2}{2L\mu}\left[\frac{R^2 r^2}{2} - \frac{r^4}{4}\right]_0^R = \pi \frac{P_1 - P_2}{2L\mu}\left[\frac{R^4}{2} - \frac{R^4}{4}\right] = \pi \frac{P_1 - P_2}{2L\mu}\left[\frac{R^4}{4}\right]$$

y tomando en cuenta la Ecuación 9-40,

$$\dot{V} = A_F v = \pi R^2 v = \pi \frac{P_1 - P_2}{2L\mu}\left[\frac{R^4}{4}\right]$$

y

230

$$v = \frac{\left(P_1 - P_2\right)R^2}{8L\mu} = \frac{\left(P_1 - P_2\right)d^2}{32L\mu} \qquad (9\text{-}41)$$

o

$$P_1 - P_2 = \frac{32\mu L v}{d^2} \qquad (9\text{-}42)$$

Ejemplo 9-4.

Con el fin de determinar su viscosidad un fluido newtoniano se hace pasar a través de un tubo de 0.5 cm de diámetro interno. Las presiones medidas en dos puntos separados por 1m de distancia son de 1.94 y 1.11 atm abs. El flujo medido del líquido fue de 0.15 l/min y su densidad 860 kg/m³ ¿cuál es su viscosidad?

Solución.

Se hace uso de la ecuación de Hagen-Poiseuille

$$\mu = \frac{-\Delta P\, d^2}{32 L v} = \frac{\left(1.94 - 1.11\right)\ \text{atm}}{1} \left|\frac{\left(0.005\right)^2\ \text{m}^2}{1}\right| \frac{1}{32 \times 1\ \text{m}} \left|\frac{\text{s}}{0.1273\ \text{m}}\right| \frac{1.01325 \times 10^5}{1\ \text{atm}} =$$

$$= 0.516\ \text{Pa.s}$$

Ahora debe verificarse que el flujo sea laminar,

$$A_F = \frac{\pi}{4} d^2 = \frac{\pi}{4}\left(0.005\ \text{m}\right)^2 = 1.9635\ \text{m}^2$$

$$v = \frac{\dot{V}}{A_F} = \frac{0.15 \times 10^{-3}\ \text{m}^3}{\text{min}} \left|\frac{1\ \text{min}}{60\ \text{s}}\right| \frac{1}{1.9635\ \text{m}^2} = 0.1273\ \text{m/s}$$

$$\text{Re}_d = \frac{\rho d v}{\mu} = \frac{860\ \text{kg}}{\text{m}^3} \left|\frac{0.005\ \text{m}}{1}\right| \frac{0.1273\ \text{m}}{\text{s}} \left|\frac{\text{m.s}}{0.516\ \text{kg}}\right| = 1.06 < 2100 \Rightarrow \text{Flujo laminar}$$

Ejemplo 9-5.

Fluye agua en régimen laminar a través de un tubo de 50 mm de diámetro interno a razón de 2.6 l/min. Determine la pérdida de presión y la pérdida de energía en un tramo recto de 58 m de longitud.

Solución.

Primero se verifica que el régimen sea laminar,

$$A_F = \frac{\pi}{4} d^2 = \frac{\pi}{4}(0.05 \text{ m})^2 = 1.96 \times 10^{-3} \text{ m}^2$$

$$\upsilon = \frac{\dot{V}}{A_F} = \frac{0.0026 \text{ m}^3}{\text{min}} \left| \frac{1 \text{ min}}{60 \text{ s}} \right| \frac{1}{1.96 \times 10^{-3} \text{ m}^2} = 0.0221 \text{ m/s}$$

$$Re_d = \frac{\rho d \upsilon}{\mu} = \frac{1000 \text{ kg}}{\text{m}^3} \left| \frac{0.05 \text{ m}}{1} \right| \frac{0.0221 \text{ m}}{\text{s}} \left| \frac{\text{m.s}}{0.001 \text{ kg}} \right. = 1105 < 2100 \Rightarrow \text{Flujo laminar}$$

la pérdida de presión se calcula así,

$$-\Delta P = \frac{32 \mu L \upsilon}{d^2} = \frac{32}{1} \left| \frac{0.001 \text{ kg}}{\text{s m}} \right| \frac{58 \text{ m}}{1} \left| \frac{0.0221 \text{ m}}{\text{s}} \right| \frac{1}{(0.05)^2 \text{ m}^2} = 16.41 \text{ N/m}^2$$

y las pérdidas de energía por fricción,

$$\frac{-\Delta P}{\rho} = \frac{16.41 \text{ N}}{\text{m}^2} \left| \frac{\text{m}^3}{1000 \text{ kg}} \right. = 0.0164 \quad \text{J/kg}$$

9.4.2 Relación de la ecuación de H–P con la Ley de Newton.

Se recordará que la Ley de Newton es válida sólo en flujo laminar y que lo mismo ocurre con la Ecuación de Hagen – Poiseuille. Por tanto, es natural pensar que puede haber una relación entre ambas expresiones matemáticas. Reacomodando la Ecuación de Hagen – Poiseuille de la siguiente manera

$$P_1 - P_2 = \frac{8 \times 4 \mu L \upsilon}{d^2}$$

$$\frac{(P_1 - P_2)d}{4L} = \mu\left(\frac{8\upsilon}{d}\right) \tag{9-43}$$

De acuerdo con la Ecuación 8-4 el miembro izquierdo de la ecuación anterior es igual al esfuerzo de corte en la pared del tubo de sección cilíndrica, por tanto

$$\tau_p = \mu\left(\frac{8\upsilon}{d}\right) \tag{9-44}$$

que comparada con la Ley de Newton

$$\tau_p = \mu\left(\frac{du}{dr}\right)_p \tag{9-45}$$

nos lleva a afirmar que la Ecuación de Hagen – Poiseuille y la Ley de Newton son equivalentes para el flujo laminar de un fluido newtoniano dentro de un tubo de sección circular y

$$\left(\frac{du}{dr}\right)_p = \left(\frac{8\upsilon}{d}\right) \tag{9-46}$$

además,

$$\tau_p = \frac{(P_1 - P_2)d}{4L} \tag{9-47}$$

9.4.3 Comparación de la ecuación de H-P con la ecuación básica general para las transferencias.

La Ecuación de Hagen – Poiseuille relaciona las variables involucradas en los procesos de transporte de fluidos newtonianos en régimen laminar. Estas variables son las propiedades del fluido (μ y ρ), las dimensiones del tubo (L y d_i) y las características del flujo (υ y ΔP). Esta ecuación permite el cálculo de una de esas variables si se cuenta con las otras. Pero además, la Ecuación de Hagen – Poiseuille se puede relacionar con la ecuación básica para las transferencias para encontrar algunos significados adicionales por demás interesantes. La velocidad lineal promedio a la que se mueve el fluido nos puede dar un indicio de la rapidez con la que transporta el fluido, por tanto, la Ecuación 9-41 se puede escribir

$$v = \frac{d^2(P_1 - P_2)}{32\mu L} = \frac{1}{8\mu}\left(\frac{1}{4}d^2\right)\frac{-\Delta P}{L} \qquad (9\text{-}48)$$

Término proporcional al área de flujo

Fuerza impulsora

Facilidad que ofrece el sistema al transporte del fluido

Longitud del recorrido

o

$$v = \frac{1}{8\mu\pi}\left(\frac{\pi}{4}d^2\right)\frac{-\Delta P}{L} = \frac{1}{8\mu\pi}A_F\frac{-\Delta P}{L}$$

Con este reacomodo se identifica que la fuerza impulsora necesaria para transportar un fluido es una diferencia de presiones entre los puntos considerados. Esta diferencia de presiones refleja en realidad una diferencia de fuerzas mecánicas, es decir, el potencial necesario para el traslado de un fluido de un lugar a otro es de origen mecánico. Esa ΔP la genera una bomba que es un dispositivo que también es mecánico. (El lector no debe confundirse con la transferencia de masa, en flujo de fluidos la ΔP no representa una diferencia de concentraciones). Por otro lado, se aprecia que a mayor viscosidad, mayor resistencia o menor facilidad para el transporte del fluido.

Si ahora multiplicamos la Ecuación 9-41 por el área de flujo y la densidad del fluido

$$\mathcal{v}A_F\rho = \frac{d^2\left(P_1 - P_2\right)}{32\mu L}A_F\rho$$

pero

$$\mathcal{v}A_F\rho[=]\frac{m}{s}\left|\frac{m^2}{1}\right|\frac{kg}{m^3}[=]\frac{kg}{s}[=]\dot{m}$$

y

Flujo masa o velocidad a la que se mueve la masa del fluido que se transporta

$$\dot{m} = \frac{d^2\rho}{32\mu}A_F\frac{-\Delta P}{L} \qquad (9\text{-}49)$$

a la que puede aplicársele un análisis comparativo con la ecuaciones general para las transferencias.

La conclusión de esta sección resulta por demás obvia. La ecuación de Hagen – Poiseuille se ajusta bien a la forma general para las transferencias. Además, la velocidad a la que se traslada un fluido es directamente proporcional al ΔP, lo que coincide con lo dicho en la sección 6.2.2 respecto a la gráfica de ΔP (Δz) en función de la velocidad del fluido (Figura 6-9).

9.4.4 Modificaciones a la ecuación de H-P y el factor de fricción.

La ecuación de Hagen – Poiseuille puede modificarse de tal manera que posteriormente pueda extenderse su aplicación al régimen turbulento así como a accesorios y válvulas. Para ello reescribiremos la Ecuación 9-42 así, .

$$P_1 - P_2 = \frac{\left(2\times 16\right)\mu L\mathcal{v}}{d^2}$$

multiplicando por el número de Reynolds $Re = \rho d\mathcal{v}/\mu$,

$$\left(P_1 - P_2\right)Re = \frac{\left(2\times 16\right)\mu L\mathcal{v}}{d^2}\frac{\rho d_i\mathcal{v}}{\mu} = \left(2\times 16\right)\frac{L}{d_i}\rho\mathcal{v}^2$$

reacomodando la expresión anterior podemos obtener una ecuación para el cálculo de las perdidas de energía por fricción por unidad de masa transportada,

$$\frac{-\Delta P}{\rho} = 2\left(\frac{16}{Re}\right)\left(\frac{L}{d}\right)v^2 [=] \frac{N}{m^2}\left|\frac{m^3}{kg}\right. [=] \frac{J}{kg} \tag{9-50}$$

si $f = 16/Re$ se obtiene una ecuación extremadamente útil

Pérdida de energía
por fricción

$$\overbrace{\frac{-\Delta P}{\rho}} = 4f\left(\frac{L}{d}\right)\left(\frac{v^2}{2}\right) \tag{9-51}$$

Longitud equivalente

Factor de fricción de Fanning

o

$$\frac{-\Delta P}{\rho} = f_d\left(\frac{L}{d}\right)\left(\frac{v^2}{2}\right) \tag{9-52}$$

Factor de fricción de Darcy

y $f_d = 4f$ \hfill (9-53)

El significado de f se obtiene despejándolo de la Ecuación 9-51

Esfuerzo de corte en la pared del tubo

$$f = \frac{\dfrac{d_i(-\Delta P)}{4L}}{\rho\left(\dfrac{v^2}{2}\right)} = \frac{\tau_p}{\rho\left(\dfrac{v^2}{2}\right)} \tag{9-54}$$

Esfuerzo de corte adimensional

Energía cinética por unidad de volumen de fluido transportado

Note que

$$\rho \frac{v^2}{2} [=] \frac{kg}{m^3} \left| \frac{m^2}{s^2} [=] \frac{kg\frac{m}{s^2}}{m^3} m [=] \frac{N}{m^2} [=] \frac{J}{m^3} \right.$$

o

$$f = \frac{-\Delta P}{4\left(\dfrac{L}{d_i}\right)\rho\left(\dfrac{v^2}{2}\right)} \left. \right\} \quad \text{Caída adimensional de presión} \qquad \textbf{(9-55)}$$

y

$$\left(\frac{L}{d_i}\right)\rho\left(\frac{v^2}{2}\right) [=] \frac{m}{m}\left|\frac{kg}{m^3}\right|\frac{m^2}{s^2} [=] \frac{N}{m^2}$$

La expresión 9-51 se puede escribir completa incluyendo g_c obteniendo

$$\frac{-\Delta P}{\rho} = 4f\left(\frac{L}{d}\right)\left(\frac{v^2}{2g_c}\right) \qquad \textbf{(9-56)}$$

Multiplicando por g_c/g se obtiene una expresión para determinar la pérdida de carga

Carga de velocidad

$$\underbrace{\frac{g_c}{g}\frac{-\Delta P}{\rho}}_{} = 4f\left(\frac{L}{d}\right)\left(\overbrace{\frac{v^2}{2g}}\right) \qquad \textbf{(9-57)}$$

Pérdida de carga por
fricción.

Debemos insistir que las expresiones 9-51 y 9-57 son modificaciones de la Ecuación de H-P y estrictamente hablando se aplican sólo al flujo laminar en tubería recta. Sin embargo, al expresar las pérdidas de presión por fricción así, nos dará algunas ventajas que permitirán extender la aplicación de dichas ecuaciones, como se verá en la sección siguiente.

9.5 Aplicación de la ecuación de H-P modificada al flujo turbulento en tubos.

Como se verá a continuación las Ecuaciones 9-51 y 9-57 se pueden aplicar al flujo en tubería recta a cualquier régimen (laminar, transición o turbulento), siempre que seamos capaces de determinar el factor de fricción correspondiente al tipo de flujo presente. Además, la misma ecuación será útil para el cálculo de las pérdidas de energía por fricción debida a accesorios y válvulas, como se ilustra más adelante. La gran ventaja es que la misma ecuación nos sirve para todos los regímenes de flujo, para tubería recta, válvulas y accesorios.

9.5.1 Factor de fricción para el flujo turbulento.

La única forma de determinar el factor de fricción para el flujo turbulento es la vía empírica. Ud. puede experimentar con varios tubos (diferentes L y d_i), con varios flujos (diferentes velocidades) y varios fluidos (distintas ρ), medir directamente la ΔP para cada caso, substituir en la Ecuación 9–51 o 9-57 y calcular f.

La Figura 9-9 muestra el muy conocido diagrama de Moody. Este se construyó con base en datos experimentales y relaciona gráficamente el factor de fricción de Fanning con el Número de Reynolds. En él se observa que cuando el $Re< 2100$ (laminar) f cae linealmente con el Re (la gráfica es logarítmica) y $f = 16/Re$. Independientemente del material y el acabado del tubo usado todos los valores del factor de fricción en flujo laminar se ubican en la misma recta. Cuando el $Re> 4000$ (turbulento), se tienen varias curvas que se distinguen por la aspereza relativa o rugosidad relativa del tubo utilizado. Esta aspereza relativa tiene un efecto importante en el factor de fricción cuando el flujo es turbulento y es una propiedad que depende del material y del acabado del tubo. La aspereza absoluta, comúnmente denotada con ε, es la altura promedio de las imperfecciones que posee la superficie interna del tubo (Figura 9-10). La aspereza relativa es el cociente de la aspereza absoluta y el diámetro interno del tubo, es decir, ε/d. El diagrama de Moody indica claramente que, en flujo turbulento, cuanto más áspera es la superficie del tubo el factor de fricción tiene una magnitud mayor. A aspereza constante, f disminuye ligeramente con el Re, pero se hace prácticamente constante a Re muy grandes.

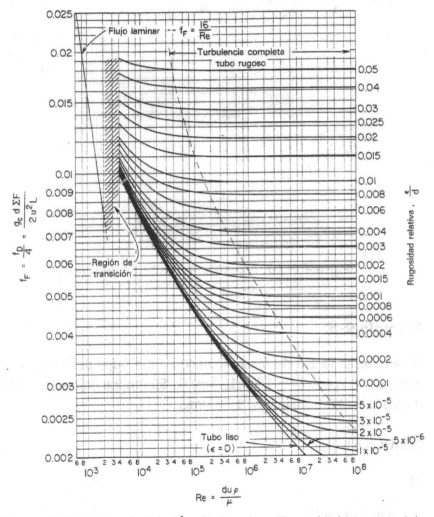

Figura 9-9. Factor de Fricción de Fanning. Tomado de Levenspiel, O, *Flujo de Fluidos e Intercambio de Calor*, Barcelona, México. Editorial Reverté S. A., 1998.

En la actualidad hay ecuaciones, basadas también en los datos experimentales de Moody, que permiten el cálculo de f en la región turbulenta. Un ejemplo de ellas es la Ecuación de Shacham, Olujic (1981), ecuación 9-58

$$f_d = \left\{-2\log\left[\frac{\varepsilon/d}{3.7} - \frac{5.02}{Re_d}\log\left(\frac{\varepsilon/d}{3.7} + \frac{14.7}{Re_d}\right)\right]\right\}^{-2}$$ (9-58)

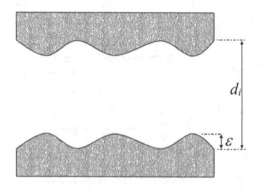

Figura 9-10. Aspereza absoluta de un tubo.

Ejemplo 9-6.

Determine al factor de fricción cuando agua fluye por un tubo de acero galvanizado ($\cdot$ = 1.52x10^{-4} m) de 50 mm de diámetro interno a razón de a) 3.0 l/min y b) 15.0 l/min.

Solución.

a)

$$v = \frac{0.05\times10^{-3}\ \text{m}^3}{\text{s}}\bigg|\frac{}{1.96\times10^{-3}\ \text{m}^2} = 0.0255\ \text{m/s}$$

$$Re = \frac{\rho d \vartheta}{\mu} = \frac{1000 \text{ kg}}{\text{m}^3} \left| \frac{0.05 \text{ m}}{} \right| \frac{0.0255 \text{ m}}{\text{s}} \left| \frac{\text{s}}{} \frac{\text{m}}{0.001 \text{ kg}} = 1275 \Rightarrow \text{ F. laminar}$$

$f = 16/Re = 16/1275 = 0.0125$

b) Del mismo modo para este segundo inciso,

$Re = 6350 \Rightarrow$ F. turbulento y $\varepsilon/d_i = 0.00305$

Con la ecuación de Shacham,

$$f_d = \left\{ -2\log\left[\frac{\varepsilon/d}{3.7} - \frac{5.02}{Re_d}\log\left(\frac{\varepsilon/d}{3.7} + \frac{14.7}{Re_d} \right) \right] \right\}^{-2} =$$

$$= \left\{ -2\log\left[\frac{0.00305}{3.7} - \frac{5.02}{6350}\log\left(\frac{0.00305}{3.7} + \frac{14.7}{6350} \right) \right] \right\}^{-2}$$

$$= 0.0384$$

y $f = f_d/4 = 0.0096$

del diagrama de Moody, interpolando con $Re = 6350$ y $\cdot/d_i = 0.00305$

$f = 0.0098$

9.5.2 Comparación de la ecuación modificada de H-P con la ecuación básica general para las transferencias.

Despejando la velocidad de la Ecuación 9-51

$$v = \left(\frac{d}{2f\rho}\right)^{\frac{1}{2}} \left(\frac{-\Delta P}{L}\right)^{\frac{1}{2}}$$

lo que indica que

$$v \propto -\left(\Delta P\right)^{\frac{1}{2}}$$

o

$$-\Delta P \propto v^2$$

que coincide con la sección 6.2.2, Figura 7-9, para el flujo turbulento.

Multiplicando ahora por $A_F\rho$

$$v A_F \rho = \left(\frac{d}{2f\rho}\right)^{\frac{1}{2}} \left(\frac{-\Delta P}{L}\right)^{\frac{1}{2}} A_F \rho$$

$$\dot{m} = \left(\frac{d\rho}{2f}\right)^{\frac{1}{2}} A_F \left(\frac{-\Delta P}{L}\right)^{\frac{1}{2}} \qquad\qquad (9\text{-}59)$$

y el flujo masa es función directa de la raíz cuadrada de la caída de presión por fricción o,

$$\dot{m} \propto \left(-\Delta P\right)^{\frac{1}{2}}$$

Por tanto, la Ecuación modificada de H-P se ajusta también a la ecuación general para las transferencias aunque la relación lineal se pierde.

Si en la Ecuación 9-59 se substituye la equivalencia $f = 16/Re$, para el flujo laminar, esta expresión se reduce a la de H-P, en la forma de la Ecuación 9-50 o 9-51.

242

9.6 Factor de fricción para otros sistemas de flujo.

Los sistemas de flujo son muy variados. El más conocido es el descrito, formado por tanques, tubería y bombas. Hay otros sistemas de flujo que ocurren con frecuencia en la ingeniería de procesos. La sección transversal de la tubería puede ser de otra geometría, por ejemplo, cuadrangular, rectangular o anular. El fluido puede atravesar un lecho empacado o realizarse a través de cuerpos sumergidos. En todos los casos hay perdidas de energía por fricción que requieren evaluarse. Para los fines de este libro será suficiente mostrar que el factor de fricción, con algunas variaciones, tiene aplicación en todos los sistemas de flujo.

9.6.1 Extensión a conductos rectangulares.

Cuando sólo cambia la forma de la sección transversal del conducto se utiliza el concepto de diámetro equivalente. Este se define así,

Diámetro equivalente

$$D_E = 4r_H \qquad\qquad (9\text{-}60)$$

Radio hidráulico

y

$$r_H = \frac{\text{Area de flujo}}{\text{Perímetro mojado}} \qquad \text{De la sección de flujo no circular} \qquad (9\text{-}61)$$

El diámetro equivalente es aquel diámetro de tubería de sección circular que provoca la misma caída de presión que un tubo de sección diferente de la misma longitud. Esto quiere decir que el diámetro equivalente de un tubo de sección circular es su propio diámetro. Esto se demuestra fácilmente,

$$r_H = \frac{\pi R^2}{\pi 2R} = \frac{R}{2}$$ ⟵ Radio interno de la tubería

y

$$D_E = 4\left(\frac{R}{2}\right) = 2R = d_i$$

De esta forma se puede usar el Diagrama de Moody o la Ecuación de Shacham como si el conducto fuera de sección circular.

Ejemplo. 9-7.

Determine la pérdida de presión y la pérdida de energía para las condiciones del Ejemplo 9-6 si el conducto tiene una sección transversal rectangular de 10 cm x 5 cm.

Solución.

Se calcula el diámetro equivalente y de este modo se trata el tubo como si fuera de sección circular.

$$D_E = 4r_H = 4\frac{\text{Area de flujo}}{\text{Perímetro mojado}} = 4\frac{(10\times 5)\ \text{cm}^2}{(20+10)\ \text{cm}} = 6.66\ \text{cm}$$

$$A_F = \frac{\pi}{4}D_E^2 = \frac{\pi}{4}\left|\frac{(0.0666)^2\ \text{m}^2}{}\right. = 0.00348\ \text{m}^2$$

$$v = \frac{\dot{V}}{A_F} = \frac{0.0026\ \text{m}^3}{\text{min}}\left|\frac{1\ \text{min}}{60\ \text{s}}\right|\frac{}{0.00348\ \text{m}^2} = 0.0124\ \text{m/s}$$

$$Re = \frac{\rho D_E v}{\mu} = \frac{1000\ \text{kg}}{\text{m}^3}\left|\frac{0.0666\ \text{m}}{}\right|\frac{0.0124\ \text{m}}{\text{s}}\left|\frac{\text{m s}}{0.001\ \text{kg}}\right| = 826 < 2100 \Rightarrow \text{F. laminar}$$

$$\Delta P = \frac{32L\mu\upsilon}{D_E^2} = \frac{32}{}\left|\frac{58 \text{ m}}{}\right|\frac{0.001 \text{ kg}}{\text{m s}}\left|\frac{0.0124 \text{ m}}{\text{s}}\right|\frac{1}{(0.0666)^2 \text{ m}^2} = 5.2 \text{ Pa}$$

$$\frac{\Delta P}{\rho} = \frac{5.2 \text{ N}}{\text{m}^2}\left|\frac{\text{m}^3}{1000 \text{ kg}}\right| = 0.0052 \quad \text{J/kg}$$

9.6.2 Extensión al flujo a través de lechos empacados.

Un lecho empacado se forma cuando se acumula un número grande de partículas relativamente pequeñas en un espacio o recipiente determinado. El flujo a través de lechos empacados se puede presentar en operaciones como la filtración y el secado. La Figura 9-11 muestra un diagrama del factor de fricción, para este sistema, en función del Re. Para este caso el factor de fricción y el Re se definen así,

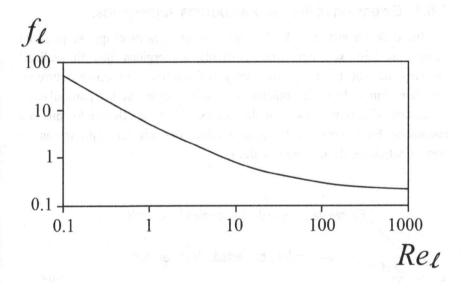

Figura 9-11. Factor de fricción y Re para flujo en lechos empacados.

$$f_\ell = \frac{(\tau_s)_\ell}{\rho\upsilon_\ell^2}$$

Esfuerzo de corte sobre la superficie de las partículas del lecho

(9-62)

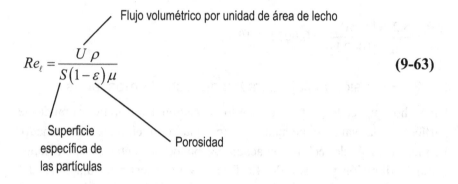

$$Re_\ell = \frac{U\,\rho}{S(1-\varepsilon)\mu} \qquad (9\text{-}63)$$

Flujo volumétrico por unidad de área de lecho

Superficie específica de las partículas

Porosidad

9.6.3 Extensión al flujo sobre cuerpos sumergidos.

El último de los sistemas de flujo que nos interesa es el que se presenta cuando un fluido se mueve sobre partículas sumergidas fijas. En realidad las partículas son las que se mueven y el fluido esta fijo, como ocurre en las operaciones de sedimentación y centrifugación. Si las partículas se consideran fijas o móviles, el análisis de estos sistemas lleva a los mismos resultados. En este caso se define un coeficiente equivalente que se conoce como coeficiente de arrastre y se define

$$C_D = \frac{\dfrac{F_D}{A_P}}{\rho\left(\dfrac{v^2}{2}\right)} \qquad (9\text{-}64)$$

Fuerza de arrastre del fluido sobre la partícula

Area proyectada de la partícula

y el Reynolds

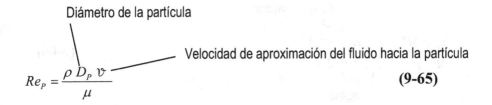

Diámetro de la partícula

Velocidad de aproximación del fluido hacia la partícula

$$Re_P = \frac{\rho\, D_P\, \upsilon}{\mu} \qquad\qquad (9\text{-}65)$$

La gráfica del coeficiente de arrastre en función del Re se muestra en la Figura 9-12.

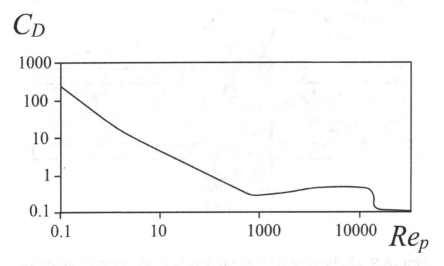

Figura 9-12. Coeficientes de arrastre en función del Re.

9.7 Aplicación de la ecuación de H-P modificada a válvulas y accesorios.

Los sistemas de transporte de fluidos contienen también codos, reducciones y válvulas de diversos tipos como válvulas de compuerta, de globo, de bola, de diafragma o de mariposa. Cada uno de estos componentes provoca una pérdida por fricción diferente a la de la tubería recta, como se indica en la Figura 9-13.

$$\frac{g_c}{g}\frac{-\Delta P}{\rho} = 4f\left(\frac{L}{d}\right)\left(\frac{v^2}{2g}\right)$$

Carga de velocidad

Longitud equivalente

(9-66)

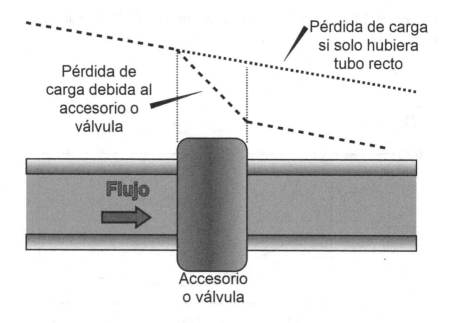

Pérdida de carga si solo hubiera tubo recto

Pérdida de carga debida al accesorio o válvula

Flujo

Accesorio o válvula

Figura 9-13. Pérdida de presión debida a accesorios y válvulas.

La ecuación 9-66 es muy útil para el cálculo de las perdidas de energía por fricción ocasionada por accesorios y válvulas. El procedimiento se basa en lo siguiente:

Experimentalmente se determina la longitud equivalente del accesorio. Esta es la longitud de tubería (del mismo diámetro que el accesorio) que provoca una caída de presión igual a la del accesorio. Se determina f de acuerdo al Re y a ε/d_i, se calcula la carga de velocidad y se substituyen en la Ecuación 9-66.

Un procedimiento alternativo es utilizar los coeficientes de pérdida de carga K. Este se define así

$$\frac{g_c}{g}\frac{-\Delta P}{\rho} = K\left(\frac{v^2}{2g}\right) \qquad (9\text{-}67)$$

$\diagdown$ Coeficiente de pérdida de carga

Las K se determinan también experimentalmente y normalmente se consideran independientes del diámetro, aunque esto no es del todo correcto. El lector habrá observado que

$$K = 4f\left(\frac{L}{d}\right) \qquad (9\text{-}68)$$

por lo que, a final de cuentas, estaríamos aplicando el mismo método.

Para el caso de las válvulas se usa el mismo procedimiento descrito pero las longitudes equivalentes y las K dependen además de la apertura de la válvula. Por tal razón las K y las L/d_i de válvulas deben incluir el grado de apertura. Normalmente los coeficientes de pérdida de carga y las longitudes equivalentes se reportan para válvulas completamente abiertas.

10 Equilibrio de fases

Para realizar un análisis comprensible de la transferencia de masa es conveniente recordar brevemente que es lo que ocurre cuando se ponen en contacto dos fases entre sí. En este capítulo revisaremos los aspectos relevantes del equilibrio que se presenta cuando se ponen dos fases en contacto. Para la transferencia de masa las relaciones de equilibrio existentes entre las fases juegan un papel importante en el proceso de migración de masa. Abordaremos los sistemas sólido-líquido, líquido-líquido, líquido-gas y sólido-gas (Figura 10-1). En los dos primeros la propiedad relevante es la solubilidad del componente que se transfiere en cada una de las fases, en los dos últimos sistemas la propiedad relevante es la presión de vapor además de la solubilidad. En la Figura 10-1 se muestran los tópicos importantes del capítulo. Se observa que para todos los sistemas se hará énfasis en las relaciones de equilibrio que fundamentalmente son, para todos los casos, expresiones gráficas o matemáticas que interrelacionan los datos de concentración del componente que se transfiere en una fase, con los datos de concentración en la otra fase. Esta información es de vital importancia en los procesos de transferencia de masa, como se observó en el Capítulo 3 y se verá en el Capítulo 13.

10.1 Equilibrio sólido – líquido.

10.1.1 Solubilidad.

La propiedad, de manejo sencillo, que permite la transferencia de masa de un cuerpo sólido a un líquido es la solubilidad. Esta propiedad indica la cantidad máxima de sólido que puede retener el líquido en su seno formando una fase homogénea. La solubilidad es función de las substancias involucradas y de la temperatura.

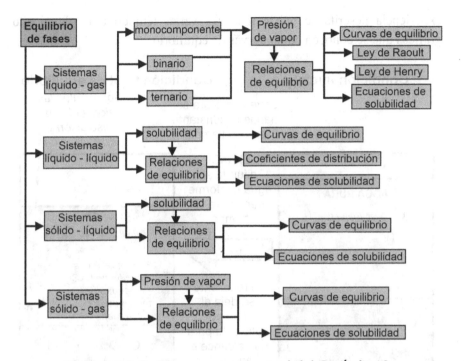

Figura 10-1. Diagrama conceptual del Capítulo 10.

10.1.2 Relaciones de equilibrio.

En la Figura 10-2 un sólido puro se pone en contacto con un líquido también puro que sea capaz de disolverlo, a temperatura constante. Es obvio que este sistema se encuentra muy lejos del equilibrio por lo que el sólido comenzará a disolverse. Conforme transcurre el tiempo la velocidad de disolución se reduce mientras que la velocidad de cristalización se incrementa. En el momento de llegar al equilibrio la velocidad final de disolución es igual a la velocidad final de cristalización (diferentes de cero) y el efecto neto es que ya no hay transferencia de masa del sólido a la fase líquida. Al final el sólido disuelto se distribuye uniformemente por todo el líquido y si la cantidad de sólido es lo suficientemente grande hay dos resultados significativos: (1) la interfase sólido - líquido no desaparece y (2) la concentración de equilibrio corresponde a la concentración máxima que el líquido puede soportar a la temperatura de trabajo, es decir, la concentración de saturación. En los sistemas sólido – líquido la experiencia descrita se puede repetir a varias temperaturas obteniendo gráficas que se conocen como curvas de equilibrio.

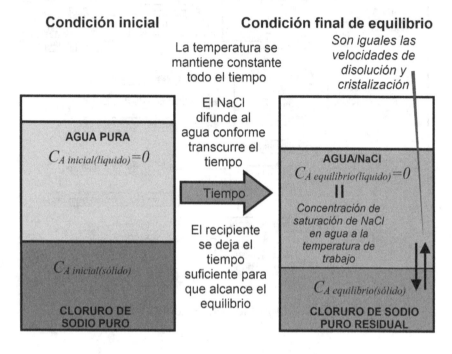

Figura 10-2. Un sólido soluble tiende al equilibrio.

En lugar de la gráfica se puede tener una ecuación que relacione la concentración y la temperatura y que represente fielmente la curva de equilibrio de la forma

$$Concentración = A + B\left(Temperatura\right)^{D} \qquad \textbf{(10-1)}$$

A, B y D son constantes empíricas.

10.2 Equilibrio líquido – gas.

10.2.1 Presión de vapor.

Cuando un líquido está en contacto con una fase gaseosa muchas de las moléculas que se encuentran en la superficie *libre* del líquido tienden a escapar hacia esa fase gaseosa ejerciendo cierta presión que se conoce como *presión de vapor;* generalmente denotada como P^0 cuando corresponde a líquidos puros. La presión de vapor la ejerce sólo la superficie libre del líquido y es función exclusiva de la temperatura. En la Figura 10-3 se ilustra este concepto con tres sistemas en equilibrio. Como la temperatura es la misma en los tres sistemas, la presión P^0 es igual en todos los casos, independientemente de la presión total.

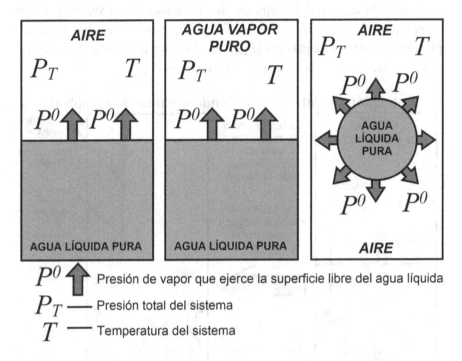

P^0 Presión de vapor que ejerce la superficie libre del agua líquida

P_T —— Presión total del sistema

T —— Temperatura del sistema

Figura 10-3. Presión de vapor de un líquido puro.

10.2.2 Sistemas monocomponentes.

Si un sistema, semejante a los mostrados en la Figura 10-3, se encuentra muy lejos del equilibrio y espontáneamente se dirige hacia él; la presión P^0 estará presente durante todo el trayecto. Si el proceso seguido es isotérmico, la presión de vapor se mantendrá constante durante todo el tiempo que dure el proceso. (Esta afirmación es estrictamente cierta si el proceso es de equilibrio). Por otro lado, P^0 existe aún cuando la fase gaseosa se substituya por una zona de vacío, como se verá enseguida.

Un líquido que se coloca en un recipiente hermético al vacío, sin llenarlo (Figura 10-4), se evaporará instantáneamente a cierta velocidad inicial. Con el tiempo la velocidad de evaporación se reduce mientras que la velocidad de condensación aumenta. Al llegar al equilibrio la velocidad final de evaporación es igual a la velocidad final de condensación (diferentes de cero) y el efecto neto es que ya no hay transferencia de masa del liquido al espacio del recipiente ahora ocupado por el vapor. También en el equilibrio la presión del vapor (P_{vapor}), que en este caso es igual a la presión total de la fase gaseosa (P_{Total}), será igual a la presión P^0 que ejerce la superficie líquida a la temperatura de trabajo.

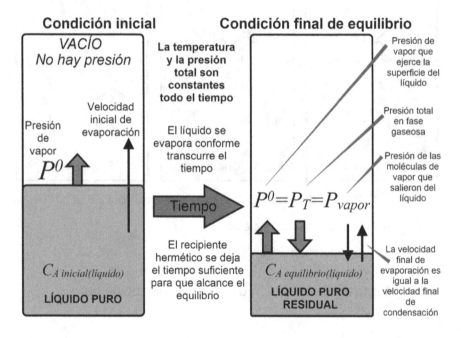

Figura 10-4. Un líquido puro en un recipiente al vacío tiende al equilibrio evaporándose.

Expliquemos este último punto con más detalle. La concentración de substancias puras se expresa en términos de concentración de masa, es decir, de densidad. En el caso que nos ocupa la temperatura del líquido es uniforme y como es no compresible su densidad es homogénea y constante. Lo anterior indica claramente que no existe fuerza impulsora y por tanto no hay transferencia de masa dentro del líquido. Ahora imagine que al principio la evaporación rápidamente forma una capa delgada llena de vapor en el espacio vacío apenas arriba de la superficie del líquido. La evaporación es tan rápida que de inmediato la presión del vapor en esa capa iguala a la presión de la superficie líquida ($P_{capa} = P^0$). Para un gas A, a temperatura constante su densidad sólo depende de la presión, por tanto ésta última es una medida de su concentración

$$\rho_A = \frac{m_A}{V} = \frac{n_A}{V} \mathcal{M}_A = \frac{\mathcal{M}_A}{\mathcal{R}T} P$$

Analizando el momento inicial en el espacio vacío se observa que la capa tiene una densidad indirectamente dada por $P_{capa} = P^0$ y que en el resto del espacio no hay moléculas por lo que la densidad es igual a cero ($P_{espacio} = 0$). Esta diferencia de concentraciones en la zona superior del recipiente origina la transferencia de masa de vapor de la capa hacia el resto de la región. En el equilibrio la concentración de vapor en todo el volumen que hay por arriba del líquido debe ser uniforme, es decir, su densidad debe ser homogénea; por tanto, la presión del vapor, en todos sus puntos, debe ser igual a la de la capa que a su vez es igual a la de la superficie ($P_{vapor} = P_{capa} = P^0$).

Considerando que el proceso antes descrito se lleva a temperatura constante la presión de vapor no variará con el tiempo, pero la velocidad de evaporación va disminuyendo debido a que la masa creciente de vapor, en el espacio originalmente vacío, provoca: (1) un incremento en la presión de la fase gaseosa, (2) un aumento de la barrera por colisión y (3) una disminución de la fuerza impulsora dentro de la fase vapor. Por otro lado, la masa creciente de vapor aumenta la velocidad de condensación debido al número creciente de moléculas de vapor cercanas a la interfase con el consecuente aumento del número de moléculas que tienden a condensar.

En un sistema monocomponente como el de agua líquida - agua vapor, cuando las fases están en equilibrio la presión de vapor P^0 es igual a la presión total del agua vapor. De acuerdo con la Figura 10-5, en el estado de equilibrio "1" que tiene una temperatura T_1, la presión de vapor será igual a $P^0_1 = P_1$ y en el estado de equilibrio "2" (a T_2) la presión de vapor será igual a $P^0_2 = P_2$. Por lo tanto, la conocida curva Presión de Saturación vs Temperatura de Saturación, del diagrama de fases líquido – gas para el agua pura, determina la relación de P^0 con la temperatura.

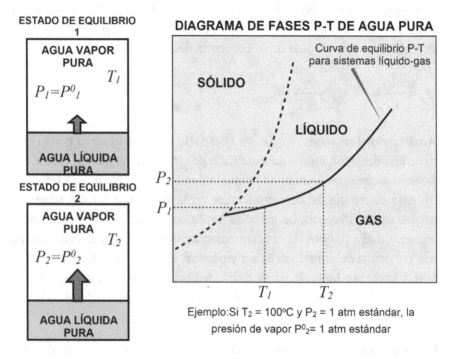

Figura 10-5. Curva de equilibrio para un sistema líquido – gas.

10.2.3 Sistemas binarios.

Una situación similar se presenta en los sistemas líquido – gas cuando ambas fases están constituidas por componente puros pero de substancias diferentes. Aquí se revisará el caso simplificado de sistemas en los que se presenta una transferencia de masa del líquido al gas (evaporación), pero no del gas al líquido ya sea porque el gas no es soluble o por que es incondensable en las condiciones de trabajo. En la Figura 10-6 se ilustra el caso con el sistema agua – aire seco (si este último se considera como un solo componente), en el que la temperatura y la presión son constantes. Al ponerse en contacto ambas fases fluidas se inicia la transferencia de agua hacia el aire seco y del aire hacia el agua, pero este último proceso se ignora por que el aire es incondensable (a presiones relativamente bajas) y su solubilidad en agua es prácticamente de cero. Con el tiempo el sistema alcanza el equilibrio y la transferencia neta de agua al aire se detiene. En el estado de equilibrio el vapor de agua se ha distribuido uniformemente en todo el volumen de aire y la velocidad de evaporación ha sido igualada por la velocidad de condensación; además la presión de vapor de la superficie de agua (P^0) es igual a la presión del agua vapor; que en este caso es la presión parcial $\hat{p}_v$ del agua vapor en la fase gaseosa aire – agua vapor. Si la masa de agua es muy grande, en el equilibrio se mantiene la interfase agua – aire y la cantidad de agua contenida en todo el aire es la máxima posible; en otras palabras, la concentración de equilibrio corresponde a la concentración de saturación de agua vapor en aire a la presión y temperatura de la determinación. En el caso de muchos procesos de interés que se trabajan a <u>presión total constante,</u> la concentración de saturación del agua vapor en fase gaseosa depende sólo de la temperatura. Esto se debe a que en el equilibrio la presión parcial del agua vapor (que corresponde a la concentración de saturación en fase gaseosa) es igual a la presión de vapor que ejerce la superficie del agua, y esta última es función de la temperatura. La relación gráfica que existe entre la concentración de saturación y la temperatura, a presión constante, se conoce como curva de equilibrio.

Recuérdese que si A es el agua vapor,

$$y_A = \frac{P_{agua\ vapor}}{P_{Total}} = \frac{P_A}{P_{TOT}}. \qquad\qquad (10\text{-}2)$$

Presión total del sistema

Fracción mol de A en el gas

y que en el equilibrio $P_{v\text{-}saturación} = P^0$, y esta última es función exclusiva de la temperatura; por tanto, $P_{v\text{-}saturación}$ (de equilibrio) depende sólo de la temperatura. Sin embargo, para dos sistemas con la misma temperatura pero diferente presión total, el cociente $P_{agua\ vapor}/P_{total}$, que es la fracción mol (concentración en fase gaseosa), cambia de valor; entonces la curva de equilibrio se *recorre* hacia arriba o hacia abajo según el caso.

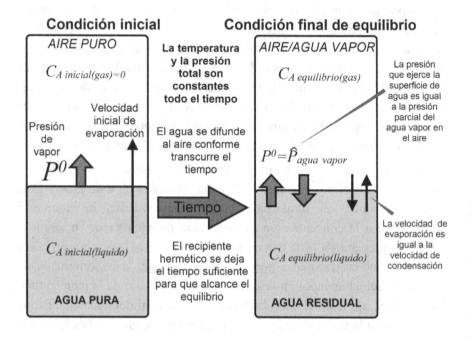

Figura 10-6. Equilibrio en un sistema líquido volátil – gas.

10.2.4 Sistemas ternarios.

Un caso parecido al descrito inmediatamente antes se presenta cuando se tienen tres substancias diferentes en el sistema en lugar de dos. Generalmente se considera que las substancias que forman los cuerpos principales de las fases no se transfieren. El tercer componente, el de menor proporción en ambas fases, es la única substancia que difunde. El ejemplo clásico de este tipo de sistemas está formado por agua, aire y amoniaco. Aunque en la realidad las tres substancias se transfieren, la difusión de aire hacia la fase líquida y del agua hacia la fase gaseosa son relativamente pequeñas y en la práctica se ignoran. Esta consideración en general ha resultado bastante apropiada ya que normalmente el proceso de interés y de mucha mayor magnitud es la transferencia de amoniaco. En la Figura 10-7 se ilustra un recipiente hermético donde se ponen en contacto una solución concentrada de amoniaco en agua y cierta cantidad de aire que puede ser seco o húmedo. La presión y la temperatura son constantes. En virtud de la volatilidad elevada del amoniaco (en realidad debido a una diferencia de potenciales químicos del amoniaco en ambas fases) se inicia un proceso de transferencia (de amoniaco) de la solución acuosa al aire. Este proceso de transferencia se puede dividir en tres partes: la transferencia de amoniaco del seno del agua hacia una capa líquida interfacial, la difusión a través de la interfase y la transferencia de amoniaco de una capa gaseosa interfacial hacia el seno del gas. Esta figura ilustra que la película adyacente a la interfase tiene una concentración menor a la del seno de la fase líquida, dando así origen a la fuerza impulsora en la solución acuosa. Del otro lado de la interfase, el amoniaco que llega forma una película adyacente a la interfase con una concentración mayor a la del seno del aire y establece una fuerza impulsora en la fase gaseosa. Con el tiempo la difusión en ambas fases tiende a igualar la concentración de amoniaco en cada una de ellas. Al finalizar el proceso, en el estado de equilibrio, la concentración de amoniaco es uniforme en cada fase, aunque no necesariamente del mismo valor. Estas concentraciones finales son las concentraciones de equilibrio de amoniaco en agua y en aire a la temperatura y presión de la determinación. En estos sistemas normalmente se supone que la resistencia a la difusión a través de la interfase es de cero. Bajo estas circunstancias se puede considerar que las concentraciones en las películas interfaciales (líquida y gaseosa) son iguales a las correspondientes de equilibrio manteniéndose constantes durante todo el proceso. En otras palabras, una resistencia de cero en la interfase hace que las películas intefaciales alcancen el equilibrio de inmediato. (Para mayor claridad ver Figura 14-3)

Repitiendo el proceso pero con diferentes concentraciones iniciales de amoniaco en agua, se puede obtener una gama muy completa de concentraciones de equilibrio de este sistema ternario a temperatura y presión constantes (curvas de equilibrio), como se muestra en la Figura 10-8.

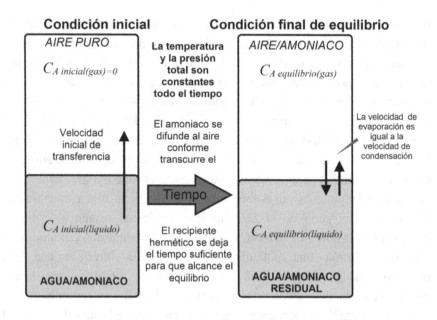

Figura 10-7. Equilibrio en un sistema ternario líquido – gas.

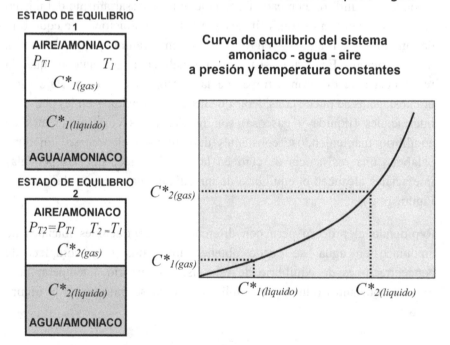

Figura 10-8. Curva de equilibrio para el sistema amoniáco-agua-aire.

Es importante resaltar que en los sistemas ternarios líquido – gas, el componente que se transfiere debe ser lo suficientemente soluble en el líquido para que tenga sentido la aplicación de este equilibrio.

10.2.5 Ley de Raoult.

Considere los sistemas de la Figura 10-9. Todos están a la misma temperatura. En los tres recipientes se ha hecho un vacío inicial total. Posteriormente se agrega los líquidos (suponga adición instantánea) y se deja que los vapores llenen los espacios superiores. En el sistema I se adicionó agua pura. En el sistema II se agregó una solución formada de agua más un compuesto no volátil. En el sistema III se colocó la misma solución que en II pero con una concentración mayor de soluto. Es fácil observar que $P^o > P_{v(II)} > P_{v(III)}$ es decir, la presión de vapor del agua pura es mayor que la presión de vapor de la solución II y esta a su vez es mayor que la presión de vapor de la solución III. Este efecto es la propiedad coligativa conocida como descenso de la presión de vapor. A temperatura constante, la presión de vapor que ejerce la superficie expuesta de una solución desciende, con respecto a la del disolvente puro, en proporción directa con la concentración del compuesto no volátil, es decir,

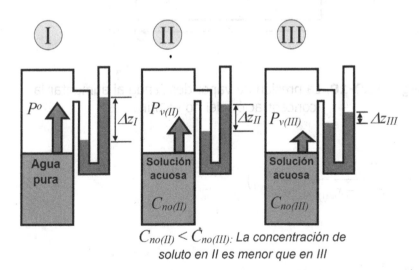

$C_{no(II)} < C_{no(III)}$: La concentración de
soluto en II es menor que en III

Figura 10-9. Descenso en la presión de vapor.

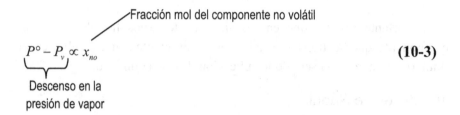

Fracción mol del componente no volátil

$$P^\circ - \underbrace{P_v}_{} \propto x_{no}$$

(10-3)

Descenso en la
presión de vapor

Si Ud. determinará la P_v en función de la fracción mol del no volátil para una solución ideal, obtendría la gráfica mostrada en la Figura 10-10. Cuando $x_{no(1)} = 0$, $P_{v(1)} = P^\circ$, cuando $x_{no(2)} = 1$, $P_{v(2)} = 0$. Estará de acuerdo en que la expresión matemática que describe dicha gráfica es una línea recta de la forma

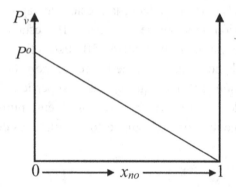

Figura 10-10. La presión de vapor desciende al aumentar la concentración del no volátil.

$$P_v = P^\circ - \frac{P_{v(2)} - P_{v(1)}}{x_{no(2)} - x_{no(1)}}\left(x_{no} - x_{no(1)}\right)$$

y

$$P_v = P^\circ - \frac{0 - P^\circ}{1 - 0}\left(x_{no} - 0\right)$$

262

o

$$P^\circ - P_v = P^\circ x_{no}$$
(10-4)

Por lo que la constante de proporcionalidad que convierte en igualdad la expresión 10-2 es la presión de vapor del disolvente puro. Si despejamos la presión de vapor de la solución,

$$P_v = P^\circ(1 - x_{no})$$

Pero en un sistema binario

$$x_{volátil} + x_{no\ volátil} = x_{vo} + x_{no} = 1$$
(10-5)

por tanto,

Ley de Raoult

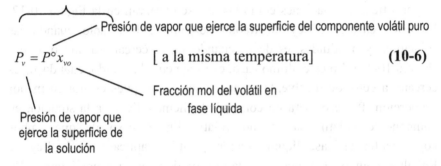

$$P_v = P^\circ x_{vo} \qquad [\text{ a la misma temperatura}]$$
(10-6)

La Ley de Raoult se muestra gráficamente en la Figura 10-11 y aplica sólo a soluciones ideales. Observe que todas las variables de esta ecuación pertenecen al componente volátil, la fracción mol es del volátil, P° es la presión de vapor del volátil puro y la presión de vapor de la solución P_v la ejerce a final de cuentas el compuesto volátil (el otro es no volátil).

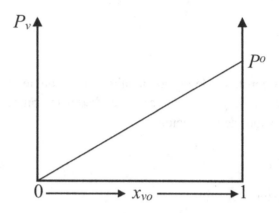

Figura 10-11. Expresión gráfica de la Ley de Raoult.

Muchas soluciones reales se aproximan al comportamiento ideal, pero la mayoría tiene desviaciones como las que se observan en la Figura 10-12. En estos casos, la Ley de Raoult se cumple bien sólo cuando las soluciones son diluidas, es decir, cuando x_{vo} es cercano a uno o a cero (Figura 10-12). En este último caso, estrictamente hablando, cuando x_{vo} es cercano a cero, de disolvente pasaría a ser soluto pues estaría en menor proporción. Por eso, para no confundirse, hemos dividido a la solución en componente volátil más el no volátil. En el caso de que ambos componentes en fase líquida fueran volátiles, aplicaremos la Ley de Raoult al componente que ejerce la presión de vapor que nos interese. En general nos interesará el componente A que se transfiere, por tanto la Ley de Raoult la podemos escribir

$$P_{v(A)} = P_A^o x_A$$

Ley de Henry.

Esta ley trata de describir las curvas de equilibrio líquido – gas para sistemas ternarios, como las mostradas en las Figuras 10-13. Supone una relación lineal que cumple con

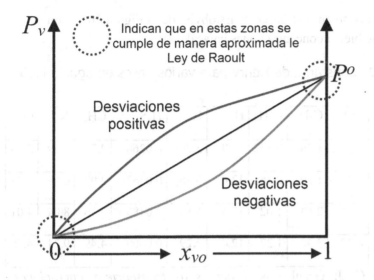

Figura 10-12. Desviaciones a la Ley de Raoult.

$$y_A^* = \frac{P_A}{P_{TOT}} = H\, x_A \qquad \text{[temperatura constante]} \qquad \textbf{(10-7)}$$

Constante de Henry

Fracción mol de A
en fase gaseosa

Fracción mol de A en
fase líquida

La constante de Henry se determina experimentalmente para varios sistemas. Ejemplos de ella se muestran en la Tabla 10-1 y en la Figura 10-13. Observe que ambas fracciones mol pertenecen al componente A que se distribuye en las dos fases. H es específica para A pero también para las otros componentes del sistema. Por ejemplo, H tendrá un valor para el sistema amoniaco – aire - agua, y otro para el sistema amoniaco – aire – etanol. La Ley de Henry relaciona la solubilidad o concentración, del componente de interés, en fase líquida con la concentración (presión parcial) del mismo en fase gaseosa. Es obvio, de la Figura 10-13, que esta ley se cumple bien a concentraciones bajas de A.

Tabla 10-1. Constante de Henry para varios gases en agua (Hx10-4).

^0C	CO_2	CO	C_2H_6	C_2H_4	He	H_2	H_2S	CH_4	N_2	O_2
0	0.0728	3.52	1.26	0.552	12.9	5.79	0.0268	2.24	5.29	2.55
10	0.104	4.42	1.89	0.768	12.6	6.36	0.0367	2.97	6.68	3.27
20	0.142	5.36	2.63	1.02	12.5	6.83	0.0483	3.76	8.04	4.01
30	0.186	6.20	3.42	1.27	12.4	7.29	0.0609	4.49	9.24	4.75

Adaptada de C. J: Geankoplis, *Procesos de transporte y operaciones unitarias*, 3ª. Ed. CECSA, México, 1998.

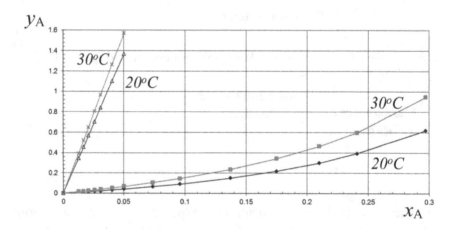

Figura 10-13. Curvas de equilibrio para el sistema amoniaco-agua-aire. La línea punteada indica la Ley de Henry.

10.3 Equilibrio sólido - gas.

Este equilibrio se describe de igual forma que los dos casos anteriores, sólo hay que cambiar las fases y en lugar de disolución o evaporación habrá una sublimación. Se considera que el único componente que difunde es el material sublimado. Por tanto, este caso es muy parecido al de la evaporación de agua en aire y el estudiante podrá describir este fenómeno de manera similar (incluyendo una presión de vapor, en este caso de la superficie sólida que estará dada por la curva sólido - gas del diagrama P-T de equilibrio de fases, Figura 10-14). Como consecuencia las curvas del equilibrio sólido – gas son semejantes a las del líquido – gas y se obtienen a presión y temperatura constante (Figura 10-14).

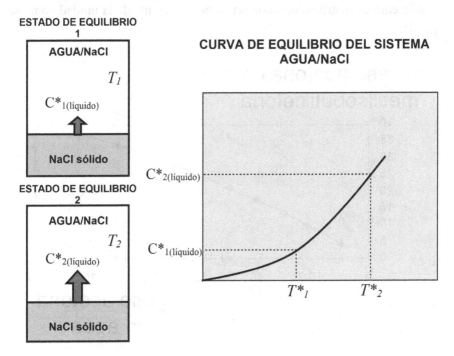

Figura 10-14. Curva de equilibrio sólido – líquido.

10.4 Equilibrio líquido-líquido.

Para que existan dos fases líquidas claramente definidas, las substancias involucradas deben ser insolubles entre sí. Un tercer componente, el que se transfiere, debe ser soluble en ambos líquidos pero generalmente en proporciones diferentes para que este equilibrio sea útil en la práctica. Las curvas de equilibrio son de la misma forma que los casos anteriores (Figura 10-15). Además, normalmente se hace uso de un coeficiente de distribución que simplemente es el cociente de las concentraciones de equilibrio del componente que se transfiere en ambas fases. Necesariamente este coeficiente depende de la temperatura. Si se quiere utilizar el equilibrio líquido – líquido para extracciones líquidas, el coeficiente de distribución debe ser lo más diferente de la unidad como se pueda.

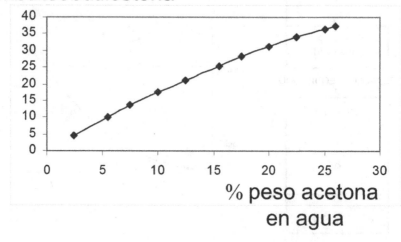

Figura 10-15. Curva de equilibrio líquido – líquido para el sistema acetona – agua –metil isobutilcetona.

Nota

El estudiante debe tener claro que en los sistemas analizados los procesos de transferencia de masa se detienen cuando los potenciales químicos del componente que difunde se igualan en ambas fases. En otras palabras, en el estado de equilibrio las concentraciones en cada fase son constantes, uniformes y casi siempre diferentes entre sí.

11 Introducción a la transferencia de calor y a la transferencia de masa en fluidos en movimiento

En las operaciones industriales la transferencia de calor y la transferencia de masa normalmente se llevan a cabo con la ayuda de uno o más fluidos en movimiento. Por eso es necesario revisar con cuidado los casos de transferencia simultánea de cantidad de movimiento y calor o masa. Dicha revisión consta de un análisis cualitativo y un análisis matemático que dan la pauta para establecer un procedimiento base de solución a problemas de este tipo. En este capítulo (Figura 11-1) se definirán los coeficientes convectivos y se estudiará la transferencia simultánea de momento calor y masa que nos llevarán a los conceptos de las capas límite de velocidades, de temperaturas y de concentraciones. Mediante balances de las propiedades que se transfieren se deducirán las ecuaciones diferenciales de cada capa límite, a cada ecuación se le dará una forma adimensional, se normalizarán identificando parámetros similares entre las capas, y finalmente aplicando un procedimiento intuitivo, pero riguroso, se establecerán las soluciones de esas ecuaciones diferenciales pero en la forma de funciones básicas generales. Estas últimas son el objetivo principal del presente capítulo y serán de gran aplicación para la resolución de problemas de ingeniería por ser sencillas y de utilidad general.

11.1 Transferencia simultánea de cantidad de movimiento y calor.

El calentamiento y enfriamiento de corrientes de proceso (materias primas, aditivos, productos intermedios o productos terminados) se realiza de una manera sencilla y conveniente si se usan fluidos que intercambian energía térmica entre ellos. Para calentar generalmente se utiliza vapor de agua y para enfriar a temperaturas ambientales se hace uso del agua. En general los fluidos que transfieren calor entre sí lo hacen a través de una pared metálica que los separa físicamente (como se indica esquemáticamente en la Figura 11-2), en equipos denominados genéricamente como intercambiadores de calor.

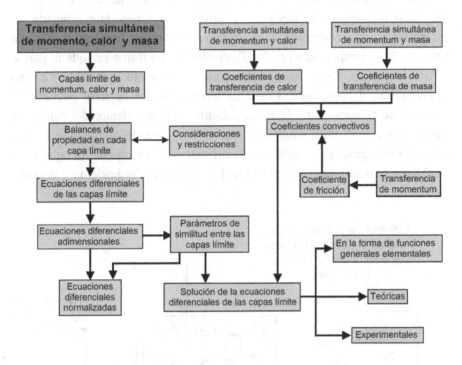

Figura 11-1. Diagrama conceptual del Capítulo 11.

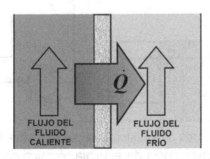

Figura 11-2. Transferencia de calor entre dos fluidos a través de una pared metálica.

Por esta razón es de interés del ingeniero bioquímico el estudiar la transferencia de calor entre una pared, generalmente metálica, y un fluido en movimiento. Para iniciar el análisis de este tipo de sistemas considérese el que se muestra en la Figura 11-3. El intercambiador de calor consiste de un tubo rectangular de tres paredes adiabáticas y una, la sombreada, es metálica y esta conectada a un sistema de calefacción que le permite mantener su temperatura igual a T_1 constante y uniforme en toda la pared. Por el equipo fluye agua en régimen turbulento que entra a una temperatura T_2 constante. Como el intercambiador es muy pequeño el tiempo de contacto entre la pared caliente y el agua dentro del equipo es muy breve y el flujo masa de agua es muy grande comparado con la energía que gana. Por eso, se puede afirmar que la temperatura en el seno del agua se mantiene constante e igual a T_2 en cualquier posición l dentro

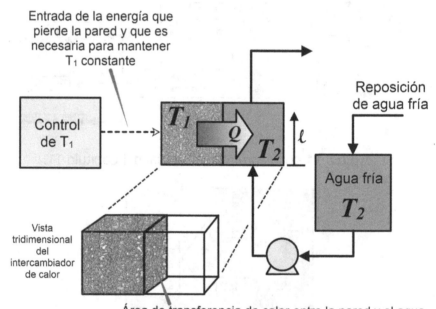

Figura 11-3. Transferencia de energía térmica entre una pared y un fluido dentro de un intercambiador de calor sencillo.

del intercambiador. Al ser turbulento el flujo dentro del calentador se forman las tres zonas ya conocidas: la subcapa laminar con un gradiente grande de velocidades, la zona turbulenta con un gradiente pequeño y la subcapa de transición con un gradiente cambiante. Se ha encontrado que el perfil de temperaturas sigue más o menos el mismo curso del perfil de velocidades (Figura 11-4), es decir, hay un gradiente grande de temperaturas en la subcapa laminar, un gradiente pequeño en el seno turbulento del fluido y un gradiente cambiante en la zona de transición.

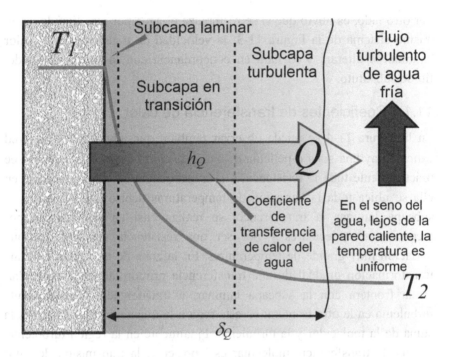

Figura 11-4. Perfil de temperaturas dentro de un fluido en contacto con una pared caliente.

Si el flujo de agua se incrementa se observa que la pared de intercambio de calor recibe más energía del control para mantener T_1 constante. Esto es evidencia de que a flujos más grandes la transferencia de calor se incrementa. Como T_1, T_2 y el área de transferencia A_Q son constantes, la velocidad de transmisión de energía térmica es función sólo de la resistencia a dicha transferencia que, como se observa, a su vez depende de las condiciones de flujo presentes en el intercambiador. Si el flujo existente fuera laminar la transferencia de calor se realizaría por mecanismos moleculares y la Ley de Fourier sería aplicable. Sin embargo, en muchos casos como el presente, es deseable tener altas velocidades de transferencia de calor, lo que se logra sólo en condiciones turbulentas de flujo. Para resolver la problemática que representa la transmisión de calor por mecanismos turbulentos se han definido los coeficientes de transferencia de calor; concepto que se detallará en la sección siguiente.

Por otro lado, es obvio que si se reemplaza el agua por otro líquido, en el mismo sistema de la Figura 11-3, la velocidad de transferencia de calor también se alterará y lo hará en concordancia con las propiedades del fluido substituto.

11.1.1 Coeficientes de transferencia de calor.

En la Figura 11-4 se puede observar también que adyacente a la pared caliente hay una zona o película de agua, de cierto espesor δ_Q, que posee prácticamente toda la resistencia a la transferencia de calor y por eso en ella se ubica toda la variación de temperaturas dentro del fluido. En la subcapa laminar la transferencia se realiza casi en su totalidad por mecanismos moleculares y por ser una resistencia alta provoca una variación muy grande de temperaturas. En la zona de transición hay una transformación gradual de una transferencia primordialmente molecular, en la frontera con la subcapa laminar, a transferencia principalmente turbulenta en la otra frontera; en esta región la transferencia de masa es la suma de la molecular y la turbulenta. Finalmente en la región turbulenta, aunque la transferencia molecular está presente, la transmisión de calor ocurre casi en su totalidad de manera turbulenta; los remolinos facilitan el mezclado y el gradiente resultante en esta zona es pequeño.

Haciendo una analogía con la Ley de Fourier y utilizando una resistencia total que combine los efectos de transferencia molecular y turbulenta de la película de la Figura 11-4, matemáticamente la transferencia convectiva de calor en un fluido se puede escribir,

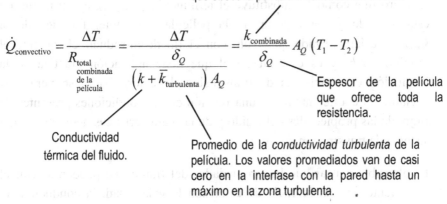

Conductividad combinada (molecular y turbulenta) que ofrece la película a transmisión de calor.

$$\dot{Q}_{convectivo} = \frac{\Delta T}{R_{\substack{total \\ combinada \\ de\ la \\ película}}} = \frac{\Delta T}{\dfrac{\delta_Q}{\left(k + \overline{k}_{turbulenta}\right) A_Q}} = \frac{k_{combinada}}{\delta_Q} A_Q \left(T_1 - T_2\right)$$

Conductividad térmica del fluido.

Promedio de la conductividad turbulenta de la película. Los valores promediados van de casi cero en la interfase con la pared hasta un máximo en la zona turbulenta.

Espesor de la película que ofrece toda la resistencia.

Si lo que se ha llamado aquí conductividad combinada ($k_{combinada}$) y el espesor de la película δ_Q (que en la práctica ninguno se determina) se substituyen por un sólo término, la expresión para la transferencia convectiva de calor se transforma a:

$$\dot{Q}_{convectivo} = h_Q\, A_Q \left(T_1 - T_2\right) \tag{11-1}$$

Coeficiente de transferencia de calor.

El *coeficiente de transferencia de calor*h_Q, también conocido como *coeficiente de película,coeficiente individual, coeficiente de superficie o coeficiente convectivo de transmisión de calor* es una medida de la facilidad que ofrece un fluido a la transferencia de calor cuando hay condiciones similares a las descritas en la Figura 11-4, es decir, involucra los efectos de la transferencia molecular y turbulenta que existen a lo ancho de la película. El h_Q, representa la cantidad de energía térmica que el fluido permite transferir a través del mismo, por unidad de tiempo, unidad de área y unidad de gradiente de temperaturas, de acuerdo con el despeje siguiente:

$$h_Q = \dot{Q}\,\frac{1}{A_Q\,\Delta T}\ [=]\ \frac{kJ}{h\,m^2\,K}$$

Es claro que como h_Q substituye el término $k_{combinada}/\delta_Q$, en su magnitud está incluido ya el espesor de la película adyacente. La idea de la $k_{combinada}$ se ha utilizado aquí sólo con el fin de introducir claramente el término de h_Q y es este último el que tiene aplicación práctica en la resolución de problemas de transmisión de calor. Como se verá más adelante, el coeficiente h_Q es una función de las condiciones presentes de flujo, de las propiedades del fluido y de las características geométricas del sistema de transmisión de calor.

Es plausible pensar que las propiedades del fluido que pueden afectar el coeficiente de transferencia de calor son la viscosidad, la conductividad térmica, el calor específico y la densidad, entre otras. Como todas ellas son funciones de la temperatura el coeficiente de transferencia de calor también lo será (en el caso de los gases la presión también es una variable importante que incide en la magnitud del coeficiente). En el caso mostrado en la Figura 11-3, como el agua tiene una temperatura uniforme T_2 en cualquier posición l, las condiciones de flujo son las mismas en todo el equipo y la geometría del sistema no cambia, el coeficiente de superficie del agua será constante e igual a h_Q a lo largo de todo el intercambiador de calor (Figura 11-5).

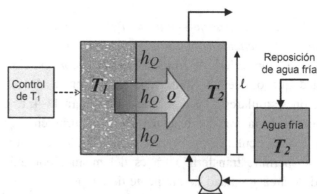

Figura 11-5. Coeficiente de transferencia de calor uniforme a todo lo largo del equipo.

Como se verá posteriormente, la determinación de la magnitud de los coeficientes de transmisión de calor incluye los efectos del tipo de

276

régimen de flujo, del grado de turbulencia, de las propiedades del fluido y de las características geométricas del sistema de transmisión de calor. En este hecho radica su importancia puesto que sólo restaría substituir su valor en una ecuación tan sencilla como la 11-1 para evaluar la magnitud del calor transferido.

Por lo tanto, la velocidad a la que se transfiere la energía térmica al seno de la fase acuosa del sistema de la Figura 11-3 dependerá fuertemente de la magnitud del coeficiente de transferencia de calor del agua.

11.1.2 Coeficientes locales y promedio.

El caso más comúnmente encontrado en sistema de transmisión de calor es aquel en el que las temperaturas de los fluidos que intercambian calor se modifican considerablemente. Para lograr que un líquido que recibe energía en el intercambiador de calor de la Figura 11-3 incremente apreciablemente su temperatura, es necesario substituir ese intercambiador pequeño por uno más grande, como el que se muestra en la Figura 11-6. Este nuevo intercambiador, al ser mucho más largo, posee un área de transferencia mucho más grande y además permite un contacto prolongado entre la pared y el fluido. En la gráfica superior de la misma Figura se muestra el incremento de la temperatura t del seno del líquido frío con respecto a la posición ℓ del intercambiador. En muchos casos un cambio amplio de temperaturas puede alterar mucho la viscosidad que a su vez puede modificar marcadamente las particularidades del flujo a lo largo del intercambiador; como consecuencia, en estas situaciones el valor del coeficiente del fluido cambiará de $h_{Q(1)}$, a la entrada, hasta alcanzar el valor de $h_{Q(2)}$ en el otro extremo. Los coeficientes como éstos, que adicionalmente dependen de la posición dentro del intercambiador en la que se determinan (o de la temperatura y condiciones de flujo presente en esa posición) se denominan *coeficientes locales de transferencia de calor*.

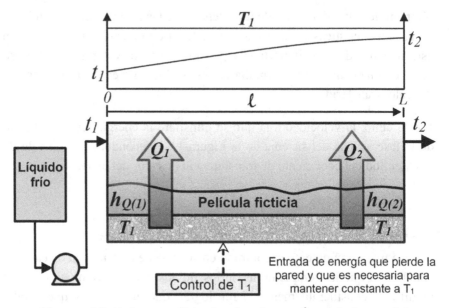

Figura 11-6. Los coeficientes locales varían a lo largo del intercambiador de calor si el cambio de temperatura del fluido es muy grande.

Puede observarse que en este caso también se altera la diferencia de temperaturas entre la pared y el seno del líquido, por lo que los perfiles de temperatura se irán modificando con respecto a ℓ. Una representación esquemática de la variación de estos perfiles se muestra en la Figura 11-7.

La complicación que en apariencia adicionan los coeficientes locales a los problemas de transmisión de calor se libra convenientemente si para el fluido se determina su *coeficiente promedio de transferencia de calor*. Este coeficiente promedio debe ser representativo del conjunto de coeficientes locales y junto con el uso de una diferencia promedio de temperaturas apropiada se podrá evaluar la transferencia total de calor de la placa caliente al fluido frío.

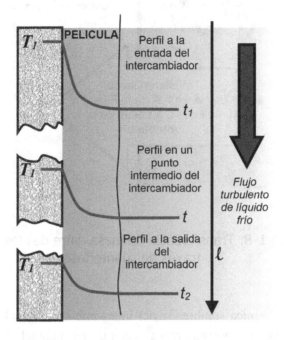

Figura 11-7. Variación del perfil de temperaturas en un intercambiador largo.

11.2 Transferencia simultánea de cantidad de movimiento y masa.

De manera semejante a la transmisión de calor, la transferencia de masa se realiza favorablemente si se ponen en contacto dos fases que intercambian masa entre sí. El amoniaco se absorbe en agua para eliminarlo del aire; en la destilación se ponen en contacto íntimo las fases vapor y líquido de la mezcla que se quiere separar en sus componentes; el aire puede secar un cuerpo (líquido o sólido) al fluir sobre su superficie. En general las corrientes que transfieren masa entre sí lo hacen a través de la interfase que se forma entre ellas (Figura 11-8) poniéndose en contacto íntimo por medio de equipos que comunmente se conocen como equipos de transferencia de masa o intercambiadores de masa.

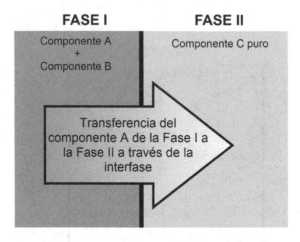

Figura 11-8. Transferencia de masa entre dos fases fluidas a través de su interfase.

Si la pared térmica sombreada del intercambiador de calor de la Figura 11-3 se substituye por una placa hecha de un material sólido soluble en agua, como podría ser una placa de azúcar (sacarosa) comprimido, el sistema original de transmisión de calor se convierte en uno de transferencia de masa como el que se aprecia en la Figura 11-9. Conforme transcurre el tiempo el sólido de la placa se disolverá paulatinamente en el agua para formar una solución acuosa de azúcar. El efecto neto es la transferencia de masa de la fase sólida a la líquida pero primero debe ocurrir una disolución del sólido. Si se supone que el azúcar se disuelve muy rápido (ver Capítulo 10) la interfase alcanza de inmediato el equilibrio y se formará una capa muy delgada de solución, contigua a la pared (zona obscura), con una concentración igual a la de equilibrio del sistema agua - azúcar sólido, es decir, tendrá la concentración de saturación $(C_{A(1)}= C^* = C_{saturación}$ en la misma Figura 11-9). Posteriormente, debido a la diferencia de concentraciones entre esa región y el seno del agua, se establece un flux de azúcar.

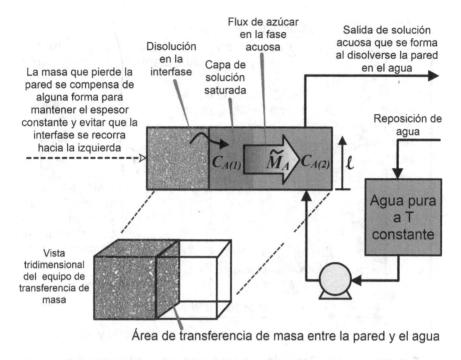

La masa que pierde la pared se compensa de alguna forma para mantener el espesor constante y evitar que la interfase se recorra hacia la izquierda

Disolución en la interfase

Flux de azúcar en la fase acuosa

Capa de solución saturada

Salida de solución acuosa que se forma al disolverse la pared en el agua

Reposición de agua

$C_{A(1)}$ $\tilde{M}_A$ $C_{A(2)}$ ℓ

Agua pura a T constante

Vista tridimensional del equipo de transferencia de masa

Área de transferencia de masa entre la pared y el agua

Figura 11-9. Sistema para la transferencia de masa entre un sólido y un fluido.

Al igual que en el caso del intercambiador de calor, el equipo de transferencia de masa es muy pequeño por lo que el tiempo de contacto entre el agua y la placa de azúcar dentro del equipo es muy corto y el flujo de agua es muy grande comparado con la masa de azúcar que se disuelve. Por esas razones, es factible considerar que la concentración de azúcar en el seno del agua se mantiene constante como $C_{A(2)} = 0$ en cualquier posición ℓ dentro del intercambiador de masa. Si el flujo dentro del equipo es turbulento, el perfil de concentraciones resultante, a todas las ℓ, es como el que se muestra en la Figura 11-10. Como se observa, el perfil de concentraciones también sigue una trayectoria similar a la del perfil de velocidades; mostrando un gradiente de concentraciones de gran magnitud en la subcapa laminar, un gradiente pequeño en la zona turbulenta y un gradiente de magnitud cambiante en la subcapa de transición.

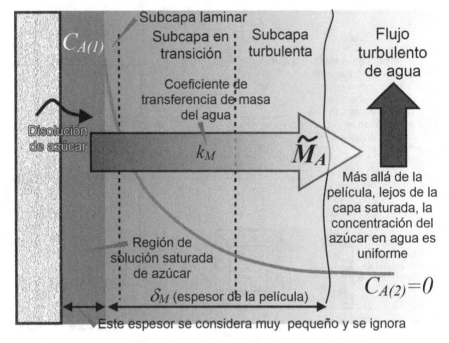

Figura 11-10. Perfil de concentraciones dentro del fluido que disuelve un sólido.

Cuando el flujo de agua se incrementa es necesario adicionar más azúcar por unidad de tiempo a la placa para mantener su espesor constante y evitar que su superficie se retraiga hacia la izquierda; a flujos más grandes la transferencia de masa se incrementa. Como $C_{A(1)}$, $C_{A(2)}$ y el área de transferencia de masa son constantes, la velocidad de transferencia de masa es sólo función de la resistencia que ofrece el agua a la transferencia convectiva de masa que, a su vez, depende de las características de flujo presentes en el equipo. Si el flujo existente fuera laminar la transferencia de masa se realizaría por mecanismos moleculares y la Ley de Fick se podría aplicar. En el caso del flujo turbulento, que es deseable tenerlo en la mayoría de las operaciones de transferencia de masa, el problema se resuelve del mismo modo descrito aplicando el concepto de los coeficientes de transferencia, en este caso de masa.

Es obvio que si en el sistema de la Figura 11-9 se reemplaza el agua por otro líquido que solubilice el azúcar, o se cambia éste por cloruro de sodio, la velocidad de transferencia de masa también se alterará y lo hará en concordancia con las propiedades del fluido y el sólido substitutos.

11.2.1 Coeficientes de transferencia de masa.

En este caso también se presenta una capa de espesor δ_M (Figura 11-10) adyacente a la pared de azúcar, que posee prácticamente toda la resistencia a la transferencia de masa y por eso en ella se ubica toda la variación de concentraciones dentro del fluido. De igual modo hay una transición paulatina de los mecanismos de transferencia de masa presentes en la película que van de la difusión casi en su totalidad molecular, que ocurre en la subcapa laminar, hasta la difusión mayoritariamente turbulenta en la zona más lejana a la pared.

Haciendo ahora una analogía con la Ley de Fick, utilizando una resistencia total que combine los mecanismos de difusión molecular y turbulenta y usando una difusividadturbulenta (de eddy) de masa, la transferencia de masa en una película de fluido como la mostrada en la Figura 11-10 se puede escribir matemáticamente como:

Difusividad de masa combinada (molecular y turbulenta) de la película.

$$\tilde{M}_A \big|_{convectivo} = \frac{\Delta C_A}{R_{\substack{total \\ combinada \\ de\ la \\ película}}} = \frac{\Delta C_A}{\frac{\delta_M}{\left(D_{AB} + \bar{D}_{AB[Turbulenta]} \right) A_M}} = \frac{D_{AB[Combinada]}}{\delta_M} A_M \left(C_{A1} - C_{A2} \right)$$

Difusividad molecular de masa del fluido.

Promedio de las difusividades turbulentas de masa presentes a lo ancho de la película. Estas tienen un valor cercano a cero en la interfase con la pared que se incrementa con la distancia.

Espesor de la película que ofrece toda la resistencia.

La difusividad combinada de masa y el espesor de la capa adyacente (que en la práctica nunca se determinan), se substituyen por un sólo término para obtener la expresión de la transferencia convectiva de masa,

$$\dot{M}_A = k_M \underset{\textstyle \diagdown}{} A_M \Delta C_A \qquad\qquad \textbf{(11-2)}$$

Coeficiente de transferencia de masa.

El *coeficiente de transferencia de masa* k_M, también conocido como *coeficiente de individual de transferencia de masa* es una medida de la facilidad que ofrece un fluido a la transferencia de masa en condiciones similares a las mostradas en la Figura 11-10, e involucra los efectos de la transferencia molecular y turbulenta que existen a lo largo de la película. El k_M, representa la cantidad de masa que el fluido permite transferir a través del mismo, por unidad de tiempo, unidad de área y unidad de gradiente de concentraciones, de acuerdo con:

$$k_M = \dot{M}_A \, \frac{1}{A_M \, \Delta C_A} [=] \frac{kg}{h \, m^2 \, kg / m^3}$$

En su magnitud k_M incluye el espesor de la zona adyacente y como se verá después, es una función de las características del flujo presente, de las propiedades del fluido (por tanto principalmente de la temperatura y la presión) y de las características geométricas del sistema de transmisión de masa.

Las propiedades del fluido que pueden afectar el coeficiente k_M son la composición, la viscosidad, la difusividad de masa y la densidad, entre otras. Con excepción de la composición todas ellas son funciones de la temperatura por lo que el coeficiente de transferencia de masa también lo será (en el caso de los gases la presión también es una variable importante que incide en la magnitud del coeficiente). En el sistema de la Figura 11-9, si se considera que el agua tiene una temperatura, presión y composición ($C_{A(2)}=0$) uniformes en cualquier posición 1 su coeficiente será constante e igual a k_M a lo largo de todo el intercambiador de masa.

Al igual que en la transmisión de calor, la determinación de la magnitud de los coeficientes de transferencia de masa incluye los efectos del tipo de régimen de flujo, del grado de turbulencia, de las propiedades del fluido y de las características geométricas del sistema de transferencia de masa.

Por esta razón los coeficientes de transferencia de masa también son de gran importancia para evaluar la magnitud de la masa transferida puesto que sólo restaría substituir su valor en una ecuación como la 11-2.

Por lo tanto, la velocidad a la que se transfiere la masa al seno de la fase acuosa del sistema de la Figura 11-9 dependerá fuertemente de la magnitud del coeficiente de transferencia de masa del sólido disuelto en agua.

11.2.2 Coeficientes locales y promedio.

Si en la Figura 11-9 se utiliza un equipo de transferencia de masa más largo (Figura 11-11), el tiempo de contacto del agua y la placa de azúcar es mucho más prolongado y la cantidad disuelta no es pequeña. La concentración $C_{A(2)}$ en el seno del agua se incrementa paulatinamente pero $C_{A(1)}$ se mantiene constante ya que es la concentración de saturación del azúcar en agua a la temperatura de trabajo. El cambio de composición del agua altera varias propiedades de la misma, entre ellas la viscosidad, que modifican las condiciones de flujo ocasionando que el coeficiente de transferencia de masa cambie con la posición 1 dentro del intercambiador de masa desde $k_{M(I)}$ hasta $k_{M(II)}$. Estos son los *coeficientes locales de transferencia de masa* pues adicionalmente dependen de la posición dentro del intercambiador en la que se determinan (o de la composición y condiciones de flujo presentes en esa posición). La variación del gradiente de concentraciones y del coeficiente de transferencia en el agua provoca una variación en el flux de masa de $\tilde{M}_{A(I)}$ a la entrada, a $\tilde{M}_{A(II)}$ a la salida.

El cálculo de la transferencia de masa de la placa de azúcar al agua en el equipo de la Figura 11-11 se resuelve utilizando un *coeficiente promedio* que sea representativo de todos los coeficientes locales que existan en el equipo bajo las circunstancias de trabajo. Si además del coeficiente promedio se cuenta con la ayuda de un ΔC_A promedio apropiada se puede determinar la transferencia neta de masa de la placa al agua dentro del intercambiador.

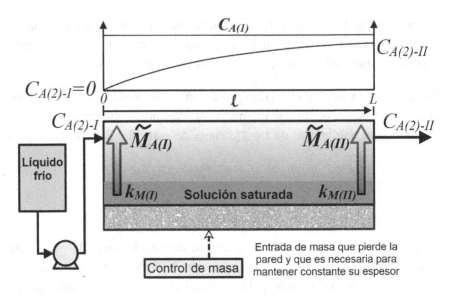

Figura 11-11. Los coeficientes locales de transferencia de masa generalmente varían a lo largo del equipo.

11.3 Transferencia simultánea de momento, calor y masa.

En los apartados anteriores se han presentado los casos de la transferencia simultánea de cantidad de movimiento y calor así como la transferencia simultánea de cantidad de movimiento y masa. En ambos casos se comentó que se ha encontrado que tanto el perfil de temperaturas como el perfil de concentraciones siguen un patrón similar al del perfil de velocidades.

Como se vio, en los casos en los que las transferencias involucran una pared sólida y el flujo es turbulento se forman las tres regiones aledañas a la pared ya conocidas: la subcapa laminar, la zona de transición y la región turbulenta. Estas zonas se originan, no debe olvidarse, por el esfuerzo de corte de fricción que ejerce la pared sobre el fluido en movimiento. En la subcapa laminar el fluido se mueve principalmente en flujo laminar; en la región de transición el fluido se desplaza en flujo laminar y turbulento en proporciones variables, conforme la distancia desde la pared aumenta, se incrementa el predominio de la turbulencia; en la zona turbulenta el flujo laminar es mínimo y obviamente la turbulencia es preponderante. Entonces, de acuerdo con lo descrito en los apartados anteriores se puede generalizar diciendo que el comportamiento del fluido en la zona cercana a la pared provoca un gradiente muy grande de propiedad (velocidad, temperatura y masa) en la subcapa laminar, un gradiente de propiedad de valor muy variable en la zona de transición y un gradiente de propiedad pequeño en la región turbulenta. O en otras palabras, hay una transferencia de propiedad fundamentalmente molecular en la subcapa laminar; una transferencia de propiedad entre molecular y turbulenta con esta última incrementándose con la distancia desde la pared en la zona de transición; y una transferencia principalmente turbulenta, con un mínimo de transferencia molecular, en la región turbulenta.

Si se dibujan los perfiles juntos y se supone que las condiciones de flujo son idénticas en los tres casos se obtienen las Figuras 11-12 y 11-13. En la primera figura se muestra el caso del calentamiento del fluido y difusión hacia el fluido (disolución) y en la segunda el enfriamiento y difusión hacia el sólido (cristalización). La transferencia de cantidad de movimiento siempre será hacia la pared pues es el resultado de la fricción de la placa sobre el fluido en movimiento.

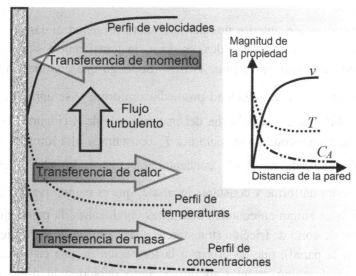

Figura 11-12. Perfiles de propiedad. Disolución de sólido y calentamiento del fluido.

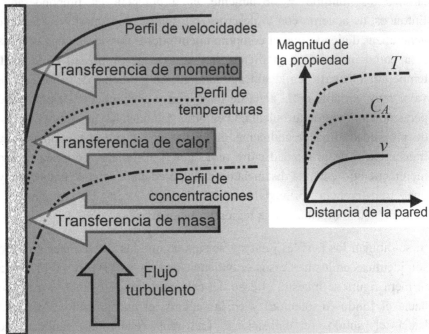

Figura 11-13. Perfiles de propiedad. Cristalización y enfriamiento del fluido.

La generalización anterior nos permite ahora presentar el caso en que se transfieren las tres propiedades, es decir, la transferencia simultánea de cantidad de movimiento, calor y masa. Suponga que una mezcla binaria líquida ($A + B$) con velocidad promedio uniforme v se aproxima a una placa sólida estacionaria hecha del material soluble A (Figura 11-14). El fluido se acerca con una temperatura T_∞ constante y está formado por una solución saturada de A (de concentración $C_{A(\infty)}$). La placa tiene una temperatura uniforme y constante igual a T_s que es menor que T_∞. Cuando ambas fases entran en contacto bajo estas condiciones, la pared ejerce un esfuerzo de corte de fricción (transferencia de cantidad de movimiento del fluido a la pared), que da origen a la formación de una capa límite, tal como se describió en el Capítulo 5. Pero debido a la diferencia de temperaturas entre la solución y la placa también se establece una transferencia de calor del fluido a la pared. Esta transferencia de energía provoca que la capa de fluido contigua a la pared tenga una temperatura cercana a T_s, por lo que en esta capa se forma una solución sobresaturada de A en B. Si se supone que la resistencia a la transferencia de masa en la interfase es de cero, de inmediato la pared en contacto con esa solución sobresaturada funciona como un cuerpo de cristalización y da origen a la transferencia de masa del fluido a la pared. La migración de A del líquido al sólido produce una capa adyacente (a lo largo de toda la pared) formada por solución saturada de concentración $C_{A(s)}$ de equilibrio a T_s. Como $C_{A(s)}$ $= C_{\text{saturación}}$ (a T_s) $< C_{A(\infty)} = C_{\text{saturación}}$ (a T_∞) ($T_s < T_\infty$) se establece la fuerza impulsora para la transferencia de masa dentro del fluido con dirección a la pared. En la Figura 11-14 se ha supuesto que T_∞, $C_{A(\infty)}$ y $C_{A(s)}$ son constantes y que de alguna manera se mantienen constantes tanto T_s como el espesor de la placa.

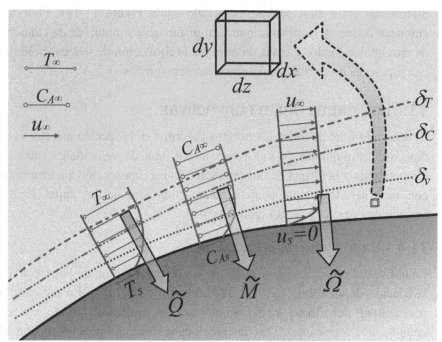

Figura 11-14. Desarrollo de las capas límite de velocidades, de temperaturas y de concentraciones sobre una superficie sólida.

El hecho de que los perfiles de temperaturas y de concentraciones sean similares al de velocidades es una evidencia más de que las transferencias convectivas de calor y masa están gobernadas determinantemente por las peculiaridades del flujo presente. Como las características del flujo en la capa límite cambian conforme el fluido recorre la placa, es de esperarse que las transferencias de calor y masa sufran modificaciones en congruencia con los cambios en la transferencia de cantidad de movimiento; este hecho se detallará en una sección posterior. En este caso, la transferencia de calor y masa altera las propiedades del fluido cercano a la pared y por eso la capa límite resultante no es igual a la obtenida en flujo isotérmico y sin difusión de masa descrita en el Capítulo 5; sin embargo como se verá más adelante, por conveniencia ignoraremos esas alteraciones. Por otro lado, más allá de la capa límite hay una corriente libre de fluido en la que la velocidad, la temperatura y la concentración son uniformes; pero se observará que los perfiles de cada una se vuelven planos a distancias diferentes (que son arbitrarias y con fines didácticos las diferencias entre ellas se han exagerado en la Figura 11-14). El lector entonces deducirá fácilmente que la transferencia simultánea de cantidad de movimiento, calor y masa da origen a la formación de tres capas límite con espesores crecientes y no necesariamente iguales.

11.4 Las capas límite convectivas.

El resultado final de todos los eventos descritos en la sección anterior es el desarrollo simultáneo de tres capas límite, una de velocidades, otra de temperaturas y la última de concentraciones. En esta sección analizaremos con más detalle e independientemente cada una de las capas límite, basándonos para ello en la Figura 11-14.

11.4.1 Capa límite de velocidades.

En el Capítulo 5 se describió la formación de una capa límite por efecto de la fricción de un sólido sobre el movimiento de un fluido. En ese caso la temperatura del fluido y del sólido era la misma, el fluido era de composición constante y no interaccionaba fisicoquímicamente con el sólido, por eso la influencia de la pared sobre el líquido se observaba únicamente en las velocidades de las moléculas de fluido dentro de la capa límite. Por esta razón el nombre correcto de esa zona es *capa límite de velocidades*.

No debe olvidarse que las capas límite de velocidades se formarán siempre que haya un contacto directo entre el sólido y el fluido en movimiento y que la geometría de la pared juega un papel importante. Pero como la geometría más sencilla es la placa plana la seguiremos utilizando para la descripción y análisis de los fenómenos de transferencia, para de aquí hacer las extrapolaciones pertinentes a otras geometrías.

Se recordará que el flujo de un fluido en presencia de una pared sólida se divide en dos grandes regiones, la capa límite donde los gradientes de velocidades y los esfuerzos de corte son de gran magnitud, y la zona de flujo libre donde los gradientes de velocidades y los esfuerzos de corte son insignificantes. Conforme el fluido recorre la pared los efectos de fricción penetran más sobre el fluido y la capa límite de velocidades crece.

El espesor de la capa límite de velocidades $\delta_v = f(z)$ es muy difícil de determinar con precisión, por eso usualmente se define como la distancia desde la pared (y) donde el cambio de velocidades (en la dirección z), también medido desde la pared, es igual al 99% del cambio total posible. La variación total posible de velocidades desde la pared hasta el flujo libre esta dado por la diferencia $u_\infty - u_s$ y cualquier otro cambio intermedio por $u-u_s$, de tal manera el espesor de la capa límite δ_v es igual a la distancia y donde

$$\frac{u - u_s}{u_\infty - u_s} = 0.99$$

pero como $u_s = 0$ la expresión se reduce a

$$\frac{u}{u_\infty} = 0.99$$

y δ_v se ubica en el valor de y donde $u = 0.99u_\infty$.

Es de interés del ingeniero, desde el punto de vista de la mecánica de fluidos, el establecer la relación de la capa límite de velocidades con los esfuerzos de corte superficiales τ_s y por tanto con la fricción superficial que ejerce el sólido sobre el flujo. Por eso, para facilitar el estudio de esa relación se define un *coeficiente de fricción* local similar al factor de fricción usado en flujo interno o en tubos. Para flujo externo el coeficiente de fricción es un parámetro adimensional clave que puede ser útil para la determinación de la fuerza superficial de fricción y se define como

Flux local de momento en la superficie o esfuerzo de corte superficial local.

$$C_f = \frac{\tau_s}{\rho \dfrac{\upsilon^2}{2}} \qquad (11\text{-}3)$$

Coeficiente de fricción local.

El esfuerzo de corte superficial se puede evaluar si se tiene el gradiente de velocidades en la pared, es decir,

$$\tau_s = \mu \left[\left| \frac{du}{dy} \right|_{y=0} \right]_z \qquad (11\text{-}4)$$

Gradiente de velocidades local en la superficie de la pared.

Esta ecuación es válida puesto que en régimen permanente el flux superficial de momento τ_s (y el de de calor y el de masa) debe ser igual a todo lo ancho de la capa límite a una z determinada (como es indicado por las flechas en la Figura 11-14).

11.4.2 Capa límite de temperaturas.

En la Figura 11-14 un fluido de temperatura uniforme T_∞ (perfil plano de temperaturas) y con una velocidad promedio V intercambia energía con la placa sólida de temperatura T_s uniforme, constante y de menor magnitud que la del fluido que se aproxima T_∞. Al entrar en contacto, además de ser frenadas totalmente ($u=0$), las moléculas de fluido que tocan la superficie sólida alcanzan el equilibrio térmico con la pared (se enfrían y adquieren la temperatura T_s) y quitan energía a las moléculas que están inmediatamente arriba y así sucesivamente desarrollándose un gradiente de temperaturas. La zona de fluido donde existe este gradiente de temperaturas es la *capa límite de temperaturas* y al igual que la de velocidades crece su espesor conforme se recorre la pared debido a que el efecto de transferencia de calor penetra paulatinamente más en el fluido. El espesor de esta capa límite térmica δ_T se define como el valor de y donde el cambio de temperaturas es igual al 99% del cambio total posible. Por tanto, $\delta_T = y$ donde

$$\frac{T - T_s}{T_\infty - T_s} = 0.99 \quad \text{o en el caso de calentamiento} \quad \frac{T_s - T}{T_s - T_\infty} = 0.99$$

Al igual que en el caso anterior, es de interés el encontrar la relación entre las condiciones de la capa límite térmica y la transferencia convectiva de calor. Para eso se recordará que éste fenómeno está representado por el coeficiente local de transmisión de calor h_Q. Por tanto para cualquier z, el flux local de calor tomado en cuenta todo el espesor de la capa límite $\delta_{T(z)}$ en dicha z (Ecuación 11-1), será

Coeficiente local de transmisión de calor.

$$\tilde{Q} = h_Q \left(T_\infty - T_s \right) \tag{11-5}$$

Flux local de transferencia de calor.

Por otro lado, en régimen permanente a todas las z, ese mismo flux local de calor se transmite por conducción en el fluido pegado a la pared ($u=0$) y se puede determinar con la Ley de Fourier

$$\tilde{Q} = -k \left[\left| \frac{dT}{dy} \right|_{y=0} \right]_z \tag{11-6}$$

Gradiente de temperaturas local en la interfase placa – fluido.

De la Figura 11-15 se observa que las condiciones locales de la capa límite (a una z) afectan sensiblemente el gradiente de temperaturas en la pared (en $y=0$) y por tanto determinan la magnitud de la transferencia de calor a través de toda la capa límite. En esa figura se muestra el caso de enfriamiento, si el fluido se calentara se obtendría un esquema similar al de la Figura 11-16.

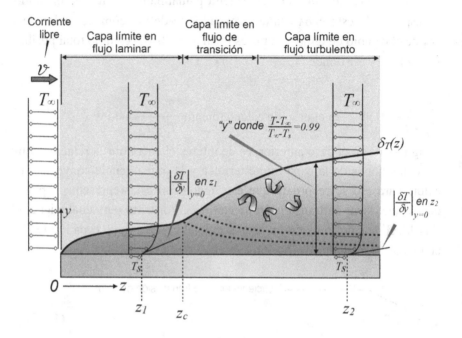

Figura 11-5. Desarrollo de la capa límite de temperaturas en una placa plana con transferencia de calor hacia el fluido.

Combinando las dos ecuaciones anteriores,

$$h_Q = \frac{-k\left[\left|\dfrac{dT}{dy}\right|_{y=0}\right]_z}{T_\infty - T_s} \qquad (11\text{-}7)$$

Y el coeficiente local de transmisión de calor está determinado por las condiciones locales de la capa límite de temperaturas.

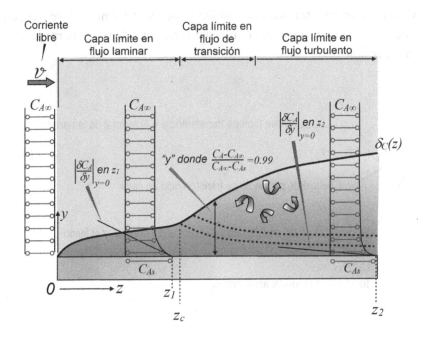

Figura 11-6. Desarrollo de la capa límite de concentraciones en una placa plana y transferencia de masa del fluido al sólido.

A cualquier z a lo largo de la placa y considerando toda la capa límite, la diferencia total de temperaturas $T_\infty - T_s$ es constante. Como el espesor de la capa límite aumenta con z, el gradiente total de temperaturas ($[dT/dy]_{Total} = [T_s - T_\infty]/\delta_T$) disminuye hacia la derecha (Figura 11-15). De la misma manera el gradiente de temperaturas en la pared ($[dT/dy]_{y=0}$, indicado por las pendientes en la misma figura) disminuye al aumentar z, y por eso h_Q (k es constante por que se determina a T_s en cualquier z) y $\tilde{q}$ disminuyen con z.

El calor total que se transfiere del fluido al sólido se puede determinar si se integra el flux local de calor sobre toda la superficie de la pared A_s

$$\dot{Q} = \int_{A_s} \tilde{Q} dA_s = \int_{A_s} h_Q \left(T_\infty - T_s \right) dA_s = \left(T_\infty - T_s \right) \int_{A_s} h_Q dA_s \qquad (11\text{-}8)$$

Pero el calor total transferido también se puede determinar si se usa el área total de transferencia y un coeficiente promedio de tal manera que se usa la expresión

Area total de transferencia = Area total de la pared

$$\dot{Q} = \overline{h}_Q A_s \left(T_\infty - T_s \right) \qquad (11\text{-}9)$$

Coeficiente promedio de transferencia de calor

Velocidad total de transferencia de calor entre la placa y el fluido.

Igualando las ecuaciones anteriores

$$\overline{h}_Q = \frac{1}{A_s} \int_{A_s} h_Q dA_s \qquad (11\text{-}10)$$

En el caso de una placa plana de longitud total L

$$\overline{h}_Q = \frac{1}{L} \int_0^L h_Q dz \qquad (11\text{-}11)$$

11.4.3 Capa límite de concentraciones.

De igual manera se establece una *capa límite de concentraciones* cuando un fluido formado por una mezcla binaria saturada (soluto A + disolvente B) se aproxima a una placa hecha del material A soluble en el fluido B (Figura 11-14). Al contacto con el fluido el material A cristaliza formando rápidamente una solución saturada en la capa fluida aledaña a la placa pero a una temperatura menor. Como la concentración de la corriente libre

$C_{A(\infty)}$ (concentración de saturación a T_∞) es mayor que la concentración en la superficie $C_{A(s)}$ (concentración de saturación a $T_2 < T_\infty$) se forma un gradiente de concentraciones. Esta zona de fluido en la que existen gradientes de concentraciones es la *capa límite de concentraciones* cuyo espesor δ_c se incrementa con z. El espesor de esta capa límite δ_c se define como el valor de y donde el cambio de concentraciones es igual al 99% del cambio total posible. Por tanto, $\delta_c = y$ donde

$$\frac{C_A - C_{A(s)}}{C_{A(\infty)} - C_{A(s)}} = 0.99 \quad \text{o en el caso de disolución} \quad \frac{C_{A(s)} - C_A}{C_{A(s)} - C_{A(\infty)}} = 0.99$$

También en este caso es de sumo interés el encontrar el vínculo entre las condiciones de la capa límite de concentraciones y la transferencia convectiva de masa. Como se sabe la difusión convectiva de masa puede estar representada por el coeficiente local de transferencia de masa k_M. Por tanto, para cualquier z el flux local de masa será (considerando todo el espesor de la capa límite y por tanto toda la diferencia de concentraciones)

Coeficiente local de transferencia de masa

$$\tilde{M}_A = k_M \left[C_{A(\infty)} - C_{A(s)} \right] \tag{11-12}$$

Flux local de transferencia de masa.

De nueva cuenta la transferencia, en este caso de masa, en la capa fluida contigua al sólido ($y=0$) se realiza por mecanismos moleculares debido a que esta capa es estática ($u=0$). Por eso podemos escribir para cualquier z

$$\tilde{M}_A = -D_{AB} \left[\left. \left| \frac{dC_A}{dy} \right|_{y=0} \right. \right]_z \tag{11-13}$$

Combinando las ecuaciones 11-12 y 11-13

$$k_M = \frac{-D_{AB}\left[\left.\dfrac{dC_A}{dy}\right|_{y=0}\right]_z}{C_{A(\infty)} - C_{A(s)}} \qquad\qquad \textbf{(11-14)}$$

Se observa claramente (Figura 11-16) que las condiciones de la capa límite de concentraciones afectan enormemente el gradiente $[dC_A/dy]_{y=0}$ que disminuye con z (ver pendientes en $y=0$), que a su vez reduce el valor del coeficiente de transferencia de masa $k_{M(z)}$ a mayores z (D_{AB} es constante a cualquier z por que se mide a las condiciones de la interfase) y por tanto determinan la velocidad de transferencia de masa a través de la capa límite (de magnitud cada vez menor conforme aumenta z). De la misma manera que en el caso anterior de transmisión de calor, la diferencia total de concentraciones a través de la capa límite $C_{A(\infty)} - C_{A(s)}$ es constante a cualquier z al mismo tiempo que el espesor δ_c aumenta con z, por tanto el gradiente total de concentraciones ($[dC_A/dy]_{Total}$ = [$C_{A(\infty)}$ -$C_{A(s)}$]/δ_T) disminuye con z. La figura 11-16 muestra el caso de disolución, en el caso inverso los perfiles serían parecidos a los de la Figura 11-15.

La masa total que se transfiere por unidad de tiempo del sólido al fluido se puede determinar si se integra el flux local de masa sobre toda la superficie de la pared A_s

$$\dot{M}_A = \int_{A_s} \tilde{\dot{M}}_A dA_s = \int_{A_s} k_M \left(C_{A(\infty)} - C_{A(s)}\right) dA_s = \left(C_{A(\infty)} - C_{A(s)}\right) \int_{A_s} k_M dA_s$$

$$\textbf{(11-15)}$$

La velocidad de transferencia de masa también se puede calcular utilizando el área total del sólido A_s y un coeficiente promedio

$$\dot{M}_A = \overline{k}_M A_s \left(C_{A(\infty)} - C_{A(s)} \right) \qquad \textbf{(11-16)}$$

Coeficiente promedio de transferencia de masa

Velocidad total de transferencia de masa entre la pared y el fluido

Si combinamos las ecuaciones anteriores

$$\overline{k}_M = \frac{1}{A_s} \int_{A_s} k_M dA_s \qquad \textbf{(11-17)}$$

Y para una placa plana de longitud total L

$$\overline{k}_M = \frac{1}{L} \int_0^L k_M dz \qquad \textbf{(11-18)}$$

11.4.4 Las capas límite en flujo laminar y turbulento.

Un primer paso esencial en el estudio de los problemas de convección es determinar el régimen de flujo presente en la capa límite en cuestión. La fricción de superficie, la transmisión de calor y la transferencia de masa dependen fuertemente del tipo de flujo. Los parámetros representativos de esos tres fenómenos, es decir, el coeficiente de fricción, el coeficiente de transmisión de calor y el coeficiente de transferencia de masa, todos locales, disminuyen conforme el fluido recorre la pared en la capa límite laminar. Pero cuando se alcanza la distancia crítica z_c es de esperarse que sufran un incremento sostenido debido a la presencia cada vez mayor de eddies en la región de transición. Al llegar a la zona de franca turbulencia los tres coeficientes obtienen su máximo valor que posteriormente se reduce paulatinamente al aumentar z (Figura 11-17). Observe como este comportamiento es muy similar al del factor de fricción de Fanning (Figura 9-9, p 173).

En la capa límite turbulenta los perfiles de velocidades, de temperaturas y de concentraciones se *aplanan* con respecto a la región laminar y se forman tres subcapas. En la subcapa laminar la transferencia es dominada por los mecanismos moleculares y los tres perfiles son casi lineales. Como se vio, en esa región se pueden aplicar las leyes de Newton, Fourier y

Fick. El punto interesante a destacar es que aún en la transferencia turbulenta los mecanismo moleculares están presentes.

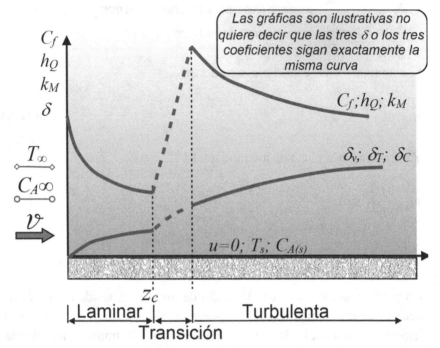

Figura 11-7. Variación de los coeficientes a lo largo de una placa plana.

A menos que se indique específicamente, el *Re* crítico para los tres fenómenos será igual a 5 x 10^{10} y este valor nos permitirá calcular la magnitud de z_c, la longitud crítica.

11.5 Las ecuaciones de transferencia convectiva.

Con el fin de entender mejor los eventos físicos que determinan el comportamiento de la capa límite es necesario deducir las ecuaciones que representan las condiciones existentes en ella. Estas ecuaciones las utilizaremos después para ilustrar la relevancia de esos eventos físicos en la transferencia convectiva.

A continuación analizaremos el caso de la transferencia simultánea de momento, calor y masa. Considérese de nuevo la Figura 11-14. Un fluido constituido por dos especies químicas $(A+B)$, con una concentración $C_{A(\infty)}$, una temperatura T_∞ y una velocidad promedio uniforme υ(en la dirección z) se aproxima a una superficie sólida estacionaria con una temperatura $T_s \neq T_\infty$ y una concentración superficial $C_{A(s)} \neq C_{A(\infty)}$. Al entrar en contacto ambas fases se desarrollan simultáneamente las tres capas límite. Los espesores ilustrados son arbitrarios. Consideraremos en el análisis un flujo bidimensional en condiciones estables y usando un planteamiento simplificado pero suficiente para nuestros fines. Las deducciones completas y un análisis más general se pueden consultar en la literatura disponible de fenómenos de transporte.

11.5.1 Consideraciones y restricciones.

La deducción de las ecuaciones que nos ocupan parte de la aplicación de las leyes de conservación de la masa y la energía. El análisis que aquí presentamos para las tres capas límites se basa en las consideraciones y simplificaciones siguientes:

a) El volumen de control (también indicado en la figura 11-14) es un cubo unitario, es decir, $dz=dy=dx=1$. (Por ejemplo un nanometro cúbico).

b) El fluido es incompresible (ρ es constante) y el flujo es isóbaro, es decir, la pérdida de presión a lo largo de z así como de y es insignificante.(No hay pérdida de energía de presión).

c) Como en general $C_A << C_B$ las propiedades de la capa límite (del fluido) son las de la especie química B y además son constantes (k, μ, c_p, etc.).

d) El sistema es no reactivo y no genera energía ($Q_G=0$).

e) Por otro lado, el análisis se simplificará aplicando las *aproximaciones de la capa límite* que se expresan así: El componente de velocidad paralelo a la superficie (u)es mucho mayor que el componente perpendicular (v). Los gradientes normales a la superficie son mucho más grandes que los paralelos a la superficie, es decir, los gradientes de velocidad (v), de temperatura y de concentración en la dirección de z se pueden ignorar. Matemáticamente:

$u \gg v$

$du/dy \gg du/dz,\ dv/dy,\ dv/dx$

$dT/dy \gg dT/dz$

$dC_A/dy \gg dC_A/dz$

f) La transferencia de momento tiene incidencia plena en las otras dos, pero las transferencias de calor y de masa no se afectan entre sí ni alteran la transferencia de momento.

g) El balance de masa debido a la transferencia en el volumen de control se reduce al balance de la especie A. Esto se debe a que en la capa límite de concentraciones A es el único componente que se transfiere.

h) El balance de energía, en la capa límite térmica, se reduce a un balance de entalpía. Es decir, se ignoran los cambios de energía potencial y cinética así como la transferencia de cantidad de movimiento (por efectos de la fricción) en el volumen de control. (Los cambios de estas energías son pequeños comparados con los cambios de entalpía)

i) El balance en la capa límite de velocidades se reduce a un balance de cantidad de movimiento. Este es el resultado de considerar que la transferencia de momento no es afectada por las transferencias de calor y de masa y por tanto la ley de conservación de energía se reduce a la ley de conservación de energía mecánica pero, la única energía mecánica significativa en este caso es la cantidad de movimiento.

11.5.2 Balance general de propiedad.

Como se mencionó, para establecer las ecuaciones pertinentes de cada capa límite es necesario aplicar la ley de conservación de propiedad (masa, energía y momento) al volumen elemental de control de la Figura 11-18. El procedimiento que se muestra enseguida es una deducción simplificada consecuencia de las consideraciones y restricciones establecidas. Un análisis completo se puede consultar en casi cualquier libro del tema.

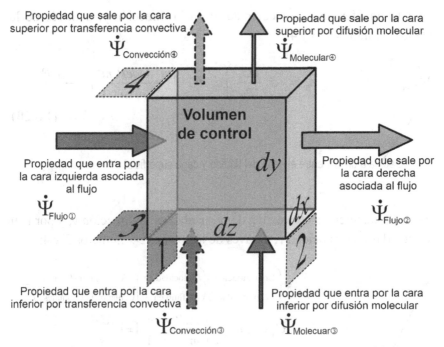

Propiedad que sale por la cara superior por transferencia convectiva
$\dot{\Psi}_{\text{Convección}④}$

Propiedad que sale por la cara superior por difusión molecular
$\dot{\Psi}_{\text{Molecular}④}$

Volumen de control

Propiedad que entra por la cara izquierda asociada al flujo
$\dot{\Psi}_{\text{Flujo}①}$

Propiedad que sale por la cara derecha asociada al flujo
$\dot{\Psi}_{\text{Flujo}②}$

dy

dx

dz

Propiedad que entra por la cara inferior por transferencia convectiva
$\dot{\Psi}_{\text{Convección}③}$

Propiedad que entra por la cara inferior por difusión molecular
$\dot{\Psi}_{\text{Molecuar}③}$

Figura 11-148. Volumen de control y corrientes para el balance general de propiedad.

Las expresiones matemáticas para cada corriente que se indica en la Figura 11-18 se obtienen de la siguiente forma:

La cantidad de la propiedad Ψ (momento, entalpía o masa) que se mueve asociada al flujo principal de masa en la dirección z, y por tanto vinculada a la velocidad u, que atraviesa los planos y-z indicados con los números 1 y 2 es

$$\dot{\Psi}_{Flujo} = \begin{pmatrix} \text{Concentración} \\ \text{de propiedad} \end{pmatrix}\begin{pmatrix} \text{Velocidad en} \\ \text{el flujo en } x \end{pmatrix}\begin{pmatrix} \text{Area} \\ \text{de flujo} \end{pmatrix} = C_{\Psi}uA_F = C_{\Psi}u \, dy \, dx [=]$$

Debida a v

$$\frac{UdeP}{m^3}\frac{m}{s}\frac{m^2}{1}[=]\frac{UdeP}{s} \rightarrow \frac{kg}{s};\frac{kJ}{s} \, o \, \frac{kg\frac{m}{s}}{s}$$

(11-19)

UdeP = Unidad de la Propiedad, es decir, kg para masa, kJ para energía térmica y kg.m/s para momento.

303

Para la transferencia molecular de Ψ en la dirección y, a través de los planos z-x números 3 y 4:

$$\dot{\Psi}_{Molecular} = \tilde{\dot{\Psi}}_{Molecular} A_\Psi = -\sigma\left(\frac{\partial C_\Psi}{\partial y}\right) dz\, dx\, [=]\frac{m^2}{s}\frac{UdeP}{m^3 m}\frac{m^2}{1}[=]\frac{UdeP}{s}$$

(11-20)

Debida a un ΔC entre el seno del líquido y capa superficial

Para la transferencia convectiva de propiedad en la dirección y, y por tanto vinculadas a la velocidad v, a través de los planos z-x números 3 y 4:

$$\dot{\Psi}_{Convección} = \tilde{\dot{\Psi}}_{Convectivo} A_\Psi = \left(\begin{array}{c}\text{Concentración}\\\text{de propiedad}\end{array}\right)\left(\begin{array}{c}\text{Velocidad en}\\\text{el flujo en } y\end{array}\right)\left(\begin{array}{c}\text{Area de transferencia}\\\text{planos horizontales}\end{array}\right) =$$

$$C_\Psi v\, dz\, dx\, [=]\frac{UdeP}{m^3}\frac{m}{s}\frac{m^2}{1}[=]\frac{UdeP}{s}$$

Debida a v

(11-21)

Obsérvese que la transferencia por convección en y así como la transferencia asociada al flujo principal tienen expresiones muy semejantes. Esto es porque a final de cuentas ambas son transferencias convectivas y por tanto están asociadas a un flujo masa.

Por tanto el balance de Ψ en el volumen de control es,

$$\dot{\Psi}_{Flujo(1)} + \dot{\Psi}_{Molecular(3)} + \dot{\Psi}_{Convección(3)} = \dot{\Psi}_{Flujo(2)} + \dot{\Psi}_{Molecular(4)} + \dot{\Psi}_{Convección(4)}$$

(11-22)

substituyendo las equivalencias de los términos en la ecuación anterior y considerando que las dimensiones establecidas del volumen de control son $dz=dy=dz=1$, el balance es

$$C_{\Psi(1)}u_1 - \sigma\left(\frac{\partial C_\Psi}{\partial y}\right)_3 + C_{\Psi(3)}v_3 = C_{\Psi(2)}u_2 - \sigma\left(\frac{\partial C_\Psi}{\partial y}\right)_4 + C_{\Psi(4)}v_4$$

o

$$\sigma\left(\frac{\partial C_\Psi}{\partial y}\right)_4 - \sigma\left(\frac{\partial C_\Psi}{\partial y}\right)_3 = C_{\Psi(2)}u_2 - C_{\Psi(1)}u_1 + C_{\Psi(4)}v_4 - C_{\Psi(3)}v_3$$

De las aproximaciones de la capa límite, $u_1 \approx u_2 = u$ y $v_3 \approx v_4 = v$, la ecuación se modifica a:

$$\sigma\left[\left(\frac{\partial C_\Psi}{\partial y}\right)_4 - \left(\frac{\partial C_\Psi}{\partial y}\right)_3\right] = u\left[C_{\Psi(2)} - C_{\Psi(1)}\right] + v\left[C_{\Psi(4)} - C_{\Psi(3)}\right]$$

Es el cambio de $\partial C_\Psi/\partial y$ de 3 a 4 en el eje y

Cambio de C_Ψ a lo largo del eje z (de 1 a 2)

Variación de C_Ψ en el eje y (de 3 a 4)

Las variaciones señaladas antes se pueden escribir en forma de diferenciales así,

$$\sigma\frac{\partial}{\partial y}\left[\left(\frac{\partial C_\Psi}{\partial y}\right)_{3\to4}\right] = u\frac{\partial}{\partial z}\left(C_{\Psi[1\to2]}\right) + v\frac{\partial}{\partial y}\left(C_{\Psi[3\to4]}\right)$$

Finalmente

$$u\frac{\partial C_\Psi}{\partial z} + v\frac{\partial C_\Psi}{\partial y} = \sigma\frac{\partial^2 C_\Psi}{\partial y^2} \tag{11-23}$$

Esta es la ecuación general de conservación de propiedad de la capa límite con las restricciones establecidas previamente.

Recordando que los productos uC_Ψ y vC_Ψ son los fluxes de la propiedad Ψ (kg/s.m^2, kJ/s.m^2 o [kg.m/s]/s.m^2 ;ver arriba) a la ecuación anterior se le puede encontrar su significado físico reescribiéndola de la forma siguiente

$$\underbrace{\dfrac{\Delta \tilde{\Psi}_{Convección}}{\Delta z} + v\dfrac{\Delta \tilde{\Psi}_{Convección}}{\Delta y}}_{\substack{\text{Transferencia} \\ \text{convectiva neta de} \\ \Psi \text{ en } z}} \quad \underbrace{}_{\substack{\text{Transferencia} \\ \text{convectiva neta de} \\ \Psi \text{ en } y}} = \dfrac{\Delta\left(\sigma\dfrac{\Delta C_{\Psi}}{\Delta y}\right)}{\Delta y} = \underbrace{\dfrac{\Delta \tilde{\Psi}_{DifusiónMolecular}}{\Delta y}}_{\substack{\text{Transferencia} \\ \text{molecular neta de} \\ \Psi \text{ en } y}}$$

$$\underbrace{\phantom{\dfrac{\Delta \tilde{\Psi}_{Convección}}{\Delta z} + v\dfrac{\Delta \tilde{\Psi}_{Convección}}{\Delta y}}}_{\substack{\text{Transferencia convectiva neta de } \Psi \text{ a través} \\ \text{del volumen de control}}} \qquad \underbrace{\phantom{\dfrac{\Delta \tilde{\Psi}_{DifusiónMolecular}}{\Delta y}}}_{\substack{\text{Transferencia molecular} \\ \text{neta de } \Psi \text{ a través del} \\ \text{volumen de control}}}$$

11.5.3 Para la transferencia de masa.

Para establecer las ecuaciones pertinentes de la capa límite de concentraciones sería necesario aplicar la ley de conservación de la masa A al volumen elemental de control de la Figura 11-18 y realizar toda la manipulación matemática necesaria. Sin embargo esto ya se ha hecho en la sección anterior, por lo que substituyendo la velocidad de transferencia de masa $\dot{M}_A$ por la velocidad de transferencia de propiedad Ψ en la ecuación del balance general de propiedad (11-22)

$$\dot{M}_{A[Flujo](1)} + \dot{M}_{A[DifusiónMolecular](3)} + \dot{M}_{A[Convección](3)} =$$

$$\dot{M}_{A[Flujo](2)} + \dot{M}_{A[DifusiónMolecular](4)} + \dot{M}_{A[Convección](4)}$$

$$\textbf{(11-24)}$$

y substituyendo A por Ψ en la ecuación general de conservación (11-23) se obtiene la expresión de conservación de masa (de A) de la capa límite de concentraciones con las restricciones establecidas previamente,

$$u\frac{\partial C_A}{\partial z} + v\frac{\partial C_A}{\partial y} = D_{AB}\frac{\partial^2 C_A}{\partial y^2} \qquad \textbf{(11-25)}$$

De igual manera se puede decir que

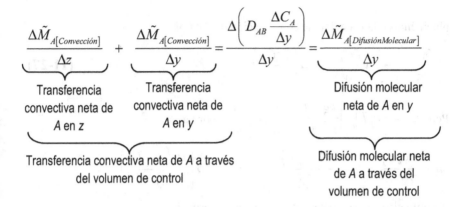

$$\underbrace{\underbrace{\frac{\Delta \tilde{M}_{A[Convección]}}{\Delta z}}_{\substack{\text{Transferencia} \\ \text{convectiva neta de} \\ A \text{ en } z}} + \underbrace{\frac{\Delta \tilde{M}_{A[Convección]}}{\Delta y}}_{\substack{\text{Transferencia} \\ \text{convectiva neta de} \\ A \text{ en } y}}}_{\substack{\text{Transferencia convectiva neta de } A \text{ a través} \\ \text{del volumen de control}}} = \frac{\Delta \left(D_{AB} \frac{\Delta C_A}{\Delta y} \right)}{\Delta y} = \underbrace{\underbrace{\frac{\Delta \tilde{M}_{A[DifusiónMolecular]}}{\Delta y}}_{\substack{\text{Difusión molecular} \\ \text{neta de } A \text{ en } y}}}_{\substack{\text{Difusión molecular neta} \\ \text{de } A \text{ a través del} \\ \text{volumen de control}}}$$

Se ha supuesto que la transferencia de masa no tiene efecto alguno sobre la capa límite de velocidades y por tanto la velocidad en la superficie es de cero ($u_s=0$, $v_s=0$). Esta consideración es razonable en el caso de problemas de evaporación o sublimación en interfases gas – líquido o gas – sólido, respectivamente. Sin embargo, tal suposición no es aceptable en problemas con grandes velocidades de transferencia en la interfase como el enfriamiento por transferencia de masa. En este caso el movimiento de moléculas de A a lo largo del eje y modifica el valor de v. Para los problemas de nuestro interés será aceptable considerar que $v_s=0$.

11.5.4 Para la transferencia de calor.

Para establecer las ecuaciones de la capa límite térmica se aplica la ley de conservación de energía a un volumen elemental de control (Figura 11-18).

Debido a las consideraciones citadas este balance de energía se simplifica al balance de entalpía de las corrientes. El balance se puede escribir ($\dot{h}$ en lugar de $\dot{\Psi}$):

$$\dot{h}_{Flujo(1)} + \dot{h}_{Molecular(3)} + \dot{h}_{Convección(3)} = \dot{h}_{Flujo(2)} + \dot{h}_{Molecular(4)} + \dot{h}_{Convección(4)} \quad \textbf{(11-26)}$$

obteniéndose la ecuación de conservación de entalpía

$$u\frac{\partial C_h}{\partial z} + v\frac{\partial C_h}{\partial y} = \alpha\left(\frac{\partial^2 C_h}{\partial y^2}\right) \tag{11-27}$$

Pero $C_h = \rho c_p T [=] \dfrac{kg}{m^3} \dfrac{kJ}{kg\,K} \dfrac{K}{1} [=] \dfrac{kJ}{m^3}$, por tanto

$$u\frac{\partial\left(\rho c_p T\right)}{\partial z} + v\frac{\partial\left(\rho c_p T\right)}{\partial y} = \alpha\left(\frac{\partial^2\left(\rho c_p T\right)}{\partial y^2}\right)$$

y como el ρ y c_p son constantes, salen de la derivada

$$\rho c_p\, u\frac{\partial T}{\partial z} + \rho c_p\, v\frac{\partial T}{\partial y} = \rho c_p\, \alpha\left(\frac{\partial^2 T}{\partial y^2}\right)$$

y se eliminan para dar

$$\underbrace{u\frac{\partial T}{\partial z} + v\frac{\partial T}{\partial y}}_{} = \underbrace{\alpha\left(\frac{\partial^2 T}{\partial y^2}\right)}_{} \tag{11-28}$$

Transferencia neta   Conducción neta de calor
de energía por   en el volumen de control
convección en el
volumen de control

Las expresiones 11-27 y 11-28 representan la ecuación de energía de la capa límite en dos formas alternas, en virtud de las restricciones establecidas.

Cuando los efectos viscosos no se pueden ignorar, la expresión que se obtiene es

$$u\frac{\partial T}{\partial z} + v\frac{\partial T}{\partial y} = \alpha\left(\frac{\partial^2 T}{\partial y^2}\right) + \frac{\nu}{c_p}\left(\frac{\partial u}{\partial y}\right)^2 \tag{11-29}$$

El último término, el de disipación viscosa, sólo es importante cuando las velocidades presentes son altas, por ejemplo en el movimiento de fluidos viscosos a altas velocidades o los flujos sónicos, casos que no se verán aquí.

308

11.5.5 Para la transferencia de momento.

De manera similar se deducen las ecuaciones de la capa límite de velocidades pero aplicando un caso especial de la ley de conservación de la energía al volumen elemental de control. Las consideraciones especiales de este caso simplifican mucho el análisis y nos llevan a plantear sólo un balance de cantidad de movimiento, de acuerdo de nuevo con el planteamiento basado en la figura 11-18.

Por tanto el balance de momento en el volumen de control es,

$$\dot{\Omega}_{Flujo(1)} + \dot{\Omega}_{Molecular(3)} + \dot{\Omega}_{Convección(3)} = \dot{\Omega}_{Flujo(2)} + \dot{\Omega}_{Molecular(4)} + \dot{\Omega}_{Convección(4)}$$

$$(11\text{-}30)$$

que nos lleva finalmente a la ecuación de la capa límite velocidades

$$u\frac{\partial C_\Omega}{\partial z} + v\frac{\partial C_\Omega}{\partial y} = \mathcal{V}\frac{\partial^2 C_\Omega}{\partial y^2} \qquad (11\text{-}31)$$

ahora, si se considera que $du/dz \approx dv/dy$ (y ambos gradientes son muy pequeños comparados con du/dy; ver consideraciones y restricciones, inciso e); el <u>cambio</u> de momento en z es igual al <u>cambio</u> de momento en y (en el volumen de control), es decir, $\partial(\rho u)/\partial z \approx \partial(\rho v)/\partial y$ (ρ = constante); y como $\partial z = \partial y$ (consideraciones, inciso a); entonces, se puede substituir $\partial(\rho u)$ en lugar de $\partial(\rho v)$, para finalmente obtener el balance de momento en variables más accesibles

$$u\frac{\partial u}{\partial z} + v\frac{\partial u}{\partial y} = \mathcal{V}\frac{\partial^2 u}{\partial y^2} \qquad (11\text{-}32)$$

Cuando la variación de presión a lo largo de z es importante y considerando que la variación de P en y es insignificante le ecuación de la capa límite será

$$u\frac{\partial u}{\partial z} + v\frac{\partial u}{\partial y} = \mathcal{V}\frac{\partial^2 u}{\partial y^2} - \frac{1}{\rho}\frac{\partial P}{\partial x} \qquad (11\text{-}33)$$

y P tomará el valor de la presión en la corriente libre a la z correspondiente.

11.6 Ecuaciones adimensionales para la transferencia convectiva.

Es obvio que las ecuaciones 11-25 , 11-28 y 11-32 tienen la misma forma. Cada ecuación contiene un término convectivo a la izquierda y un término molecular a la derecha; condiciones comúnmente encontradas en muchas aplicaciones de ingeniería. Dichas ecuaciones nos permitirán, con algunas modificaciones, identificar parámetros similares de las capas límite y reconocer algunas analogías importantes entre la transferencia de momento, calor y masa. Para lograrlo primero hay que darle a cada ecuación el carácter de adimensional.

11.6.1 Formas adimensionales de las ecuaciones de convección.

Para normalizar las ecuaciones de las capas límite es necesario definir primero las siguientes variables adimensionales:

$$z^{\otimes} = \frac{z}{L} \qquad\qquad y \qquad\qquad y^{\otimes} = \frac{y}{L} \qquad\qquad \textbf{(11-34)}$$

Longitud característica de la superficie de interés, por ejemplo, longitud de una placa plana o el diámetro interno de un tubo.

$$u^{\otimes} = \frac{u - u_s}{v - u_s} = \frac{u}{v} \qquad y \qquad v^{\otimes} = \frac{v - v_s}{v - v_s} = \frac{v}{v} \qquad \textbf{(11-35)}$$

Velocidad del fluido antes de llegar a la pared (Figura 11-14).

y la concentración adimensional de propiedad es,

$$C_{\Psi}^{\otimes} = \frac{C_{\Psi} - C_{\Psi(s)}}{C_{\Psi(\infty)} - C_{\Psi(s)}} \qquad \textbf{(11-36)}$$

De estas ecuaciones se despejan z, y y C_{Ψ}, y se substituyen en la ecuación general de conservación 11-23 para obtener

$$u^{\otimes}v \frac{\partial\left[\left(C_{\Psi(\infty)} - C_{\Psi(s)}\right) + C_{\Psi(s)}\right]C_{\Psi}^{\otimes}}{\partial L z^{\otimes}} + v^{\otimes}v \frac{\partial\left[\left(C_{\Psi(\infty)} - C_{\Psi(s)}\right) + C_{\Psi(s)}\right]C_{\Psi}^{\otimes}}{\partial L y^{\otimes}} =$$

$$= \sigma \frac{\partial^2\left[\left(C_{\Psi(\infty)} - C_{\Psi(s)}\right) + C_{\Psi(s)}\right]C_{\Psi}^{\otimes}}{\partial\left(L y^{\otimes}\right)^2}$$

$$u^{\otimes}v \frac{\partial\left(C_{\Psi(\infty)} - C_{\Psi(s)}\right)C_{\Psi}^{\otimes}}{\partial L z^{\otimes}} + v^{\otimes}v \frac{\partial\left(C_{\Psi(\infty)} - C_{\Psi(s)}\right)C_{\Psi}^{\otimes}}{\partial L y^{\otimes}} = \sigma \frac{\partial^2\left(C_{\Psi(\infty)} - C_{\Psi(s)}\right)C_{\Psi}^{\otimes}}{\partial\left(L^2 y^{\otimes 2}\right)}$$

$$\frac{\left(C_{\Psi(\infty)} - C_{\Psi(s)}\right)}{L} v\left[u^{\otimes}\frac{\partial C_{\Psi}^{\otimes}}{\partial z^{\otimes}} + v^{\otimes}\frac{\partial C_{\Psi}^{\otimes}}{\partial y^{\otimes}}\right] = \frac{\left(C_{\Psi(\infty)} - C_{\Psi(s)}\right)}{L}\frac{\sigma}{L}\frac{\partial^2 C_{\Psi}^{\otimes}}{\partial y^{\otimes 2}}$$

Y finalmente tendremos la expresión general de conservación en su forma adimensional, que aplicaremos enseguida a cada fenómeno de transferencia.

$$u^{\otimes}\frac{\partial C_{\Psi}^{\otimes}}{\partial z^{\otimes}} + v^{\otimes}\frac{\partial C_{\Psi}^{\otimes}}{\partial y^{\otimes}} = \frac{\sigma}{vL}\frac{\partial^2 C_{\Psi}^{\otimes}}{\partial y^{\otimes 2}} \qquad \textbf{(11-37)}$$

Para la transferencia de cantidad de movimiento la concentración adimensional de momento sería

$$C_{\Omega}^{\otimes} = \frac{C_{\Omega} - C_{\Omega(s)}}{C_{\Omega(\infty)} - C_{\Omega(s)}} = \frac{\rho u - \rho u_s}{\rho v - \rho u_s} = \frac{u - u_s}{v - u_s} = \frac{u}{v} = u^{\otimes} \qquad \textbf{(11-38)}$$

y su ecuación adimensional

$$u^{\otimes}\frac{\partial C_{\Omega}^{\otimes}}{\partial z^{\otimes}} + v^{\otimes}\frac{\partial C_{\Omega}^{\otimes}}{\partial y^{\otimes}} = \frac{\mathcal{V}}{vL}\frac{\partial^2 C_{\Omega}^{\otimes}}{\partial y^{\otimes 2}} \quad \text{o} \qquad \textbf{(11-39)}$$

$$u^{\otimes} \frac{\partial u^{\otimes}}{\partial z^{\otimes}} + v^{\otimes} \frac{\partial u^{\otimes}}{\partial y^{\otimes}} = \frac{\mathcal{V}}{v\mathcal{L}} \frac{\partial^2 u^{\otimes}}{\partial y^{\otimes 2}} \tag{11-40}$$

o incluyendo la caída de presión

$$u^{\otimes} \frac{\partial u^{\otimes}}{\partial z^{\otimes}} + v^{\otimes} \frac{\partial u^{\otimes}}{\partial y^{\otimes}} = \frac{\mathcal{V}}{v\mathcal{L}} \frac{\partial^2 u^{\otimes}}{\partial y^{\otimes 2}} - \frac{dP^{\otimes}}{dz^{\otimes}} \tag{11-41}$$

De igual manera para la capa límite de temperaturas,

$$C_h^{\otimes} = \frac{C_h - C_{h(s)}}{C_{h(\infty)} - C_{h(s)}} = \frac{\rho c_p T - \rho c_p T_s}{\rho c_p T_\infty - \rho c_p T_s} = \frac{T - T_s}{T_\infty - T_s} = T^{\otimes} \tag{11-42}$$

$$u^{\otimes} \frac{\partial C_h^{\otimes}}{\partial z^{\otimes}} + v^{\otimes} \frac{\partial C_h^{\otimes}}{\partial y^{\otimes}} = \frac{\alpha}{v\mathcal{L}} \frac{\partial^2 C_h^{\otimes}}{\partial y^{\otimes 2}} \quad o \tag{11-43}$$

$$u^{\otimes} \frac{\partial T^{\otimes}}{\partial z^{\otimes}} + v^{\otimes} \frac{\partial T^{\otimes}}{\partial y^{\otimes}} = \frac{\alpha}{v\mathcal{L}} \frac{\partial^2 T^{\otimes}}{\partial y^{\otimes 2}} \tag{11-44}$$

y para la transferencia de masa

$$C_A^{\otimes} = \frac{C_A - C_{A(s)}}{C_{A(\infty)} - C_{A(s)}} \tag{11-45}$$

$$u^{\otimes} \frac{\partial C_A^{\otimes}}{\partial z^{\otimes}} + v^{\otimes} \frac{\partial C_A^{\otimes}}{\partial y^{\otimes}} = \frac{D_{AB}}{v\mathcal{L}} \frac{\partial^2 C_A^{\otimes}}{\partial y^{\otimes 2}} \tag{11-46}$$

11.6.2 Parámetros similares de las capas límite y ecuaciones adimensionales.

Las expresiones 11-41, 11-44 y 11-46 son las formas adimensionales de las ecuaciones de conservación. De ellas se puede inferir claramente los tres parámetros similares dados por el cociente general de $v\mathcal{L}/\sigma$.

De la ecuación 11-41 se identifica el Número de Reynolds,

$$Re_L = \frac{Lv}{\mathcal{V}} = \frac{\rho Lv}{\mu} \tag{11-47}$$

De la ecuación 11-44

$$\frac{vL}{\alpha} = \frac{vL}{\mathcal{V}}\frac{\mathcal{V}}{\alpha} = Re_L Pr \qquad y \qquad Pr = \frac{\mathcal{V}}{\alpha}[=]\frac{m^2}{s}\frac{s}{m^2}[=]\text{Adimensional} \tag{11-48}$$

Número de Prandtl

La ecuación de continuidad de las especies químicas (11-46) nos proporciona

$$\frac{vL}{D_{AB}} = \frac{vL}{\mathcal{V}}\frac{\mathcal{V}}{D_{AB}} = Re_L Sc \qquad y \qquad Sc = \frac{\mathcal{V}}{D_{AB}}[=]\frac{m^2}{s}\frac{s}{m^2}[=]\text{Adimensional} \tag{11-49}$$

Número de Schmidt

Substituyendo las equivalencias anteriores en las ecuaciones correspondientes e incluyendo la variación de presión respecto de z en la ecuación de ímpetu obtenemos las formas normalizadas de las ecuaciones de conservación,

$$u^{\otimes}\frac{\partial u^{\otimes}}{\partial z^{\otimes}} + v^{\otimes}\frac{\partial u^{\otimes}}{\partial y^{\otimes}} = \frac{1}{Re_L}\frac{\partial^2 u^{\otimes}}{\partial y^{\otimes 2}} - \frac{dP^{\otimes}}{dz^{\otimes}} \tag{11-50}$$

$$u^{\otimes}\frac{\partial T^{\otimes}}{\partial z^{\otimes}} + v^{\otimes}\frac{\partial T^{\otimes}}{\partial y^{\otimes}} = \frac{1}{Re_L Pr}\frac{\partial^2 T^{\otimes}}{\partial y^{\otimes 2}} \tag{11-51}$$

$$u^{\otimes}\frac{\partial C_A^{\otimes}}{\partial z^{\otimes}} + v^{\otimes}\frac{\partial C_A^{\otimes}}{\partial y^{\otimes}} = \frac{1}{Re_L Sc}\frac{\partial^2 C_A^{\otimes}}{\partial y^{\otimes 2}} \tag{11-52}$$

11.7 Soluciones de las ecuaciones adimensionales en la forma de funciones elementales.

Las ecuaciones diferenciales anteriores representan los cambios que sufren las tres variables que nos interesan de las capas límite: la velocidad, la temperatura y la concentración de A en el espacio z - y. Resolviéndolas podríamos tener los perfiles a cualquier z, es decir, seríamos capaces de calcular las velocidades, las temperaturas y las concentraciones de A (en sus formas dimensionales o adimensionales) en cualquier punto(z, y)de la capa límite. Los perfiles nos permiten calcular los gradientes, los coeficientes C_f, h_Q y k_M, (Ecuaciones para $y=0$) para que finalmente se puedan determinar las velocidades de transferencia de momento del fluido a la pared y de calor o masa desde o hacia la interfase. Sin embargo, no es nuestra intención el encontrar una solución analítica a las expresiones citadas ya que resultarían muy limitadas. En lugar de eso se planteará una solución *intuitiva* (Incropera *et. al.*, 1990) que nos llevará a expresiones matemáticas funcionales básicas, sencillas y generales que son de gran aplicación en el trabajo del ingeniero.

11.7.1 Para transferencia de momento.

De la ecuación de ímpetu se observa que la velocidad en la capa límite depende de la ρ y μ del fluido, de la velocidad υ y de la longitud $\mathcal{L}$; peroesta dependencia se simplifica usando el Re. Como en este caso nos interesa el valor de la velocidad $u^\otimes$ con respecto a la distancia de la pared sólida, podemos inferir que la solución de la ecuación 11-50 tendrá la forma de una función básica como la siguiente

$$u^\otimes = f_1\left(z^\otimes, y^\otimes, Re_L, \frac{dP^\otimes}{dz^\otimes} \right) \tag{11-53}$$

La velocidad $v^\otimes$ no se incluye porque al ser función de $z^\otimes$ y $y^\otimes$, automáticamente $u^\otimes$ sigue siendo sólo función de $z^\otimes$ y $y^\otimes$. Por otro lado, la caída de presión P por fricción a lo largo de z, se verá afectada sensiblemente por la geometría de la superficie y puede obtenerse de manera independiente considerando las condiciones de flujo de la corriente libre. Por tanto, $dP^{\otimes}/dz^{\otimes}$ nos indica el efecto de la geometría del sistema en el perfil de velocidades de la capa límite.

La transferencia de momento en la superficie, con las variables adimensionales es

$$\tilde{\Omega}_s = \mu \left| \frac{\partial u}{\partial y} \right|_{y=0} = \mu \left| \frac{\partial \upsilon u^{\otimes}}{\partial \mathcal{L} y^{\otimes}} \right| = \mu \frac{\upsilon}{\mathcal{L}} \left| \frac{\partial u^{\otimes}}{\partial y^{\otimes}} \right|_{y^{\otimes}=0} = \tau_s$$

y por tanto el coeficiente de fricción local será

$$C_f = \frac{\tau_s}{\rho \dfrac{\upsilon^2}{2}} = \frac{2\mu\upsilon}{\rho \upsilon^2 \mathcal{L}} \left| \frac{\partial u^{\otimes}}{\partial y^{\otimes}} \right|_{y^{\otimes}=0} = \frac{2}{Re_L} \left| \frac{\partial u^{\otimes}}{\partial y^{\otimes}} \right|_{y^{\otimes}=0} \qquad \textbf{(11-54)}$$

de la Ecuación 11-53, en $y = y^{\otimes} = 0$, se deduce que el gradiente de velocidades

$$\left| \frac{\partial u^{\otimes}}{\partial y^{\otimes}} \right|_{y^{\otimes}=0} = f_2 \left(z^{\otimes}, Re_L, Geometría\ de\ la\ superficie \right)$$

y por tanto

$$C_f = \frac{2}{Re_L} f_2 \left(z^{\otimes}, Re_L, Geometría \right) \qquad \textbf{(11-55)}$$

pero *para una geometría determinada* se puede omitir la variación de P y

$$C_f = \frac{2}{Re_L} f_3 \left(z^{\otimes}, Re_L \right) = f_4 \left(z^{\otimes}, Re_L \right) \qquad \textbf{(11-56)}$$

Para un coeficiente de fricción promedio sobre toda la superficie de contacto entre las fases y una geometría determinada,

$$\bar{C}_f = f_s\left(Re_L\right) \tag{11-57}$$

El significado de estas ecuaciones no debe pasarse por alto. La ecuación 11-56 establece claramente que el coeficiente de fricción local, parámetro adimensional muy importante para el ingeniero, puede expresarse exclusivamente como una función de una variable espacial adimensional y del Re. Por su parte el coeficiente promedio, ecuación 11-57, es una función sólo del Re. De aquí que para una geometría determinada debemos esperar que la expresión matemática f_4 que relacione a C_f con $z^{\otimes}$ y el Re sea *universalmente* aplicable; es decir, esta función se podría aplicar a diferentes fluidos (distintas ρ, μ, c_p, etc.) y sobre un amplio intervalo de valores de $\mathcal{V}$ y $\mathcal{L}$, siempre y cuando la geometría del sistema de ajuste a la predeterminada para f_4.

11.7.2 Para transferencia de calor.

La ecuación de energía térmica de la capa límite (Ecuación 11-52) apunta que la temperatura adimensional dentro de la capa límite depende de

$$T^{\otimes} = f_6\left(z^{\otimes}, y^{\otimes}, Re_L, Pr, \frac{dP^{\otimes}}{dz^{\otimes}}\right) \tag{11-58}$$

No se incluye $v^{\otimes}$ por las razones indicadas pero si la caída de presión en z. Anteriormente se mencionó que el gradiente de presiones adimensional ($dP^{\otimes}/dz^{\otimes}$) es función de la geometría y que esta afecta enormemente las características de flujo dentro de la capa límite. Entonces, la geometría afecta las condiciones de flujo ($u^{\otimes}$ y $v^{\otimes}$) y éstas alteran al mismo tiempo al gradiente de presiones y a las condiciones térmicas de la capa límite. Por tanto, $dP^{\otimes}/dz^{\otimes}$ representa los efectos de la geometría de la superficie sobre la capa límite de temperaturas.

De la definición del coeficiente de transferencia de calor y Ecuaciones 11-7, 11-34 y 11-42,

$$h_Q = \frac{-k \left.\dfrac{\partial T}{\partial y}\right|_{y=0}}{T_s - T_\infty} = \frac{-k \left.\dfrac{\partial\left[\left(T_\infty - T_s\right)T^\otimes + T_s\right]}{\partial\left(\mathcal{L}y^\otimes\right)}\right|_{y^\otimes=0}}{T_s - T_\infty} =$$

o

$$= \frac{-k \left.\dfrac{\partial\left[\left(T_\infty - T_s\right)T^\otimes\right]}{\partial\left(\mathcal{L}y^\otimes\right)}\right|_{y^\otimes=0}}{T_s - T_\infty} = \frac{\left(T_s - T_\infty\right)}{T_s - T_\infty}\frac{k}{\mathcal{L}}\left.\frac{\partial T^\otimes}{\partial y^\otimes}\right|_{y^\otimes=0}$$

$$h_Q = \frac{k}{\mathcal{L}}\left.\frac{\partial T^\otimes}{\partial y^\otimes}\right|_{y^\otimes=0} \tag{11-59}$$

Por lo tanto de acuerdo con la Ecuación 11-58

$$\left.\frac{\partial T^\otimes}{\partial y^\otimes}\right|_{y^\otimes=0} = f_7\left(z^\otimes, Re_L, Pr, \text{Geometría de la superficie}\right)$$

y

$$h_Q = \frac{k}{\mathcal{L}} f_7\left(z^\otimes, Re_L, Pr, \text{Geometría}\right) \tag{11-60}$$

Para una geometría determinada

$$h_Q = \frac{k}{\mathcal{L}} f_8\left(z^\otimes, Re_L, Pr\right) \tag{11-61}$$

Como se ve, el h_Q es el equivalente del C_f para la capa límite térmica. Sin embargo, en los problemas de transmisión de calor se acostumbra utilizar un número adimensional característico de estos casos, el Número de Nusselt. Este se define despejando de la Ecuación 11-59

$$\left.\frac{\partial T^\otimes}{\partial y^\otimes}\right|_{y^\otimes=0} = \frac{h_Q \mathcal{L}}{k} = Nu \tag{11-62}$$

Número de Nusselt

El Nu es igual al gradiente de temperaturas adimensional en la superficie y proporciona una medida de la transferencia convectiva de calor que ocurre en la interfase.

Multiplicado las Ecuaciones 11-60 y 11-61 por L/k

$$Nu = \frac{h_Q L}{k} = f_7\left(z^\otimes, Re_L, Pr, Geometría\right) \qquad \textbf{(11-63)}$$

que para una geometría determinada se reduce a

$$Nu = f_8\left(z^\otimes, Re_L, Pr\right) \qquad \textbf{(11-64)}$$

Las ecuaciones 11-61 y 11-64 señalan terminantemente que para una geometría determinada el h_Q es una *función universal* de k, L, $z^\otimes$, Re_L, y Pr; mientras que el Nu es una función universal de $z^\otimes$, Re_L, y Pr.

Es común que se tenga la relación matemática como se ha expresado en la Ecuación 11-64, por lo que de ella se puede determinar el valor del Nu para diferentes fluidos y diversos valores de v y L. Del Número de Nusselt se obtiene el valor del coeficiente local h_Q y de éste el flux local de calor de la ecuación 11-5.

Por otra parte, si se integra la expresión para h_Q sobre toda la superficie de transferencia se obtendría una función para el coeficiente promedio, que por incluir toda el área de transmisión sería independiente de la variable espacial $z^\otimes$. Entonces se podría escribir $\overline{h}_Q = \frac{k}{L} f_9\left(Re_L, Pr, Geometría\right)$

$$\textbf{(11-65)}$$

$$\overline{Nu} = \frac{\overline{h}_Q L}{k} = f_9\left(Re_L, Pr, Geometría\right) \qquad \textbf{(11-66)}$$

para una geometría determinada

$$\overline{h}_Q = \frac{k}{L} f_{10}\left(Re_L, Pr\right) \qquad \textbf{(11-67)}$$

$$\overline{Nu} = f_{10}\left(Re_L, Pr\right) \qquad\qquad \textbf{(11-68)}$$

11.7.3 Para transferencia de masa.

De manera similar, para la transferencia de masa (entre un flujo gaseoso y un liquido en evaporación o un sólido sublimando en un gas) la Ecuación 11-52 manifiesta que la dependencia de la concentración de A dentro de la capa límite se puede escribir

$$C_A^{\otimes} = f_{11}\left(z^{\otimes}, y^{\otimes}, Re_L, Sc, \frac{dP^{\otimes}}{dz^{\otimes}}\right) \qquad\qquad \textbf{(11-69)}$$

De nuevo se omite $v^{\otimes}$ y se incluye $dP^{\otimes}/dz^{\otimes}$ por las razones ya indicadas.

De la definición del coeficiente de transferencia de masa y las Ecuaciones 11-14, 11-34 y 11-45 se puede demostrar que

$$k_M = \frac{\left[-D_{AB}\left|\dfrac{\partial C_A}{\partial y}\right|_{y=0}\right]_x}{C_{A(\infty)} - C_{A(s)}} = \frac{-D_{AB}\dfrac{\left|\dfrac{\partial C_A^{\otimes}\left(C_{A(\infty)} - C_{A(s)} + C_{A(s)}\right)}{\partial \mathbb{L}y^{\otimes}}\right|}{\bigg|_{y=0}}}{C_{A(\infty)} - C_{A(s)}} =$$

$$\frac{-D_{AB}\left(C_{A(\infty)} - C_{A(s)}\right)\dfrac{1}{\mathbb{L}}\left|\dfrac{\partial C_A^{\otimes}}{\partial y^{\otimes}}\right|_{y=0}}{C_{A(\infty)} - C_{A(s)}}$$

y

$$k_M = \frac{D_{AB}}{\mathbb{L}}\left|\frac{\partial C_A^{\otimes}}{\partial y^{\otimes}}\right|_{y^{\otimes}=0} \qquad\qquad \textbf{(11-70)}$$

de acuerdo con la Ecuación 11-69

$$\left|\frac{\partial C_A^\otimes}{\partial y^\otimes}\right|_{y^\otimes=0} = f_{12}\left(z^\otimes, Re_L, Sc, Geometría\ de\ la\ superficie\right) \quad y$$

$$k_M = \frac{D_{AB}}{L} f_{12}\left(z^\otimes, Re_L, Sc, Geometría\right) \tag{11-71}$$

y para una geometría determinada

$$k_M = \frac{D_{AB}}{L} f_{13}\left(z^\otimes, Re_L, Pr\right) \tag{11-72}$$

El lector observará fácilmente que k_M es el equivalente de h_Q y de C_f para la capa límite de concentraciones. En el caso de la transferencia de masa generalmente se usa el Número de Sherwood como parámetro adimensional característico. Este número se define despejando de la Ecuación 11-70

$$\left|\frac{\partial C_A^\otimes}{\partial y^\otimes}\right|_{y^\otimes=0} = \frac{k_M L}{D_{AB}} = Sh \tag{11-73}$$

Número de Sherwood

El Sh es igual al gradiente adimensional de concentraciones en la interfase y proporciona una medida de la transferencia convectiva de masa en la superficie del sólido.

Multiplicado las Ecuaciones 11-71 y 11-72 por L/D_{AB}

$$Sh = \frac{k_M L}{D_{AB}} = f_{12}\left(z^\otimes, Re_L, Sc, Geometría\right) \tag{11-74}$$

que para una geometría determinada se reduce a

$$Sh = f_{13}\left(z^\otimes, Re_L, Sc\right) \tag{11-75}$$

Las ecuaciones 11-72 y 11-75 indican que para una geometría determinada el k_M es una *función universal* de D_{AB}, L, $z^\otimes$, Re_L, y Sc; mientras que el Sh es una función universal de $z^\otimes$, Re_L, y Sc.

320

También en este caso se puede trabajar con los valores promedio de k_M y Sh sobre toda el área de transferencia de masa de tal manera que se tiene

$$\overline{k}_M = \frac{D_{AB}}{\mathcal{L}} f_{14}\left(Re_L, Sc, Geometría\right) \tag{11-76}$$

$$\overline{Sh} = \frac{\overline{k}_M \mathcal{L}}{D_{AB}} = f_{14}\left(Re_L, Sc, Geometría\right) \tag{11-77}$$

y para una geometría determinada

$$\overline{k}_M = \frac{D_{AB}}{\mathcal{L}} f_{15}\left(Re_L, Sc\right) \tag{11-78}$$

$$\overline{Sh} = f_{15}\left(Re_L, Sc\right) \tag{11-79}$$

11.7.4 Similitud de las capas límite.

La Tabla 11-1 muestra un resumen de las ecuaciones de conservación, las normalizadas, las soluciones en forma de funciones elementales y los parámetros de similitud de la capa límite. Los números adimensionales Re, Pr y Sc son los parámetros de similitud entre las tres capas límite que más adelante nos permitirán utilizar los resultados de un experimento a otro con geometría similar pero condiciones de trabajo muy diferentes, como podrían ser el fluido, la velocidad y/o el tamaño de la superficie (determinado por $\mathcal{L}$). Las soluciones que se han obtenido, indicadas en la misma Tabla 11-1, permiten identificar otros parámetros de similitud entre los tres fenómenos de transferencia, el Nu y el Sh. Todos los números adimensionales incluidos en dicha tabla son los más importantes para las capas limite con convección forzada y bajas velocidades.

Las ecuaciones diferenciales obtenidas en esta sección describen los fenómenos físicos que ocurren en las capas límite. Las soluciones de las mismas, en forma de funciones elementales, nos indican claramente: (1) los parámetros de similitud; C_f es a la capa límite de velocidades, como el Nu (h_Q) es a la térmica y el Sh (k_M) es a la de concentraciones; además, el

Re_L es importante en los tres fenómenos y el Pr y el Sc son equivalentes entre sí; y (2) las variables principales que los afectan (k, c_p, μ, $\mathcal{v}$, $\mathcal{L}$, D_{AB}, etc.).

Las expresiones en la forma de funciones básicas tales como las Ecuaciones 11-57, 11-68 y 11-79, deben aquilatarse en toda su magnitud. Esas ecuaciones establecen que sus formas finales específicas, ya sea que se obtengan teórica o experimentalmente, se pueden expresar en términos de los números adimensionales correspondientes y no de todas las variables implicadas. Por ejemplo, para transferencia de calor el Nu promedio se expresará en función del Re_L y del Pr en lugar de los seis parámetros iniciales(k, c_p, μ, ρ, $\mathcal{v}$, $\mathcal{L}$). Pero además, las soluciones específicas obtenidas para una geometría en particular serán universalmente aplicables. Con esto queremos decir que: (1) si dicha solución es teórica se podrá utilizar para cualquier fluido, cualquier velocidad y cualquier tamaño de la superficie siempre y cuando la geometría de ésta sea muy similar y las condiciones de la capa límite presente en este caso se ajusten a las consideraciones iniciales (cero disipación viscosa, etc.); y (2) cuando la solución es experimental ésta se podrá aplicar sin importar el fluido, la velocidad y el tamaño de la superficie siempre y cuando la geometría sea muy similar y las condiciones presentes en este caso sean también muy similares a las condiciones de experimentación.

Tabla 11-1. Ecuaciones de transferencia convectiva en la forma adimensional y normalizadas, sus soluciones en forma de funciones básicas, condiciones frontera y parámetros similares.

CAPA LIMITE	ECUACIONES ADIMENSIONALES DE CONSERVACION / ECUACIONES NORMALIZADAS Y SOLUCIONES ELEMENTALES	CONDICIONES FRONTERA f(z,y) — INTERFASE	CONDICIONES FRONTERA f(z,y) — CORRIENTE LIBRE	PARAMETROS SIMILARES
VELOCIDADES	$$u^{\otimes}\frac{\partial u^{\otimes}}{\partial z^{\otimes}} + v^{\otimes}\frac{\partial u^{\otimes}}{\partial y^{\otimes}} = \frac{\nu}{v_L}\frac{\partial^2 u^{\otimes}}{\partial y^{\otimes 2}} - \frac{dP^{\otimes}}{dz^{\otimes}}$$ $$u^{\otimes}\frac{\partial u^{\otimes}}{\partial z^{\otimes}} + v^{\otimes}\frac{\partial u^{\otimes}}{\partial y^{\otimes}} = \frac{1}{Re_L}\frac{\partial^2 u^{\otimes}}{\partial y^{\otimes 2}} - \frac{dP^{\otimes}}{dz^{\otimes}} \quad (i)$$ $$C_f = f_4\left(z^{\otimes}, Re_L\right)$$	$u^{\otimes}\left(z^{\otimes},0\right)=0$ $v^{\otimes}\left(z^{\otimes},0\right)=0$	$u^{\otimes}\left(z^{\otimes},\infty\right)=\dfrac{u_{\infty}\left(z^{\otimes}\right)}{\vartheta}$	Re_L
TEMPERATURAS	$$u^{\otimes}\frac{\partial T^{\otimes}}{\partial z^{\otimes}} + v^{\otimes}\frac{\partial T^{\otimes}}{\partial y^{\otimes}} = \frac{\alpha}{v_L}\frac{\partial^2 T^{\otimes}}{\partial y^{\otimes 2}}$$ $$u^{\otimes}\frac{\partial T^{\otimes}}{\partial z^{\otimes}} + v^{\otimes}\frac{\partial T^{\otimes}}{\partial y^{\otimes}} = \frac{1}{Re_L Pr}\frac{\partial^2 T^{\otimes}}{\partial y^{\otimes 2}} \quad (ii)$$ $$\overline{Nu} = f_9\left(Re_L, Pr\right)$$	$T^{\otimes}\left(z^{\otimes},0\right)=0$	$T^{\otimes}\left(z^{\otimes},\infty\right)=1$	$Re_L,\ Pr,\ Nu$
CONCENTRACIONES	$$u^{\otimes}\frac{\partial C_A^{\otimes}}{\partial z^{\otimes}} + v^{\otimes}\frac{\partial C_A^{\otimes}}{\partial y^{\otimes}} = \frac{D_{AB}}{v_L}\frac{\partial^2 C_A^{\otimes}}{\partial y^{\otimes 2}}$$ $$u^{\otimes}\frac{\partial C_A^{\otimes}}{\partial z^{\otimes}} + v^{\otimes}\frac{\partial C_A^{\otimes}}{\partial y^{\otimes}} = \frac{1}{Re_L Sc}\frac{\partial^2 C_A^{\otimes}}{\partial y^{\otimes 2}} \quad (iii)$$ $$\overline{Sh} = f_{14}\left(Re_L, Sc\right)$$	$C_A^{\otimes}\left(z^{\otimes},0\right)=0$	$C_A^{\otimes}\left(z^{\otimes},\infty\right)=1$	$Re_L,\ Sc,\ Sh$

11.8 Significado físico de los números adimensionales.

Los números adimensionales utilizados en ingeniería tienen un significado físico que de alguna manera los relaciona con las condiciones de la capa límite. El número de Reynolds, se recordará, puede interpretarse como el cociente de las fuerzas inerciales entre las viscosas o el cociente del flux de ímpetu en la corriente principal (a lo largo de z) entre el flux de pérdida de ímpetu debida a la fricción y la viscosidad. Por eso, a valores bajos del Re las fuerzas viscosas son grandes o la pérdida de cantidad de movimiento es alta.

El número de Prandtl tiene el significado físico que le da su definición, Ecuación 11-48; es el cociente de la difusividad de cantidad de movimiento V entre la difusividad térmica α. El Pr ofrece una medida de la transferencia relativa, por mecanismos moleculares, de la cantidad de movimiento y la energía térmica en las capas limite de velocidades y de temperaturas, respectivamente. Para gases en general el Pr es casi igual a 1, lo que indica que la transferencia molecular de ímpetu y de energía térmica es muy similar. En los metales líquidos el $Pr \ll 1$ y la transferencia molecular de energía puede hacerse mucho más fácil que la transferencia molecular de momento. Para aceites el $Pr \gg 1$ y se presenta el caso contrario.

Lo anterior evidencia que el crecimiento relativo de las capas limite de velocidades y de temperaturas influyen en el valor del Pr. Para capas límite laminares es razonable suponer que

$$\frac{\delta_v}{\delta_T} \approx Pr^n \qquad \overline{\qquad n > 0}$$

(11-80)

Para gases δ_T es casi igual a δ_v; para metales líquidos $\delta_T \gg \delta_v$ y para aceites $\delta_T \ll \delta_v$.

Por su parte el Sc (Ecuación 11-49) ofrece una medida de la transferencia relativa, por mecanismos moleculares, de la cantidad de movimiento y de la masa en las capas limite de velocidades y de concentraciones, respectivamente. En este caso, para la transferencia de masa en flujo laminar

$$\frac{\delta_v}{\delta_C} \approx Sc^n \tag{11-81}$$

En el caso de la transferencia simultánea de calor y masa por convección hay un parámetro conocido como el **Número de Lewis** (*Le*) que se define de manera semejante al *Pr* y al *Sc* y además relaciona estos números entre ellos,

$$Le = \frac{\alpha}{D_{AB}} = \frac{Sc}{Pr} \tag{11-82}$$

y en este caso, para los espesores de las capas límite laminares correspondientes

$$\frac{\delta_T}{\delta_C} \approx Le^n \tag{11-83}$$

Por lo que el Número de Lewis puede considerarse también como una medida del espesor relativo de las capas límite de temperaturas y de concentraciones.

Para la mayoría de las aplicaciones el exponente de las ecuaciones 11-80, 11-81 y 11-83 se puede considerar igual a 1/3.

La Tabla 11-2 muestra un conjunto seleccionado de parámetros adimensionales de uso común en ingeniería bioquímica. Puede observar que hay grupos ya conocidos y otros que no lo son pero serán de utilidad en secciones posteriores. En dicha tabla encontrará la definición y el significado físico de cada uno de los parámetros adimensionales incluidos. Note que los números de *Bi* y *Nu* tienen formas similares pero no tienen la misma definición ni la misma interpretación. El *Nu* está en función de la conductividad térmica del fluido y el *Bi* de la conductividad térmica del sólido.

Tabla 11-2 Grupos adimensionales seleccionados de aplicación en ingeniería bioquímica.		
Número o grupo adimensional	**Definición**	**Interpretación**
Biot (Bi)	$\dfrac{h_Q \mathcal{L}}{k_{sólido}}$ **(11-84)**	Cociente de la resistencia térmica interna de un sólido entre la resistencia térmica de la capa límite (fluido).
Biot para transferencia de masa (Bi_M)	$\dfrac{k_M \mathcal{L}}{D_{AB}}$ **(11-85)**	Cociente de la resistencia interna a la transferencia de masa de un sólido entre la resistencia a la transferencia de masa en la capa límite (fluido).
Coeficiente de fricción (C_f)	$\dfrac{\tau_s}{\rho\,\mathcal{v}^2\big/2}$ **(11-86)**	Esfuerzo de corte adimensional en la pared. Flux de momento en la pared entre el flux de momento en la corriente libre.
Factor de Fricción (f_d)	$\dfrac{\Delta P}{\left(L\big/D\right)\rho\,\mathcal{v}^2\big/2}$ **(11-87)**	Caída de presión adimensional para flujo interno. Flux de momento perdido en la pared entre el flux de momento en la corriente libre.
Fourier (Fo)	$\dfrac{\alpha\theta}{\mathcal{L}^2}$ **(11-88)**	Velocidad de conducción de calor entre la velocidad de almacenamiento de energía térmica en un sólido. Tiempo adimensional.
Fourier para transferencia de masa (Fo_M)	$\dfrac{D_{AB}\theta}{\mathcal{L}^2}$ **(11-89)**	Velocidad de difusión molecular de masa entre la velocidad de almacenamiento de masa. Tiempo adimensional.
Factor j de Colburn para transferencia de calor (j_H)	$St\,Pr^{2/3}$ **(11-90)**	Coeficiente adimensional de transmisión de calor.
Factor j de Colburn para transferencia de masa (j_M)	St_M $Sc^{2/3}$ **(11-91)**	Coeficiente adimensional de transferencia de masa.
Grashof (Gr_L)	$\dfrac{g\beta\left(T_s - T_\infty\right)\mathcal{L}^3}{\gamma^2}$ **(11-92)**	Fuerzas de flotación entre fuerzas viscosas.
Continúa en la próxima página.		

326

Tabla 11-2 (continuación)		
Número o grupo adimensional	**Definición**	**Interpretación**
Lewis (Le)	$$\dfrac{\alpha}{D_{AB}} \qquad (11\text{-}93)$$	Difusividad térmica entre difusividad de masa.
Nusselt (Nu_L)	$$\dfrac{h_Q L}{k_{fluido}} \qquad (11\text{-}94)$$	Gradiente adimensional de temperaturas en la pared.
Peclet (Pe_L)	$$Re_L Pr = \dfrac{v L}{\alpha} \qquad (11\text{-}95)$$	Parámetro adimensional independiente de transferencia de calor.
Prandtl (Pr)	$$\dfrac{\mathcal{V}}{\alpha} = \dfrac{c_p \mu}{k} \qquad (11\text{-}96)$$	Difusividad de momento entre difusividad térmica.
Reynolds (Re_L)	$$\dfrac{v L}{\mathcal{V}} = \dfrac{\rho L v}{\mu} \qquad (11\text{-}97)$$	Fuerzas inerciales entre fuerzas viscosas. Flux de momento en la corriente libre entre flux de momento perdido en la pared.
Schmidt (Sc)	$$\dfrac{\mathcal{V}}{D_{AB}} = \dfrac{\mu}{D_{AB}\rho} \qquad (11\text{-}98)$$	Difusividad de momento entre difusividad de masa.
Sherwood (Sh_L)	$$\dfrac{k_M L}{D_{AB}} \qquad (11\text{-}99)$$	Gradiente adimensional de concentraciones en la pared.
Stanton (St)	$$\dfrac{Nu_L}{Re_L Pr} = \dfrac{h_Q}{\rho v c_p} \qquad (11\text{-}100)$$	No. de Nusselt modificado.
Stanton para transferencia de masa (St_M)	$$\dfrac{Sh_L}{Re_L Sc} = \dfrac{k_M}{v} \qquad (11\text{-}101)$$	No. de Sherwood modificado.

327

12 Determinación de los coeficientes de transferencia convectiva

12.1 Introducción.

La evaluación numérica de los coeficientes convectivos es necesaria para el cálculo de las velocidades de transferencia de calor y masa en los equipos de proceso. Si además se conocen los flujos o los tiempos de residencia, también se puede obtener la magnitud de la cantidad total transferida de energía térmica o de masa en cualquier etapa de la planta industrial.

En el capítulo anterior se desarrolló la primera etapa para el establecimiento del procedimiento base para el cálculo de los coeficientes de transferencia. En este capítulo continuaremos con la segunda etapa para instaurar dicho procedimiento, enfocándonos principalmente a los casos en que las transferencia de calor o masa se lleva a cabo en sistemas de *baja velocidad (no sónicas), convección forzada* y *sin cambio de fase* de los fluidos involucrados (en el caso de transferencia de masa sin el cambio de fase de los fluidos que forman el cuerpo principal de cada fase).

Del análisis matemático realizado en el Capítulo 11 (1ª etapa) se obtuvieron las ecuaciones base para el cálculo de los coeficientes convectivos,

Para transferencia de calor:

$$Nu = f_8\left(z^{\otimes}, Re_{\mathcal{L}}, Pr\right) \tag{11-64}$$

$$\overline{Nu} = f_{10}\left(Re_{\mathcal{L}}, Pr\right) \tag{11-68}$$

Para transferencia de masa:

$$Sh = f_{13}\left(z^{\otimes}, Re_{\mathcal{L}}, Sc\right) \tag{11-75}$$

$$\overline{Sh} = f_{15}\left(Re_L, Sc\right) \qquad\qquad \textbf{(11-79)}$$

Estas cuatro ecuaciones son las expresiones generales básicas que nos relacionan los coeficientes con parámetros del sistema (propiedades y condiciones de operación) para una geometría en particular. En esta 2ª etapa se mostrará cómo se obtienen las ecuaciones específicas para determinados sistemas de interés en ingeniería.

Las formas particulares finales de las ecuaciones 9-64, 9-68, 9-75 y 9-79, para algunos sistemas de ingeniería, se pueden encontrar siguiendo el camino que se resume en la Figura 12-1. Como se puede observar se parte de las ecuaciones de la capa límite. Algunas correlaciones se pueden obtener siguiendo la vía de un análisis teórico del sistema apoyándose en diversas técnicas como el cálculo diferencial e integral y los métodos numéricos. Otra vía a seguir es la aproximación experimental, normalmente precedida por una técnica conocida como análisis dimensional que da origen a ecuaciones aún generales, pero con una forma más concreta, que aún contiene algunos parámetros desconocidos. Posteriormente, mediante los resultados obtenidos del laboratorio o planta piloto se determinan esos parámetros para llegar a expresiones específicas que permitan el cálculo de los coeficientes convectivos. Como se puede observar también en la Figura 12-1, en el caso de la transferencia convectiva de masa se hace uso de las dos aproximaciones citadas pero, además, se utilizan las *analogíasde la capa límite* para obtener correlaciones útiles y prácticas. La información más completa que se ha obtenido de correlaciones corresponde a la transferencia convectiva de calor y son principalmente del tipo empírico. Todas las correlaciones existentes, obtenidas teórica o empíricamente, son expresiones específicas para una geometría y ciertas condiciones de trabajo que, finalmente, permiten el cálculo de los coeficientes convectivos de calor y masa.

El caso de los coeficientes de transferencia de masa requiere de una revisión detallada debido a su diversidad. Como se verá estos coeficientes se definen y se denotan de acuerdo a ciertas características del sistema en estudio, como son la fase y la forma de difusión. Con esta revisión se trata de evitar confusiones en el estudiante además de que se establecen claramente las relaciones entre todos los coeficientes definidos.

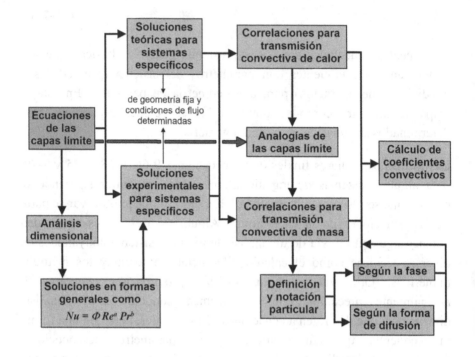

Figura 12-1. Diagrama conceptual del Capítulo 12.

12.2 Aproximación teórica.

Esta metodología se basa en la resolución matemática de las ecuaciones de las capas límite (11-50, 11-51 y 11-52) para un sistema determinado (con alguna geometría en particular). La aproximación teórica se ve limitada a sistemas sencillos y en flujo laminar debido a dos razones primordiales: (1) la enorme dificultad que representa la solución analítica de las ecuaciones de conservación para sistemas complejos y con flujo turbulento y (2) la nula utilidad práctica de las soluciones teóricas para esos sistemas debido a las grandes simplificaciones que se hacen para hacer posible su resolución.

No es de nuestro interés el abundar en la determinación teórica de los coeficientes convectivos. Si el estudiante quiere revisar este método de obtención de ecuaciones específicas, lo puede hacer en cualquier libro de fenómenos de transferencia.

12.3 Aproximación empírica o experimental.

El procedimiento empírico de obtención de ecuaciones de transferencia convectiva es el método más socorrido y el más confiable para el cálculo de coeficientes de transferencia de calor y masa. Consiste en la realización de mediciones cuidadosas de la transferencia de calor o masa en equipos de laboratorio rigurosamente controlados y la posterior correlación de los datos recolectados en términos de los números adimensionales adecuados.

Antes de ilustrar con un ejemplo la obtención experimental de la ecuación de transferencia convectiva para un caso en particular, revisaremos el método del análisis dimensional como una alternativa para la determinación de las formas generales básicas como soluciones a las ecuaciones de transferencia convectiva (en formas más precisas que las ecuaciones 11-64, 11-68, 11-75 y 11-79).

12.3.1 Análisis dimensional.

El lector ha conocido muchas ecuaciones que describen ciertos fenómenos, a lo largo de sus cursos de física, química y fisicoquímica. Recordará que muchas de ellas se deducen por medio de un desarrollo matemático basado en leyes fundamentales obtenidas empíricamente. Otras se producen aplicando las técnicas del cálculo diferencial e integral. En muchos otros casos la información disponible no es suficiente para la aplicación de las dos técnicas anteriores, por lo que se recurre a la experimentación para la obtención de ecuaciones empíricas. Este último método tiene amplia aplicación en los diversos campos de especialización de la ingeniería. (Tenga presente que las ecuaciones deducidas teóricamente pueden obtenerse empíricamente pero no al contrario).

La desventaja inicial del método empírico para la obtención de ecuaciones es que el experimentador debe tener una idea muy clara de las variables que influyen en el fenómeno en estudio. Por ejemplo, se debe saber o al menos intuir, que la transferencia convectiva de calor es una función de la geometría del sistema, de la posición dentro del equipo, de las propiedades del fluido y de las condiciones de flujo. En estos casos el análisis dimensional es una herramienta muy útil y práctica.

El análisis dimensional es un método que nos ayuda a correlacionar cierto número de variables, de incidencia en algún fenómeno, en una ecuación sencilla que expresa una relación de interdependencia entre ellas. No produce un resultado numérico pero genera un módulo que relaciona las variables involucradas. El análisis dimensional se basa en la siguiente afirmación: Si una variable dependiente que tiene ciertas dimensiones depende de un conjunto de variables independientes a través de cierta relación, las variables individuales del conjunto están relacionadas de tal manera que las dimensiones netas del conjunto son idénticas a las de la variable dependiente. Las variables independientes también pueden relacionarse de tal forma que la variable dependiente puede definirse como la reunión de diferentes grupos de variables, donde cada grupo tiene las mismas dimensiones netas que la variable dependiente.

El fundamento del análisis dimensional resulta obvio puesto que se ha estado insistiendo en él a lo largo del texto y durante el desarrollo de muchos cursos previos. El análisis dimensional consta de dos procedimientos principales, el de Rayleigh y el de Buckingham. Aquí veremos exclusivamente el primero.

12.3.2 Aplicación del Análisis Dimensional a la Transferencia de Calor.

Para demostrar el Método de Rayleigh del análisis dimensional lo aplicaremos directamente al fenómeno de transferencia de calor por mecanismos turbulentos. El parámetro característico que nos permite el cálculo de la transmisión de energía térmica es el coeficiente convectivo y es éste la variable dependiente. Como se vio en el capítulo anterior dicho coeficiente es una función de las propiedades del fluido, de las condiciones de flujo y de la geometría del sistema. Matemáticamente esta relación se puede expresar

La velocidad promedio representa las condiciones de flujo.

$$h_Q = f\left(\rho, c_p, k, \mu, \overset{\textstyle}{v}, \mathbb{L}\right) \tag{12-1}$$

Propiedades importantes del fluido para este fenómeno.

Longitud característica de la geometría del sistema en estudio. Para placas planas es la longitud de las mismas. Para tubos de sección circular la dimensión representativa de la geometría es el diámetro interno.

La ecuación anterior se puede expresar como una relación de proporcionalidad

$$h_Q \propto \rho, c_p, k, \mu,\ v, \mathbb{L}$$

que se puede escribir también de manera general, pero un poco más explícita así,

$$h_Q = \Phi\, \rho^a\, c_p^b\, k^c\, \mu^d\, v^e\, \mathbb{L}^f \tag{12-2}$$

La ecuación 12-2 debe ser dimensionalmente consistente lo que se puede corroborar substituyendo las dimensiones de cada variable. En este caso utilizaremos las unidades específicas del sistema internacional para las dimensiones de cada variable,

$$\frac{kJ}{s\, m^2\, K} [=] \Phi \left(\frac{kg}{m^3}\right)^a \left(\frac{kJ}{kg\, K}\right)^b \left(\frac{kJ}{s\, m\, K}\right)^c \left(\frac{kg}{m\, s}\right)^d \left(\frac{m}{s}\right)^e m^f \tag{12-3}$$

Para que se cumpla la consistencia dimensional la suma de los exponentes de cada unidad del término de la derecha debe ser igual al exponente que tiene dicha unidad en el término de la izquierda, es decir:

kJ: $1 = b + c$

s: $-1 = -c - d - e$

m: $-2 = -3a - c - d + e + f$

K: $-1 = -b - c$

kg: $0 = a - b + d$

Resolviendo este sistema de ecuaciones, poniendo todos los exponentes en función de a y de b se tiene que: $a = a$; $b = b$; $c = 1 - b$; $d = b - a$; $e = a$ y $f = a - 1$. Substituyendo estos valores en la ecuación 12-2

$$h_Q = \Phi \, \rho^a \, c_p^b \, k^{1-b} \, \mu^{b-a} \, v^a \, \mathsf{L}^{a-1} = \Phi \rho^a \, c_p^b \, \frac{k^1}{k^b} \frac{\mu^b}{\mu^a} \, v^a \, \frac{\mathsf{L}^a}{\mathsf{L}^1} \qquad (12\text{-}4)$$

La ecuación 12-4 nos relaciona el coeficiente convectivo de transmisión de calor con las variables principales del proceso. Sin embargo se acostumbra reacomodar las variables que tienen el mismo exponente en grupos, es decir,

$$h_Q = \Phi \left(\frac{\rho \, v \, \mathsf{L}}{\mu} \right)^a \left(\frac{c_p \, \mu}{k} \right)^b \left(\frac{k}{\mathsf{L}} \right)^1$$

Finalmente pasamos la k y la L elevados a la primera potencia junto con h_Q, e identificando los grupos de variables en cada paréntesis,

$$Re = \frac{\rho \, v \, \mathsf{L}}{\mu} \qquad \text{y} \qquad Pr = \frac{v}{\alpha} = \frac{\mu}{\rho} \frac{\rho \, c_p}{k} = \frac{c_p \, \mu}{k}$$

llegamos a la ecuación

$$Nu = \frac{h_Q \, \mathsf{L}}{k} = \Phi \, Re^a Pr^b \qquad (12\text{-}5)$$

que expresada para el Nu promedio es,

$$\overline{Nu_L} = \frac{\overline{h_Q} \, \mathsf{L}}{k} = \Phi \, Re^a Pr^b \qquad (12\text{-}6)$$

Esta ecuación, siendo todavía general, nos indica que el Nu, el Re y el Pr se pueden relacionar mediante una función relativamente sencilla como la indicada. Si somos capaces de obtener por la vía experimental los factores

Φ,*a* y *b*, obtendremos una expresión matemática que facilitará los cálculos de transferencia de calor para sistemas de geometría y condiciones de operación similares a las experimentales.

12.3.3 Producción y manejo de datos experimentales.

Para obtener los valores numéricos de Φ,*a* y *b* de la Ecuación 12-6 se debe disponer de un equipo de geometría similar al que nos interesa, bien instrumentado (medidores de flujo, de temperatura, etc.) y lo suficientemente versátil para trabajar con intervalos importantes de valores del *Nu*, el *Re* y el *Pr*. La Figura 12-2 muestra el esquema de un equipo que podría utilizarse con este fin. Trabajando ese equipo con velocidades diferentes, usando varios fluidos con *Pr* muy diferentes (por ejemplo, aire, agua o hidrocarburos), obtendremos un intervalo de valores del *Nu* dependientes de un intervalo razonable de valores correspondientes de *Re* y *Pr*. Los resultados se grafican en coordenadas log-log, como se ve en la Figura 12-3*a*. Los datos asociados con un conjunto determinado de condiciones experimentales se indican con el mismo símbolo. En general, los resultados obtenidos con el mismo fluido de prueba caen en una línea recta y corresponden con un valor fijo del *Pr*. La Figura 12-3*a* representa claramente la expresión gráfica de la Ecuación 12-6.

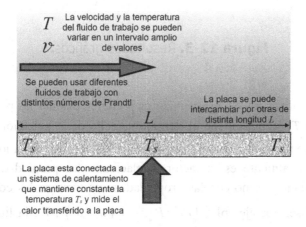

Figura 12-2. Equipo experimental sencillo para la determinación de coeficientes.

Los valores de Φ, a y b normalmente son independientes de la naturaleza del fluido de prueba. Por esa razón, si la ordenada de la Figura 12-3a dada por el Nu_L se modifica a $\overline{Nu_L}/Pr^b$, todas las líneas rectas iniciales correspondientes a Pr distintos, se acomodan en una sola recta como se indica en la Figura 12-3b. Para el cálculo de los números adimensionales usados en las gráficas, generalmente se considera que las propiedades del fluido son constantes y se determinan a la temperatura promedio del mismo, es decir $\overline{T} = (T_s + T_\infty)/2$.

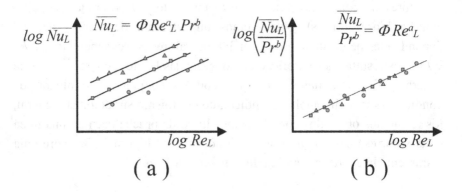

(a)   (b)

Figura 12-3. Resultados gráficos.

En otras ocasiones los experimentadores prefieren evaluar las propiedades del fluido a T_∞ y multiplican el término derecho de la Ecuación 12-6 por un factor que tome en cuenta la variación de las propiedades a lo largo del equipo. Generalmente estos factores relacionan las propiedades que el fluido posee en su seno con las propiedades que tiene en las condiciones de la interfase, por ejemplo, $(Pr_\infty/Pr_s)^c$ o $(\mu_\infty/\mu_s)^c$. En la literatura se encuentran las dos alternativas descritas y el estudiante debe tener cuidado durante la evaluación de las propiedades de los fluidos.

Las correlaciones reportadas en la literatura para los sistemas de transferencia de calor (o masa) están referidas a una geometría en particular y a ciertas condiciones de trabajo. Por eso, siempre se debe recordar que para la aplicación de cualquiera de las correlaciones es necesario que se cumplan los requisitos de similaridad entre el sistema de interés (con el que se está trabajando) y el sistema usado en el laboratorio (con el que se obtuvieron las correlaciones). Estos requisitos son fundamentalmente: la similitud de las geometrías y la semejanza de las condiciones de operación.

12.3.4 Obtención de una correlación para transferencia convectiva de calor.

Para ilustrar la forma en que se obtienen los factores Φ, a y b para las ecuaciones convectivas generales ya mencionadas, tomaremos los experimentos de Morris y Whitman que reporta Kern (1965) en el tercer capítulo de su libro.

Morris y Whitman realizaron diversas experiencias calentando varios aceites de hidrocarburos con vapor de agua. Un esquema simplificado del equipo que utilizaron se muestra en la Figura 12-4.

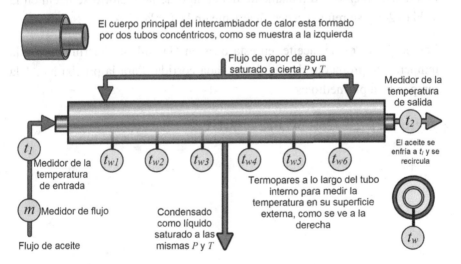

Figura 12-4. El intercambiador de calor debe estar lo suficientemente instrumentado.

El tubo interno del intercambiador usado tuvo un diámetro de ½ pulgada nominal cédula 40 de tubería de acero y una longitud de calentamiento de 3.086m. Para cada corrida, el aceite se alimentó con ayuda de una bomba a través del tubo interno, a un flujo masa ($\dot{m}$) constante y con una temperatura de entrada (t_1) también constante. Al recorrer el equipo el aceite se calienta y sale a una temperatura t_2. Enseguida el aceite de salida se enfría hasta t_1 y se recircula al intercambiador. Una vez que la operación del equipo se estabiliza se verifican los valores de $\dot{m}$, t_1, y t_2. Adicionalmente, mediante los termopares colocados a lo largo del equipo se determina la temperatura promedio de la pared externa del tubo interno t_e. Este procedimiento se repite, para el mismo aceite, con flujos diferentes y a temperaturas iniciales distintas. Posteriormente se hace lo mismo con otros aceites. Los resultados de Morris y Whitman se muestran en las Tablas 12-1 y 12-2.

Los cálculos que realizaron los autores mencionados se ilustran con los datos correspondientes a la corrida No. 1. Las dimensiones y propiedades del tubo interno usado se muestran en la Tabla 12-3.

Los datos obtenidos directamente del equipo de laboratorio se listan en la Tabla 12-1 y se reúnen específicamente en la Tabla 12-4.

Las propiedades del aceite, en esta ocasión Gas oil, se determinaron a la temperatura promedio del fluido en cada corrida. Para la prueba No. 1 la temperatura promedio es

$$\overline{t} = \left(t_1 + t_2\right)/2 = (25.1+41.6)/2 = 33.4\,^{0}C$$

Tabla 12-1. Datos de Morris y Whitman, de Kern (1965), convertidos al sistema internacional. Calentamiento de aceite Gas oil de 36.8 °API con vapor.

Corrida No.	$\dot{m}$ (kg/h)	t_1 (°C)	t_2 (°C)	t_e (°C)	Q (kJ/h)	Δt_l (°C)	h_i (kJ/h.m².°C)	Nu	$\dot{m}/A_F$ (kg/h.m²)	Re	Pr	$j_i=$ Nu/Pr	$j_i=$ Nu/Pr$^{1/3}$	Log Re	Log j_1	Log j_2
1	327.8	25.1	41.6	98.9	10,691.6	64.3	1,093.4	35.5	1,670,435.3	2,280	47.2	0.75	9.83	3.36	-0.12	0.99
2	404.1	25.5	42.9	98.3	13,851.7	62.6	1,456.4	46.3	2,056,296.0	2,825	46.7	0.99	12.85	3.45	0.00	1.11
3	479.4	29.8	47.6	98.3	16,959.1	57.8	1,927.6	62.5	2,447,041.1	3,710	43.3	1.44	17.75	3.57	0.16	1.25
4	572.0	32.1	49.9	97.8	20,382.5	54.7	2,447.8	79.5	2,915,935.2	4,620	41.4	1.92	23	3.66	0.28	1.36
5	679.6	33.1	50.7	97.5	23,911.3	53.3	2,937.4	95.0	3,462,978.3	5,780	40.7	2.33	27.7	3.76	0.37	1.44
6	818.1	37.3	54.0	97.3	27,598.0	49.2	3,692.1	120.5	4,171,203.8	7,140	38.7	3.12	35.5	3.85	0.49	1.55
7	982.5	39.1	55.4	97.2	32,548.8	47.1	4,548.8	147.5	5,011,305.8	8,840	37.7	3.91	44	3.95	0.59	1.64
8	1,169.1	41.4	56.8	96.9	36,867.6	44.6	5,426.0	176.5	5,958,862.6	10,850	36.5	4.83	53.2	4.04	0.68	1.73
9	1,482.3	44.2	58.4	96.1	43,293.1	41.2	6,894.7	223.0	7,560,917.5	14,250	35.3	6.32	68	4.15	0.80	1.83
10	1,771.5	45.5	59.0	95.4	49,086.6	39.2	8,220.6	266.5	9,035,980.2	17,350	35.1	7.6	81.4	4.24	0.88	1.91
11	2,081.6	47.1	59.8	95.0	54,669.4	37.2	9,668.8	313.0	10,628,266.4	20,950	34.1	9.18	95.6	4.32	0.96	1.98
12	2,433.4	50.1	61.6	94.9	57,829.5	34.6	10,974.3	356.0	12,396,387.9	25,550	32.9	10.82	111.2	4.41	1.03	2.05
13	2,819.3	51.6	62.3	94.6	62,674.9	32.8	12,545.0	407.0	14,350,113.4	30,000	32.7	12.43	127.5	4.48	1.09	2.11

Tabla 12-2. Datos de Morris y Whitman, de Kern (1965), convertidos al sistema internacional. Calentamiento de aceite Straw oil de 29.4 °API con vapor.

Corrida No.	$\dot{m}$ (kg/h)	t_1 (°C)	t_2 (°C)	t_e (°C)	Q (kJ/h)	Δt (°C)	h_i (kJ/h.m².°C)	Nu	$\dot{m}/A_F$ (kg/h.m²)	Re	Pr	$j_1 = Nu/Pr$	$j_2 = Nu/Pr^{1/3}$	Log Re	Log j_1	Log j_2
14	1,316.6	37.8	46.6	96.8	21,804.6	53.2	2,692.6	87.5	6,715,931.2	3,210	133.0	0.66	17.2	3.51	-0.18	1.24
15	1,325.7	30.4	37.4	97.8	17,696.4	62.6	1,858.3	60.4	6,774,543.0	2,350	179.0	0.34	10.7	3.37	-0.47	1.03
16	1,516.4	38.7	47.6	96.7	26,123.3	51.6	3,324.9	108.0	7,741,637.1	3,820	129.5	0.83	21.4	3.58	-0.08	1.33
17	1,604.9	38.1	46.5	96.4	26,334.0	52.2	3,304.5	107.5	8,181,225.3	3,880	133.3	0.81	21.1	3.59	-0.09	1.32
18	1,691.2	72.8	79.5	104.5	23,805.9	26.6	5,874.7	191.0	8,630,582.1	10,200	57.8	3.3	49.5	4.01	0.52	1.69
19	1,729.7	71.4	78.7	104.7	26,228.7	27.8	6,201.1	201.5	8,816,186.0	10,150	59.3	3.39	51.6	4.01	0.53	1.71
20	1,743.4	42.8	51.3	96.5	29,283.4	47.3	4,059.3	131.5	8,889,450.8	4,960	115.0	1.15	27.1	3.70	0.06	1.43
21	2,147.4	44.4	52.9	96.3	35,919.6	45.0	5,242.4	170.0	10,940,862.5	6,430	110.0	1.55	35.5	3.81	0.19	1.55
22	2,379.0	68.3	75.3	103.2	34,866.2	28.8	7,935.0	257.5	12,137,519.3	13,150	62.9	4.08	64.7	4.12	0.61	1.81
23	2,392.6	66.1	73.7	102.8	36,762.3	30.4	7,935.0	257.5	12,210,784.0	12,520	65.6	3.92	63.7	4.10	0.59	1.80
24	2,397.1	61.3	69.3	102.6	39,501.0	34.4	7,527.0	244.0	12,259,627.1	11,250	72.6	3.36	58.5	4.05	0.53	1.77
25	2,415.3	55.7	64.5	102.2	42,766.4	39.0	7,200.6	234.0	12,308,470.3	9,960	81.5	2.87	54.1	4.00	0.46	1.73
26	2,551.5	48.2	56.2	95.9	40,238.4	40.8	6,466.3	210.0	12,992,274.2	8,420	100.4	2.09	45.2	3.93	0.32	1.66
27	3,050.9	50.1	57.7	95.7	46,242.5	38.4	7,894.2	256.0	15,556,538.8	10,620	95.6	2.68	56	4.03	0.43	1.75
28	3,741.0	51.2	58.3	95.8	50,455.9	37.4	8,852.9	287.0	19,073,244.6	12,650	93.3	3.08	63.3	4.10	0.49	1.80

Las propiedades del aceite a esa temperatura se obtienen de tablas, gráficas, nomogramas o ecuaciones. Los resultados correspondientes se incluyen en la Tabla 12-5.

Tabla 12-3. Dimensiones del tubo y propiedades del material de construcción.

Diámetro interno d_i	0.0158 m
Diámetro externo d_e	0.0213 m
Longitud efectiva de transferencia de calor 1	3.086 m
Area de flujo A_F	1.9613×10^{-4} m^2
Area interna total de transmisión de calor $A_{Q(i)}$	0.1532 m^2
Conductividad del acero k_{acero}	217.67 kj/h.m.K

Tabla 12-4. Datos medidos en el laboratorio para la primera corrida

Flujo masa $\dot{m}$	327.8 kg/h
Temperatura de entrada del fluido t_1	25.1 ^{0}C
Temperatura de salida del fluido t_2	41.6 ^{0}C
Temperatura promedio de la superficie externa del tubo interno t_e	98.9 ^{0}C

Tabla 12-5. Propiedades del fluido a la temperatura promedio de 33.35 ^{0}C para la primera corrida.

Calor específico c_p	1.973 kJ/kg.K
Conductividad térmica k_{fluido}	0.485 kJ/h.m.K
Viscosidad μ	0.00322 kg/m.s

La carga térmica se determina con los datos del fluido a la entrada y salida del equipo:

Los cálculos se realizaron así:

Calor total transferido:

$$\dot{Q} = \dot{m}c_p\left(t_2 - t_1\right) = \frac{327.8\ \text{kg}}{\text{h}}\left|\frac{1.937\ \text{kJ}}{\text{kg K}}\right|\frac{\left(41.6 - 25.1\right)\ \text{K}}{1} = 10\ 671.4\frac{\text{kJ}}{\text{h}}$$

Area media logarítmica de transferencia de calor:

$$A_{ML} = \pi d_{ML}\ell = \pi\ell\frac{d_e - d_i}{\ln{}^{d_e}\!\big/\!{}_{d_i}} = 3.1416\frac{3.086\ \text{m}}{1}\left[\frac{0.0213 - 0.0158}{\ln\left({}^{0.0213}\!\big/\!{}_{0.0158}\right)}\right]\text{m} = 0.1785\ \text{m}^2$$

Espesor del tubo: $\Delta r = r_e - r_i = \dfrac{0.0213 - 0.0158}{2}$ m $= 0.00275$ m

Temperatura en la superficie interna del tubo interno (que se supone igual a lo largo del equipo):

$$t_i = t_e - \frac{\dot{Q}\Delta r}{k_{acero}A_{m\ell}} = 98.9°\text{C} - \frac{10671.4\ \text{kJ}}{\text{h}}\left|\frac{0.00275\ \text{m}}{1}\right|\frac{\text{hm}°\text{C}}{217.67\ \text{kJ}}\left|\frac{1}{0.1785\ \text{m}^2}\right. = 98.1\ °\text{C}$$

Diferencia de temperaturas a la entrada del tubo (entre la superficie interna y el fluido):

$$\Delta t_1 = t_i - t_1 = (98.1 - 25.1)\ °\text{C} = 73.0\ °\text{C}$$

Diferencia de temperaturas a la salida del tubo (entre la superficie interna y el fluido):

$$\Delta t_2 = t_i - t_2 = (98.1 - 41.6)\ °\text{C} = 56.5\ °\text{C}$$

El promedio de la diferencia de temperaturas a lo largo del equipo, del lado interno del tubo, se calcula como una media logarítmica, como se verá en el Capítulo 13:

$$\overline{\Delta t_i} = \text{Media logarítmica del } \Delta t = \frac{\Delta t_1 - \Delta t_2}{\ln \dfrac{\Delta t_1}{\Delta t_2}} = \frac{73 - 56.5}{\ln \dfrac{73}{56.5}} \; ^\circ C = 64.4 \; ^\circ C$$

Coeficiente de transmisión de calor dentro del tubo interno (note que es promedio por que se usan los valores totales o que incluyen todo el equipo). En este cálculo se usa el área interna del tubo interno como área de transmisión de calor, como se detallará en el Capítulo 13, (lo apropiado sería usar el área media logarítmica de la película tubular que se forma, pero ésto no es posible):

$$\overline{h}_{Q(i)} = \frac{\dot{Q}}{A_{Q(i)} \, \overline{\Delta t}} = \frac{10671.4 \text{ kJ}}{h} \left| \frac{1}{0.1532 \text{ m}^2} \right| \frac{1}{64.4 \; ^\circ C} = 1\,081.62 \; \frac{\text{kJ}}{\text{h m}^2 \; ^\circ C}$$

$$\overline{Nu}_D = \frac{\overline{h}_{Q(i)} \, d_i}{k_{fluido}} = \frac{1\,081.62 \text{ kJ}}{\text{h m}^2 \; ^\circ C} \left| \frac{0.0158 \text{ m}}{1} \right| \frac{\text{h m} \; ^\circ C}{0.485 \text{ kJ}} = 35.24$$

Para el *Re* primero se calcula el producto de la densidad por la velocidad que es igual a:

$$\rho \upsilon \, [=] \frac{\text{kg}}{\text{m}^3} \frac{\text{m}}{\text{h}} = \frac{\dot{m}}{A_F} \, [=] \frac{\text{kg}}{\text{h}} \frac{1}{\text{m}^2} = \frac{327.8 \text{ kg}}{\text{h}} \left| \frac{1}{1.9613 \times 10^{-4} \text{ m}^2} \right| = 1\,671\,340.4 \; \frac{\text{kg}}{\text{h m}^2}$$

$$Re_d = \frac{\rho \upsilon \, d_i}{\mu} = \frac{1\,671\,340.4 \text{ kg}}{\text{h m}^2} \left| \frac{0.0158 \text{ m}}{1} \right| \frac{\text{m s}}{0.00322 \text{ kg}} \left| \frac{1 \text{ h}}{3600 \text{ s}} \right| = 2\,278$$

$$Pr = \frac{c_p \, \mu}{k_{fluido}} = \frac{1.973 \text{ kJ}}{\text{kg} \; ^\circ C} \left| \frac{0.00322 \text{ kg}}{\text{m s}} \right| \frac{3600 \text{ s}}{1 \text{ h}} \left| \frac{\text{h m} \; ^\circ C}{0.485 \text{ kJ}} \right| = 47.2$$

$$j_1 = \frac{\overline{Nu}_d}{Pr} = \frac{35.24}{47.2} = 0.75$$

$$j_2 = \frac{\overline{Nu}_d}{Pr^{1/3}} = \frac{35.24}{(47.2)^{1/3}} = 9.75$$

Nota: Se puede observar que los resultados de este cálculo difieren un poco de los datos reportados en la Tabla 12-1, aunque las diferencias no son importantes. Esto se debe a que los resultados de los cálculos originales se convirtieron directamente al sistema internacional para incluirlos en las Tablas 12-1 y 12-2.

Finalmente, con los resultados de Morris y Whitman se construyen las gráficas de las Figuras 12-5 a la 12-8. En las dos primeras, $\overline{Nu}_d$ -Re_d y log $\overline{Nu}_d$ –$logRe_d$, se observa que los datos para cada aceite forman conjuntos diferentes con tendencia independiente. Con el arreglo de la Figura 12-7, $log\, j_1$-$logRe_d$, no se soluciona el problema pues los datos siguen formando dos grupos separados. Pero cuando los autores, después de varios ensayos, utilizaron lo que aquí hemos llamado j_2(con $b = 1/3$), todos los datos se unen en una sola tendencia, Figura 12-8. Por tanto, se puede decir que la relación $log\, j_2$-$logRe_d$ generaliza o integra los resultados de ambos aceites. De esta última Figura (o por análisis de regresión) se encuentra una pendiente de 0.9 y una ordenada al origen de 0.0115, por lo que, finalmente, la ecuación para la transferencia convectiva es:

$$\overline{Nu}_d = 0.0115 Re^{0.9} Pr^{1/3} \qquad (12\text{-}7)$$

La ecuación 12-7 es una síntesis de los resultados experimentales para el calentamiento en tubos de sección circular (geometría específica) de dos aceites de hidrocarburos, bajo las condiciones de flujo (Re) y características térmicas (Pr) citadas. Se ha utilizado aquí exclusivamente con fines de ilustración, pero para lograr una relación más general y más confiable sería necesario realizar algunas experiencias adicionales. Como se verá más adelante, en algunas ocasiones la relación entre las variables (del sistema y las de operación) que influyen en los fenómenos de transferencia puede ser compleja, o muy especial, por lo que deben aplicarse las correlaciones con mucho cuidado; lo que significa tener muy presente las condiciones de experimentación que dieron origen a la ecuación de interés.

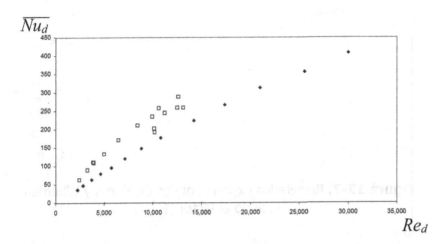

Figura 12-5. Resultados experimentales de Morris y Whitman en escala lineal.

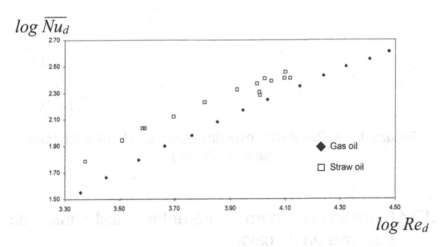

Figura 12-6. Resultados experimentales de Morris y Whitman en escala logarítmica.

$log\,j_1$

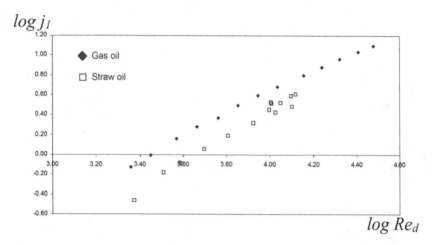

Figura 12-7. Resultados experimentales de Morris y Whitman usando el factor j1.

$log\,j_2$

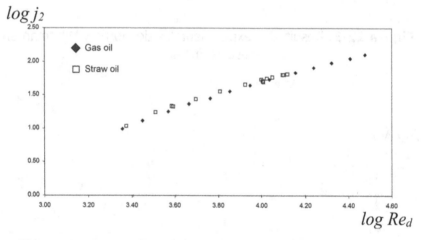

Figura 12-8. Resultados experimentales de Morris y Whitman usando el factor j2.

12.4 Ecuaciones para diferentes sistemas de transmisión de calor.

Siguiendo al procedimiento general descrito se han determinado muchas ecuaciones que nos permiten realizar cálculos confiables de transmisión de calor. La Tabla 12-6 y 12-7 son una selección de los casos de transferencia convectiva de calor, sin cambio de fase, más comunes o de mayor interés en ingeniería bioquímica.

Ejemplo 12-1.

Se desea enfriar tolueno de 65 ^{0}C a 30 ^{0}C en un cambiador de calor de tubos concéntricos. Como medio de enfriamiento se usa agua que fluye por en espacio anular en contracorriente con el tolueno. El tubo interior del intercambiador consiste de un tubo de Cu de 7/8 in 16 BWG. El flujo masa del tolueno es de 1340 kg/h. Determine el coeficiente de película del tolueno para las condiciones dadas.

Solución.

El tubo mencionado tiene un diámetro interno d_i = 19.92 mm. Las propiedades del tolueno a la temperatura promedio (47.5 ^{0}C) son cp = 0.435 Kcal/kg.K, · = 870 kg/m3 y · = 0.44 mPa.s. Como es flujo por dentro de un tubo se usa la expresión:

$$\overline{Nu}_d = 0.023 Re_d^{4/5} Pr^{0.3}$$

Por tanto,

$$\dot{V} = \frac{\dot{m}}{\rho} = \frac{1340 \text{ kg}}{\text{h}} \left| \frac{\text{m}^3}{870 \text{ kg}} \right. = 1.54 \text{ m}^3/\text{h}$$

$$A_F = \frac{\pi}{4} d_i^2 = \frac{\pi}{4} (0.01892)^2 \text{ m}^2 = 2.811 \times 10^{-4} \text{ m}^2 \quad \cdot$$

$$v = \frac{\dot{V}}{A_F} = \frac{1.54 \text{ m}^3}{\text{h}} \left| \frac{1}{2.811 \times 10^{-4} \text{ m}^2} \right| \frac{1 \text{ h}}{3600 \text{ s}} = 1.52 \text{ m/s}$$

$$Re_d = \frac{\rho d_i \vartheta}{\mu} = \frac{870 \text{ kg}}{\text{m}^3} \left| 0.01892 \text{ m} \right| \frac{1.52 \text{ m}}{\text{s}} \left| \frac{\text{s m}}{0.00044 \text{ kg}} \right. = 56863$$

$$Pr = \frac{c_p \mu}{k} = \frac{1.82 \text{ kJ}}{\text{kg K}} \left| \frac{0.00044 \text{ kg}}{\text{s m}} \right| \frac{\text{s m K}}{0.000147 \text{ kJ}} = 5.44$$

Finalmente,

$$\overline{Nu}_d = 0.023(56863)^{0.8}(5.44)^{0.3} = 243.4$$

y el coeficiente será

$$\overline{h}_{Tol} = \frac{k}{d_i} \overline{Nu}_d = \frac{0.147 \text{ J}}{\text{s m K}} \left| \frac{1}{0.01892 \text{ m}} \right| \frac{243.4}{} = 1890 \frac{\text{W}}{\text{m}^2 \text{ K}}$$

Tabla 12-6. Correlaciones para transferencia de ímpetu y calor en flujo externo sin cambio de fase.

Características del sistema	Correlación	(No. ecuación)	Condiciones y restricciones
	$\delta_v = 5zRe_z^{-1/2}$	**(12-8)**	$\overline{T} = (T_s + T_\infty)/2$
Flujo laminar paralelo sobre una placa plana	$C_{f(z)} = 0.664Re_z^{-1/2}$	**(12-9)**	Local, $\overline{T}$
	$Nu_z = 0.332Re_z^{1/2}Pr^{1/3}$	**(12-10)**	Local, $\overline{\overline{T}}$. $0.6 \le Pr \le 50$
	$\delta_T = \delta_v Pr^{-1/3}$	**(12-11)**	$\overline{T}$
	$\overline{C}_{f(L)} = 1.328Re_L^{-1/2}$	**(12-12)**	Promedio, $\overline{T}$
	$\overline{Nu}_L = 0.664Re_L^{1/2}Pr^{1/3}$	**(12-13)**	Promedio, $\overline{T}$, $0.6 \le Pr \le 50$
	$Nu_z = 0.565Pe_z^{1/2}$	**(12-14)**	Local, $\overline{T}$, $Pr \le 0.05$
	$C_{f(z)} = 0.0592Re_z^{-1/5}$	**(12-15)**	Local, $\overline{T}$, $Re_z \le 10^8$
Flujo turbulento paralelo sobre una placa plana	$\delta_v = 0.37zRe_z^{-1/5}$ (*)	**(12-16)**	Local, $\overline{T}$, $Re_z \le 10^8$
	$Nu_z = 0.0296Re_z^{4/5}Pr^{1/3}$	**(12-17)**	Local, $\overline{T}$, $Re_z \le 10^8$, $0.6 \le Pr \le 60$

Sigue en la próxima página

Tabla 12-6. (continuación)

Flujo turbulento paralelo sobre una placa plana	$$\overline{C}_{f(L)} = \frac{0.455}{\left(\log Re_L\right)^{2.584}} - \frac{A}{Re_L} \quad \text{(12-18)}$$ Re_{crit} A 3×10^5 1 050 5×10^5 1 700 10^6 3 300 3×10^6 8 700	Promedio $Re_{crit} < Re_z < 10^9$
	$$\overline{Nu}_L = Pr^{1/3}\left(0.037 Re_L^{0.8} - 850\right) \quad \text{(12-19)}$$	Promedio, $Re <$ 10^7,
Flujo mixto (laminar después turbulento) paralelo sobre una placa plana. (**)	$$\overline{C}_{f(L)} = 0.074 Re_L^{-1/5} - 1742 Re_L^{-1} \;\text{(***)} \quad \text{(12-20)}$$	Promedio, $\overline{T}$, $Re_{z(c)} = 5\times10^5$, $Re_L \leq 10^8$
	$$\overline{Nu}_L = \left(0.037 Re_L^{4/5} - 871\right) Pr^{1/3} \quad \text{(***)(12-21)}$$	Promedio, $\overline{T}$, $Re_{z(c)} = 5\times10^5$, $Re_L \leq 10^8$, $0.6 \leq Pr \leq 60$
Flujo externo perpendicular a un Cilindro	$$\overline{Nu}_D = \Phi Re_D^a Pr^{1/3} \quad \text{(12-22)}$$ Re_D Φ a 0.4-4 0.989 0.33 4-40 0.911 0.383 40-4 000 0.683 0.466 4000-40 000 0.193 0.618 40 000-400 000 0.027 0.805	Promedio, $\overline{T}$, $0.4 < Re_D < 4\times10^5$, $Pr \geq 0.7$
Sigue en la próxima página		

Tabla 12-6. (continuación)		
Flujo externo sobre una Esfera	$$\overline{Nu}_D = 2 + \left(0.4Re_D^{1/2} + 0.06Re_D^{2/3}\right)Pr^{0.4}\left(\mu/\mu_s\right)^{1/4}$$ **(12-23)**	Promedio, T_∞, $3.5 < Re_D < 7.6 \times 10^4$, $0.71 < Pr < 380$, $1.0 < \left(\mu/\mu_s\right) < 3.2$
Gota en caída	$$\overline{Nu}_D = 2 + 0.6Re_D^{1/2}Pr^{1/3}\left[25\left(z/D\right)^{-0.7}\right]$$ **(12-24)** z : distancia de la caída desde el punto de reposo	Promedio, T_∞

IMPORTANTE: El Re crítico para flujo paralelo sobre una placa plana es $Recrít = 5x10^5$

* En flujo turbulento el desarrollo de la capa límite está influenciado fuertemente por las fluctuaciones aleatorias en el fluido y no por la difusión molecular. Por eso el crecimiento relativo de la capa límite no depende del valor del Pr o el Sc, y esta ecuación puede usarse para obtener el espesor de las capas límite de temperaturas y de concentraciones, así como la de velocidades. Por tanto en flujo turbulento $\delta v = \delta T = \delta C$.

** Si en flujo mixto $0.95 \le \left(z_c/L\right) \le 1$ el cálculo se puede realizar como flujo laminar. Si $\left(z_c/L\right) \le 0.95$ en el cálculo deben usarse las ecuaciones de flujo mixto.

*** Si en flujo mixto $L >> z_c$ [$ReL >> Rez(c)$], $A << 0.037Re_L^{4/5}$, las ecuaciones correspondientes se reducen a

$$\overline{Nu}_L = 0.037Re_L^{4/5}Pr^{1/3}$$

$$\overline{Sh}_L = 0.037Re_L^{4/3}Sc^{1/3}$$ (Las propiedades para estas tres ecuaciones se obtienen a Ts)

$$\overline{C}_{f(L)} = 0.074Re_L^{-1/5}$$

Estas ecuaciones también pueden usarse para capa límite TODA en flujo turbulento, que se logra poniendo en el extremo inicial un promotor de turbulencia (como un alambre fino).

Tabla 12-7. Correlaciones para transferencia de ímpetu y calor en flujo sin cambio de fase.

Geometría única: Flujo interno en tubos de sección transversal circular.		
Características del sistema	Correlación (No. ecuación)	Condiciones y restricciones
	$$f = 16/Re \qquad (12\text{-}25)$$	Flujo totalmente desarrollado
	$$\overline{Nu}_d = 4.36 \qquad (12\text{-}26)$$	Flujo totalmente desarrollado, $\tilde{q}_s$ constante, $Pr \geq 0.6$
	$$\overline{Nu}_d = 3.66 \qquad (12\text{-}27)$$	Flujo totalmente desarrollado, T_s constante, $Pr \geq 0.6$
Flujo laminar en tubos de sección circular	$$\overline{Nu}_d = 3.66 + \frac{0.0668(d/L)Re_d Pr}{1+0.04\left[(d/L)Re_d Pr\right]^{2/3}}$$ $$(12\text{-}28)$$	Totalmente desarrollado, longitud térmica de entrada, ($Pr \gg 1$ o una longitud inicial sin calentamiento), T_s constante,
	$$\overline{Nu}_d = 1.86\left(Re_d Pr\right)^{1/3}\left(\frac{d}{L}\right)^{1/3}\left(\frac{\mu}{\mu_s}\right)^{0.14}$$ $$(12\text{-}29)$$ $$\left[\left(Re_d Pr/L/d\right)^{1/3}\left(\mu/\mu_s\right)^{0.14}\right] \geq 0.2$$	Longitud combinada de entrada, , T_s constante, $0.48 < Pr < 16\,700$, $0.0044 < (\mu/\mu_s) < 9.75$, propiedades a $$\overline{T} = \left(T_{entrada} + T_{salida}\right)/$$
Flujo turbulento en tubos lisos de sección circular	$$f_d = 0.316 Re_d^{-1/4} \qquad (12\text{-}30)$$	Totalmente desarrollado, $Re_d \leq 2 \times 10^4$
	$$f_d = 0.184 Re_d^{-1/5} \qquad (12\text{-}31)$$	Totalmente desarrollado, $Re_d \geq 2 \times 10^4$
Sigue en la próxima página.		

Tabla 12-7 (Continuación)

Flujo turbulento en tubos de sección circular	$$\overline{Nu}_d = 0.036 Re_d^{0.8} Pr^{1/3} \left(\frac{d_i}{L}\right)^{0.55}$$ (12-32)	Flujo turbulento, región de entrada, propiedades a $\overline{T} = \left(T_{entrada} + T_{salida}\right)/$, $10 < L/d_i < 400$
	$$\overline{Nu}_d = 0.023 Re_d^{4/5} Pr^b$$ (12-33)	Turbulento, totalmente desarrollado, $0.6 \leq Pr \leq 160, Re_d \geq$ $L/d \geq 10$, propiedades a T_∞, para calentamiento $b = 0.4$, para enfriamiento $b = 0.3$
	$$\overline{Nu}_d = 0.027 Re_d^{4/5} Pr^{1/3} \left(\frac{\mu}{\mu_s}\right)^{0.14}$$ (12-34)	Turbulento, totalmente desarrollado, propiedades a T_∞, excepto μ_s que es a T_s $0.7 \leq Pr \leq 16\,700, Re$ $L/d \geq 10$
	$$f_d = \left\{-2\log\left[\frac{\varepsilon/d_i}{3.7} - \frac{5.02}{Re_d}\log\left(\frac{\varepsilon/d_i}{3.7} + \frac{14.7}{Re_d}\right)\right]\right\}^{-2}$$ (12-35)	Turbulento para cualquier rugosidad de tubo

12.5 Aplicación de la aproximación empírica a la transferencia de masa.

En la transferencia convectiva de masa se puede aplicar, del mismo modo descrito, la técnica del análisis dimensional generándose ecuaciones generales básicas no tan universales como la 11-75 y la 11-79. De hecho, apoyándonos en los resultados de la transmisión de calor, podríamos pensar que expresiones de la forma

$$\overline{Sh}_L = \Phi Re_L^a Sc^b$$

podrían describir adecuadamente el fenómeno de transferencia de masa. Si esto fuera así restaría sólo la determinación experimental de Φ, a y b para completar la correlación. Para ello de nuevo se requeriría de un equipo de laboratorio con características semejantes al de interés y adecuadamente instrumentado. Las pruebas y el manejo de datos se realizarían del mismo modo descrito en la sección 12.3.

Sin embargo, una práctica común en la resolución de problemas de transferencia convectiva de masa, es la utilización de los análisis conocidos como *analogías de la capa límite*. Estas analogías, que se revisarán en la sección siguiente, eliminan la necesidad de la determinación experimental de correlaciones específicas para la transferencia de masa para muchos casos de interés. De esta forma, la determinación experimental de ecuaciones para la transferencia convectiva de masa se realiza sólo cuando no existe una correlación aplicable o en aquellos casos en que, aplicando una ecuación originalmente obtenida para otro fenómeno, no se producen resultados satisfactorios.

12.6 Analogías de las capas límite.

El análisis realizado de las capas límite (Capítulo 11) nos condujo a la definición de ciertos parámetros adimensionales y nos permitió reconocer similitudes. Además, identificamos plenamente que los parámetros que caracterizan el comportamiento de cada capa límite son el C_f, el Nu y el Sh. Con estos números adimensionales podemos determinar la fuerza de fricción de la pared (pérdida de ímpetu del fluido) y las velocidades de transferencia convectiva de calor y masa. Por tanto, es factible pensar que se pueden establecer relaciones matemáticas entre esos parámetros que para los ingenieros serían extremadamente útiles. Tales expresiones se obtienen de lo que se conoce como *analogías de la capa límite.*

12.6.1 La analogía entre transferencia de calor y de masa.

Se recordará que en el Capítulo 5 se describieron como fenómenos análogos a las transferencias moleculares de ímpetu, calor y masa. En el caso de la transferencia convectiva, laminar o turbulenta, se pueden aplicar las mismas ideas. Así, podemos afirmar que los procesos convectivos son *análogos* si están gobernados por ecuaciones adimensionales que tienen la misma forma.

Si Ud. regresara al capítulo anterior y revisara las expresiones adimensionales de conservación de la capa límite para transferencia de calor y masa (Tabla 11-1) fácilmente concluirá que son análogas. Recordará que ambas ecuaciones tienen un término convectivo y uno molecular de la misma forma. Más aún, las ecuaciones normalizadas (Tabla 11-1) están ligadas al campo de velocidades a través del Re_L, y el Pr y el Sc tienen papeles análogos entre si. El significado de esta analogía es que las relaciones adimensionales que rigen la capa límite térmica, son las mismas que rigen la capa límite de concentraciones. Por eso podemos esperar que los perfiles de temperaturas y de concentraciones, en las capas correspondientes, tengan en esencia la misma forma aunque obviamente, con magnitudes absolutas diferentes.

Pero la analogía más útil deriva del análisis que se realizó en la sección 11.7 para la obtención de ecuaciones elementales generales. Como una consecuencia de lo mencionado en el párrafo anterior, es obvio que las funciones f_6 y f_{11} (Ecuaciones 11-58 y 11-69) deben ser de la misma forma. Por tanto, los gradientes adimensionales de temperaturas y de concentraciones evaluados en la superficie (Ecuaciones 11-62 y 11-73 en la misma tabla) son análogos, como lo son el Nu y el Sh. Esto quiere decir que f_8 y f_{13} (Ecuaciones 11-64 y 11-75) tienen la misma forma. Lo mismo debe ocurrir con las funciones f_{10} y f_{15} (Ecuaciones 11-68 y 11-79) para los Nu y Sh promedio. De acuerdo con todo lo anteriormente expresado, las ecuaciones para la transferencia convectiva de calor y masa para una geometría específica se pueden intercambiar entre sí utilizando los

355

parámetros análogos correspondientes. Por ejemplo, si un fluido se mueve en condiciones turbulentas con flujo paralelo a una placa plana e intercambia calor con ella, la correlación es (Tabla 12-6)

$$Nu_z = 0.0296 Re_z^{4/5} Pr^{1/3}$$

que se aplica para Nu local y $Re_z \le 10^8$; para la transferencia de masa entre un fluido y una placa plana la expresión se puede escribir

$$Sh_z = 0.0296 Re_z^{4/5} Sc^{1/3}$$

que es válida para flujo turbulento paralelo, Sh local y $Re_z \le 10^8$.

La analogía se puede aplicar también para relacionar directamente los coeficientes convectivos de calor y masa. Sí para una geometría y condiciones de operación específicas las expresiones correspondientes son

$$Nu = \Phi Re^a Pr^b \qquad \qquad y \qquad \qquad Sh = \Phi Re^a Pr^b$$

por tanto,

$$j_H = \Phi Re^a = \frac{Nu}{Pr^b} = j_M = \frac{Sh}{Sc^b} \qquad \qquad (12\text{-}36)$$

que substituyendo las equivalencias de cada parámetro nos da

$$\frac{h_Q L / k}{Pr^b} = \frac{k_M L / D_{AB}}{Sc^b}$$

o, considerando que $Le = Sc/Pr = \alpha/D_{AB}$ y $\alpha = k/\rho c_p$

$$\frac{h_Q}{k_M} = \frac{k}{D_{AB}}\left(\frac{Pr}{Sc}\right)^b = \frac{k}{D_{AB}}\left(\frac{1}{Le}\right)^b = \frac{k}{D_{AB} Le^b} = \frac{k}{D_{AB}}\frac{\rho c_p D_{AB}}{k}\frac{1}{Le^{b-1}} = \rho c_p Le^{1-b}$$

$$\frac{h_Q}{k_M} = \rho c_p Le^{1-b} \qquad \qquad (12\text{-}37)$$

Para la mayoría de las aplicaciones es razonable considerar un valor de $b = 1/3$. Por tanto, la relación de coeficientes sería:

$$\frac{h_Q}{k_M} = \rho c_p Le^{1-b} = \rho c_p Le^{1-(1/3)} = \rho c_p Le^{2/3} \qquad (12\text{-}38)$$

Aplicaciones y limitaciones. El hecho de que exista menos información disponible sobre correlaciones para la transferencia de masa hace que la analogía estudiada aquí sea de gran utilidad, pero se debe tener mucho cuidado en su aplicación. Una de las características importantes de los sistemas analizados, que incide directamente en la transmisión de calor, es la velocidad igual a cero de las moléculas de fluido adyacentes al sólido. Esto se cumple en la sublimación de un sólido en una corriente de gas y en la disolución de un sólido en una corriente líquida. Sin embargo, en el contacto entre dos fases fluidas (líquido-gas) las velocidades de las moléculas adyacentes a la interfase, en ambos fluidos, muchas veces son muy superiores de cero, por lo que pueden encontrarse desviaciones importantes del modelo elegido.

12.6.2 Analogía de Reynolds.

Otra ecuación análoga, probablemente la más antigua, aplica al flujo turbulento y se deduce de la siguiente forma:

El análisis siguiente se aplica a la transferencia entre una placa plana y un fluido.

Para mantener el mismo tipo de ecuaciones que para la transferencia molecular,

$$\tau_s = \rho\left(\frac{\mu}{\rho}\right)\frac{du}{dy} \qquad \frac{\dot{Q}}{A_Q} = \rho c_p (\alpha)\frac{dT}{dy} \qquad N_A = (D_{AB})\frac{dC_A}{dy}$$

se puede introducir un termino que se conocerá como *difusividad turbulenta* o de *eddy*, de tal manera que los flux de transferencia de propiedad en régimen turbulento se pueden escribir así:

$$\tau_s = \rho\left(\frac{\mu}{\rho} + \varepsilon_\Omega\right)\frac{du}{dy} \qquad (12\text{-}39)$$

$$\frac{\dot{Q}}{A_Q} = \rho c_p \left(\alpha + \varepsilon_Q \right) \frac{dT}{dy}$$

(12-40)

$$N_A = \left(D_{AB} + \varepsilon_M \right) \frac{dC_A}{dy}$$

(12-41)

Donde las ε representan las difusividades turbulentas de momento, calor y masa, respectivamente.

Pero en flujo turbulento la difusividad turbulenta es mucho muy grande comparada con la difusividad molecular, en otras palabras, las difusividades moleculares pueden ignorarse, por lo que las ecuaciones para transferencia turbulenta se reducen a

$$\tau_s = \rho(\varepsilon_\Omega) \frac{du}{dy} \qquad \frac{\dot{Q}}{A_Q} = \rho c_p (\varepsilon_Q) \frac{dT}{dy} \qquad N_A = (\varepsilon_M) \frac{dC_A}{dy}$$

Ahora se divide el flux de ímpetu entre el flux de calor

$$\frac{\tau_s}{\dfrac{\dot{Q}}{A_Q}} = \frac{\rho(\varepsilon_\Omega) \dfrac{du}{dy}}{\rho c_p (\varepsilon_Q) \dfrac{dT}{dy}} \qquad \text{si } \varepsilon_\Omega = \varepsilon_Q$$

$$\frac{\tau_s}{\dfrac{\dot{Q}}{A_Q}} = \frac{du}{c_p dT}$$

o

$$\frac{\tau_s}{\left(\dot{Q}/A_Q \right)} c_p dT = du$$

Si consideramos otra vez que el flux de calor es *análogo* al flux de ímpetu

$$\frac{\tau_s}{\left(\dot{Q}/A_Q\right)} = \text{Constante} \qquad \text{para todas las distancias desde la}$$

placa.

Ahora integramos de $y = 0$; $T = T_s$ y $u = 0$,

$$\text{hasta } y = y \text{ ; } T = T_\infty \text{ y } u = \upsilon$$

$$\int_{T_s}^{T_\infty} \frac{\tau_s}{\left(\dot{Q}/A_Q\right)} c_p dT = \int_0^\upsilon du$$

si los fluxes y la c_p son constantes,

$$\frac{\tau_s}{\left(\dot{Q}/A_Q\right)_s} c_p \left(T_\infty - T_s\right) = \upsilon - 0$$

$$\frac{\tau_s}{\left(\dot{Q}/A_Q\right)_s} c_p \left(T_\infty - T_s\right) = \upsilon \qquad \qquad \textbf{(12-42)}$$

Pero recordemos que para la transferencia turbulenta el flux de calor también se puede escribir como

$$\left(\dot{Q}/A_Q\right)_s = h_Q \left(T_\infty - T_s\right) \qquad \qquad \textbf{(12-43)}$$

y que el esfuerzo de corte se puede despejar de la definición del coeficiente de fricción para dar

$$\tau_s = C_f \left(\upsilon^2/2\right)\rho \qquad \qquad \textbf{(12-44)}$$

y dividiendo el flux de momento entre el flux de calor (ecuaciones (12-15 y 12-16)

$$\frac{\tau_s}{\left(\dot{Q}/A_Q\right)_s} = \frac{C_f \left(\upsilon^2/2\right)\rho}{h_Q \left(T_\infty - T_s\right)}$$

Ahora substituiremos este resultado en la ecuación (12-14)

$$\frac{C_f\left(v^2/2\right)\rho}{h_Q\left(T_\infty-T_s\right)}c_p\left(T_\infty-T_s\right)=v$$

la que rearreglando nos da finalmente

$$\frac{C_f}{2}=\frac{h_Q}{c_p\,v\,\rho}\tag{12-45}$$

Si se hiciera lo anterior para el caso de la transferencia de masa, se llegaría al siguiente resultado

$$\frac{C_f}{2}=\frac{h_Q}{c_p\,v\,\rho}=\frac{k'_c}{v}\qquad\textbf{Analogía de Reynolds}\tag{12-46}$$

que es la forma usual en que se encuentra la analogía de Reynods.

Otra forma en que se puede encontrar esta analogía es utilizando los números de Stanton

$$\frac{C_f}{2}=St=St_M\tag{12-47}$$

La ecuación 12-18 relaciona los parámetros clave de las capas límite de velocidades, temperaturas y concentraciones. Si se conoce uno de los coeficientes se pueden determinar los otros. Sin embargo, esta analogía tiene severas limitaciones debido a las restricciones establecidas. Los datos obtenidos para corrientes gaseosas sobre una placa o dentro de un tubo concuerdan más o menos con al analogía de Reynolds si el Pr y $Sc\approx1$ y sólo cuando hay fricción de superficie y no de forma, es decir, $dp^\otimes/dz^\otimes\approx0$. Esta analogía se rompe cuando la subcapa viscosa se hace importante (los mecanismos moleculares crecen en magnitud relativa) y en el caso de la transferencia de calor, cuando la diferencia de temperaturas $T_\infty - T_s$ es muy grande.

12.6.3 Analogía de Chilton-Colburn.

Esta analogía es la más útil y ampliamente usada. Mediante datos experimentales realizados en gases y líquidos, en flujo laminar y turbulento, esta analogía introduce algunas correcciones a la de Reynolds, de tal forma que resultan las expresiones matemáticas

Factor j de Colburn para transferencia de calor

$$\frac{C_f}{2} = StPr^{2/3} = j_H \qquad\qquad 0.6 < Pr < 60 \qquad (12\text{-}48)$$

$$\frac{C_f}{2} = St_M Sc^{2/3} = j_M \qquad\qquad 0.6 < Sc < 3000 \qquad (12\text{-}49)$$

Factor j de Colburn para transferencia de masa

Las ecuaciones 12-16 y 12-17 representan a la analogía de Chilton y Colburn y son válidas para flujo laminar si $dp^\otimes/dz^\otimes \approx 0$, pero en flujo turbulento las condiciones son menos sensibles al el efecto de la variación de presión.

Para el flujo sobre una placa plana o en una tubería donde no hay fricción de forma,

$$\frac{C_f}{2} = j_H = j_M \qquad\qquad\qquad y \qquad\qquad\qquad \frac{f}{2} = j_H = j_M$$

pero cuando está presente la fricción de forma, como en el flujo sobre lechos empacados o el flujo sobre cuerpos sumergidos, la fricción es mucho mayor y sólo se cumple que $j_H \approx j_M$.

Los análisis previos se han realizado con coeficientes locales, pero si una analogía es aplicable a cualquier punto de la superficie, como consecuencia puede ser aplicable a los coeficientes promedio.

12.7 Ecuaciones para diferentes sistemas de transferencia de masa.

Algunas expresiones que pueden resultar útiles en cálculos de transferencia de masa para sistemas sencillos se muestran en la Tabla 12-8. Recuerde que adicionalmente se tienen las expresiones para transmisión de calor y fricción de pared (Tablas 12-6 y 12-7) que mediante las analogías vistas se pueden aplicar a la transferencia de masa.

12.8 Notación particular para coeficientes de transferencia de masa en sistemas binarios.

En capítulos precedentes hemos establecido que la rapidez de transferencia de masa puede expresarse como

$$\tilde{M}_A = k_M \left(C_{A(1)} - C_{A(2)} \right)$$

que aplica a cualquier fase y en la que utilizamos los coeficientes de transferencia de masa adecuados a las unidades usadas para las concentraciones, o viceversa. Sin embargo, en la práctica y en la literatura es muy común encontrar que los coeficientes de transferencia de masa y las concentraciones se definen y denotan de acuerdo con la fase y el tipo de transferencia implicados. La Tabla 12-9 resume lo que el estudiante encontrará normalmente en la literatura. Como observará, se usa una notación especial para cada coeficiente dependiendo de la fase en la que se realiza la transferencia, las unidades usadas para las concentraciones y el tipo de transferencia (sólo A difunde o contradifusión equimolecular).

Tabla 12-8. Correlaciones de transferencia convectiva de masa para casos sencillos. Adaptada del Treybal (1981).

Características del sistema	Correlación (No. ecuación)		Condiciones y restricciones.
Flujo dentro de tuberías de sección circular	$\overline{Sh_d} = 0.023 Re_d^{0.83} Sc^{1/3}$	**(12-50)**	$4\,000 \le Re \le 60\,000$ $0.6 \le Sc \le 3\,000$
	$\overline{Sh_d} = 0.0149 Re_d^{0.88} Sc^{1/3}$	**(12-51)**	$10\,000 \le Re \le 400\,0$ $Sc > 100$
Flujo no confinado paralelo a placas planas.	$\overline{j_M} = 0.664 Re_L^{-0.5}$	**(12-52)**	La transferencia empieza en el extremo del primer contacto. $Re_z < 50\,000$
	$\overline{Nu_L} = 0.037 Re_L^{0.8} Pr_\infty^{0.43} \left(\dfrac{Pr_\infty}{Pr_s} \right)^{0.25}$ **(12-53)**		$5 \times 10^5 \le Re \le 3 \times 10$ $0.7 \le Pr \le 380$
	$\overline{Nu_L} = 0.0027 Re_L Pr_\infty^{0.43} \left(\dfrac{Pr_\infty}{Pr_s} \right)^{0.25}$ **(12-54)**		$2 \times 10^4 \le Re \le 5 \times 1$ $0.7 \le Pr \le 380$
Flujo confinado de un gas, paralelo a una placa plana que está dentro de un conducto.	$\overline{j_M} = 0.11 Re_L^{-0.29}$	**(12-55)**	$2\,600 \le Re \le 22\,00$

Sigue en la próxima página

Tabla 12-8 (Continuación)		
Flujo externo perpendicular a un cilindro	$$\overline{Nu_D} = \left(0.35 + 0.34Re_D^{0.5} + 0.15Re_D^{0.58}\right)Pr^{0.3}$$ $$(12\text{-}56)$$	$0.1 \leq Re_D \leq 10^5$ $0.7 \leq Pr \leq 1\,500$
Flujo externo sobre una esfera.	$$\overline{Sh} = \overline{Sh_\infty} + 0.347\left(Re_D Sc^{0.5}\right)^{0.62}$$ $$\overline{Sh_\infty} = \begin{cases} 2 + 0.569\left(Gr_M Sc\right)^{0.25} \quad ; \\ \quad Gr_M Sc < 10^8 \\ 2 + 0.0254\left(Gr_M Sc\right)^{0.333} Sc^{0.244} \quad ; \\ Gr_M Sc > 10^8 \end{cases}$$ $$(12\text{-}57)$$	$1.8 \leq Re_D Sc^{0.5} \leq 600$ $0.6 \leq Sc \leq 3\,200$
Flujo a través de un lecho fijo de partículas.	$$\overline{j_M} = \frac{1.09}{\varepsilon}Re_\varepsilon^{-2/3} \qquad (12\text{-}58)$$	$0.0016 \leq Re_\varepsilon \leq 55$ $168 \leq Sc \leq 70\,600$
	$$\overline{j_M} = \frac{0.25}{\varepsilon}Re_\varepsilon^{-0.31} \qquad (12\text{-}59)$$	$5 \leq Re_\varepsilon \leq 1\,500$ $168 \leq Sc \leq 70\,600$
	$$\overline{j_M} = \overline{j_H} = \frac{2.06}{\varepsilon}Re_\varepsilon^{-0.575} \qquad (12\text{-}60)$$	$90 \leq Re_\varepsilon \leq 4\,000$ $Sc = 0.6$
	$$\overline{j_M} = 0.95\overline{j_H} = \frac{20.4}{\varepsilon}Re_\varepsilon^{-0.815} \qquad (12\text{-}61)$$	$5\,000 \leq Re_\varepsilon \leq 10\,3$ $Sc = 0.6$

12.8.1 Relación entre los coeficientes de transferencia de masa.

Si la transferencia de masa se lleva a cabo en fase gaseosa y sólo se transfiere A, el flux molar se puede escribir (Tabla 12-9) en función de las presiones parciales

$$\tilde{N}_A = k_G \Delta P_A \left[=\right] \frac{\text{kmol}A}{\text{s m}^2 \text{ Pa}} \left| \frac{\text{Pa}}{1} \right. = \frac{\text{kmol}A}{\text{s m}^2}$$

de las fracciones mol

$$\tilde{N}_A = k_y \Delta y_A \left[=\right] \frac{\text{kmol}A}{\text{s m}^2 \left(\dfrac{\text{kmol}A}{\text{kmol}Tot}\right)} \left| \frac{\text{kmol } A}{\text{kmol } Tot} \right. \left[=\right] \frac{\text{kmol}A}{\text{s m}^2}$$

o de la concentración molar

$$\tilde{N}_A = k_c \Delta C_A \left[=\right] \frac{\text{kmol}A}{\text{s m}^2 \left(\dfrac{\text{kmol}A}{\text{m}^3}\right)} \left| \frac{\text{kmol } A}{\text{m}^3} \right. \left[=\right] \frac{\text{kmol}A}{\text{s m}^2}$$

El cálculo del flux, obviamente, debe resultar el mismo para algún caso en particular, usando cualquiera de las tres ecuaciones anteriores. Para relacionar los tres coeficientes involucrados es necesario hacer uso de las conversiones entre las unidades usadas, así, para relacionar k_c y k_G sabemos que la concentración molar, para gases ideales, es igual a $c_A = p_A/\mathcal{R}T$, por tanto,

$$\tilde{N}_A = k_C \left(C_{A(1)} - C_{A(2)} \right) = \frac{k_c}{\mathcal{R}T} \left(P_{A(1)} - P_{A(2)} \right) = k_G \left(P_{A(1)} - P_{A(2)} \right)$$

de donde se deduce fácilmente que

$$k_G = \frac{k_c}{\mathcal{R}T}$$

También

$$\tilde{N}_A = k_G \left(P_{A(1)} - P_{A(2)} \right) \times \frac{P_T}{P_T} = k_G P_{TOT} \left(y_{A(1)} - y_{A(2)} \right) = k_y \left(y_{A(1)} - y_{A(2)} \right)$$

y

$$k_y = k_G P_{TOT}$$

por tanto,

$$k_y = \frac{k_c}{\mathcal{R}T} P_{TOT}$$

Cuando se requiere flux de masa se tienen dos opciones, la primera usando concentraciones de masa (kg/l) que normalmente se denotan con ρ,

$$\tilde{M}_A = k_\rho \left(\rho_{A(1)} - \rho_{A(2)} \right) [=] \frac{\text{kg}A}{\text{s m}^2 \left(\frac{\text{kg}A}{1} \right)} \left| \frac{\text{kg }A}{1} [=] \frac{\text{kg}A}{\text{s m}^2} \right.$$

o de una relación de masas entre los componentes, por ejemplo, kgA/kgB,

$$\tilde{M}_A = k_Y \Delta \hat{Y} [=] \frac{\text{kg}A}{\text{s m}^2 \left(\frac{\text{kg}A}{\text{kg}B} \right)} \left| \frac{\text{kg }A}{\text{kg }B} [=] \frac{\text{kg}A}{\text{s m}^2} \right.$$

Para relacionar k_ρ con k_c simplemente se multiplica la Ecuación del flux molar en función de las concentraciones molares, por el peso molecular de A, $\mathcal{M}_A$,

$$\tilde{M}_A = \mathcal{M}_A \tilde{N}_A = k_c \left(C_{A(1)} - C_{A(2)} \right) \mathcal{M}_A = k_c \left(\rho_{A(1)} - \rho_{A(2)} \right) = k_\rho \left(\rho_{A(1)} - \rho_{A(2)} \right)$$

y $k_\rho = k_c$

Ud.recordará que

$$\hat{Y}_A = \frac{m_A}{m_B} = \frac{n_A \mathcal{M}_A}{n_B \mathcal{M}_B} = \frac{P_A \mathcal{M}_A}{P_B \mathcal{M}_B} [=] \frac{\text{kg}A}{\text{kg}B}$$

366

Si como una aproximación, la Ecuación del flux molar en función de las presiones parciales se multiplica y divide por una presión media logarítmica de B en lugar de usar las presiones parciales de B en "1" y "2", y por los pesos moleculares de A y B como se indica,

$$\tilde{N}_A = k_G \Delta P_A \times \frac{\hat{P}_{B(ML)}}{\hat{P}_{B(MI)}} \frac{\mathcal{M}_A}{\mathcal{M}_A} \frac{\mathcal{M}_B}{\mathcal{M}_B} = k_G P_{B(ML)} \frac{\mathcal{M}_B}{\mathcal{M}_A} \left(\frac{P_{A(1)} \mathcal{M}_A}{P_{B(ML)} \mathcal{M}_B} - \frac{P_{A(2)} \mathcal{M}_A}{P_{B(ML)} \mathcal{M}_B} \right)$$

$$\tilde{N}_A = k_G P_{B(ML)} \frac{\mathcal{M}_B}{\mathcal{M}_A} \left(Y_{A(1)} - Y_{A(2)} \right)$$

Pasando $\mathcal{M}_A$ a la izquierda,

$$\tilde{M}_A = \tilde{N}_A \mathcal{M}_A = k_G P_{B(ML)} \mathcal{M}_B \left(Y_{A(1)} - Y_{A(2)} \right) = k_Y \left(Y_{A(1)} - Y_{A(2)} \right)$$

y

$$k_Y = k_G P_{B(ML)} \mathcal{M}_B$$

Siguiendo procedimientos semejantes se encuentran las relaciones restantes que se indican en la Tabla 12-9.

Tabla 12-9. Relación entre los coeficientes de transferencia de masa.

Ecuación de transferencia		Unidades del coeficiente
Sólo difunde A	**Contradifusión equimolar**	
Gases		
$\tilde{N}_A = k_G \Delta P_A$ (12-62)	$\tilde{N}_A = k'_G \Delta P_A$ (12-63)	$\dfrac{Moles}{\left(Area\right)\left(tiempo\right)\left(\Delta\ presión\right)}$
$\tilde{N}_A = k_y \Delta y_A$ (12-64)	$\tilde{N}_A = k'_y \Delta y_A$ (12-65)	$\dfrac{Moles}{\left(Area\right)\left(tiempo\right)\left(\Delta\ fracción\ mol\right)}$
$\tilde{N}_A = k_c \Delta C_A$ (12-66)	$\tilde{N}_A = k'_c \Delta C_A$ (12-67)	$\dfrac{Moles}{\left(Area\right)\left(tiempo\right)\left[\Delta\left(mol/volumen\right)\right]}$
$\tilde{M}_A = k_Y \Delta Y_A$ (12-68)		$\dfrac{Masa}{\left(Area\right)\left(tiempo\right)\left[\Delta\left(masa\ A/masa\ B\right)\right]}$
$\tilde{M}_A = k_\rho \Delta \rho_A$ (12-69)		$\dfrac{Masa}{\left(Area\right)\left(tiempo\right)\left[\Delta\left(masa/volumen\right)\right]}$
$k_G P_{B(ML)} = k_y \dfrac{P_{B(ML)}}{P_{TOT}} = k_c \dfrac{P_{B(ML)}}{\mathfrak{R}T} = \dfrac{k_Y}{\mathfrak{M}_B} = k'_G P_{TOT} = k'_y = k'_c \dfrac{P_{TOT}}{\mathfrak{R}T} = k'_c C_{TOT} \,;$ $\quad k_\rho = k_c$ (12-70)		
Líquidos		
$\tilde{N}_A = k_L \Delta C_A$ (12-71)	$\tilde{N}_A = k'_L \Delta C_A$ (12-72)	$\dfrac{Moles}{\left(Area\right)\left(tiempo\right)\left[\Delta\left(mol/volumen\right)\right]}$
$\tilde{N}_A = k_x \Delta x_A$ (12-73)	$\tilde{N}_A = k'_x \Delta x_A$ (12-74)	$\dfrac{Moles}{\left(Area\right)\left(tiempo\right)\left(\Delta\ fracción\ mol\right)}$
$\tilde{M}_A = k_\rho \Delta \rho_A$ (12-75)		$\dfrac{Masa}{\left(Area\right)\left(tiempo\right)\left[\Delta\left(masa/volumen\right)\right]}$
$k_x x_{B(ML)} = k_L x_{B(ML)} c = k'_L c = k'_L \dfrac{\rho}{M} = k'_x \,; \qquad k_\rho = k_L$ (12-76)		

Ejemplo 12-2.

Se pasa aire a través de un tubo de naftaleno que tiene un diámetro interno de 2.5 cm y una longitud de 2 m, a una velocidad de 15 m/s. El aire está a 10 °C y tiene una presión promedio de una atmósfera estándar. Considerando que la presión del gas a lo largo del tubo permanece constante, que la superficie del naftaleno está a 10 °C y que la variación del diámetro del tubo de naftaleno es insignificante; si el porciento de saturación del aire al salir del tubo es de 35 %, calcule la velocidad de sublimación en el tubo en kg/h.

SOLUCIÓN.

Primero se obtienen las propiedades del aire y del naftaleno y que son las siguientes:

Propiedades del aire a 10 °C y 1 atm: · = 1.249 kg/m^3; · = 0.00001785 kg/m.s.

Propiedades del naftaleno a 10 °C: P_{vapor}= 0.0209 mmHg; D_{AB}(1 atm) = 5.162x10^{-6} m^2/s; M M= 128.2 kg/kmol.

Ahora se determina el Número de Reynolds, (recuerde que la transferencia es en el aire)

$$Re_d = \frac{\rho d_i \mathcal{v}}{\mu} = \frac{1.249 \text{ kg}}{\text{m}^3} \left| \frac{0.025 \text{ m}}{} \right| \frac{15 \text{ m}}{\text{s}} \left| \frac{\text{m s}}{1.785 \times 10^{-5}} \right. = 26\ 239 \quad \Rightarrow \quad \text{F. turbulento}$$

Por tanto podemos usar la misma expresión del Ejemplo 12-1, pero adecuada a la transferencia de masa,

$$\overline{Sh}_d = 0.023 Re_d^{4/5} Sc^{0.3}$$

Entonces,

$$Sc = \frac{\mu}{\rho D_{AB}} = \frac{1.785 \times 10^{-5} \text{ kg}}{\text{m s}} \left| \frac{\text{m}^3}{1.249 \text{ kg}} \right| \frac{\text{s}}{5.162 \times 10^{-6} \text{ m}^2} = 2.77$$

y

$$\overline{Sh_d} = 0.023(26239)^{4/5} (2.77)^{0.3} = 110.4$$

como el $\overline{Sh_d} = \dfrac{k_c L}{D_{AB}} = \dfrac{k_\rho L}{D_{AB}}$

y $L = d_i$

$$\bar{k}_c = \frac{\overline{Sh_d}\, D_{AB}}{d_i} = \frac{110.4}{} \left| \frac{5.162 \times 10^{-6} \text{ m}^2}{\text{s}} \right| \frac{}{0.025 \text{ m}} = 0.02279 \, \frac{\text{m}}{\text{s}}$$

Observe que

$$k_c = 0.02279 \, \frac{\text{m}}{\text{s}} = k_\rho = 0.02279 \, \frac{\text{kgA}}{\text{s m}^2 \, (\text{kgA/m}^3)} = k_y = 0.02279 \, \frac{\text{kmolA}}{\text{s m}^2 \, (\text{kmolA/m}^3)}$$

Si

$$C_{TOT} \approx \rho_{aire} = 1.249 \frac{\text{kg } B}{\text{m}^3} \left| \frac{\text{kmol } B}{29 \text{ kg } B} \right. \approx 4.307 \times 10^{-2} \, \frac{\text{kmol Tot}}{\text{m}^3}$$

por tanto,

$$\bar{k}_y = k_c C_{TOT} = \frac{0.02279}{} \left| \frac{4.307 \times 10^{-4}}{} \right. = 9.81 \times 10^{-4} \, \frac{\text{kmol } A}{\text{s m}^2 \, (\Delta \hat{y}_A)}$$

Basándonos en el esquema siguiente se calcula la $\cdot y_A$ promedio con la media aritmética

$$y_{A(1)} = 2.75 \times 10^{-5} \qquad y_{A(1)} = 2.75 \times 10^{-5}$$

Flujo de aire

[Es igual a $0.35 \times (2.75 \times 10^{-5})$]

$$y_{A(2)} = 0 \qquad y_{A(2)} = 9.625 \times 10^{-6}$$

Centro del tubo

$$\overline{\Delta y_A} = \frac{\left(2.75 \times 10^{-5} - 0\right)\left(2.75 \times 10^{-5} - 9.625 \times 10^{-6}\right)}{2} \frac{\text{kmol } A}{\text{kmol Tot}} = 2.27 \times 10^{-8} \frac{\text{kmol } A}{\text{kmol Tot}}$$

el flux promedio será

$$\overline{N_A} = k_y \overline{\Delta y_A} = \frac{9.81 \times 10^{-4} \frac{\text{kmol } A}{\text{s m}^2 \frac{\text{kmol } A}{\text{kmol Tot}}} \left| 2.27 \times 10^{-5} \frac{\text{kmol } A}{\text{kmol Tot}} \right.}{} = 2.22 \times 10^{-8} \frac{\text{kmol } A}{\text{s m}^2}$$

$$A_M = \pi d_i L = \pi (0.025 \text{ m})(2 \text{ m}) = 0.157 \text{ m}^2$$

Finalmente,

$$\dot{M}_A = N_A \mathcal{M}_A A_M = \frac{2.22 \times 10^{-8} \frac{\text{kmol } A}{\text{s m}^2} \left| \frac{128.2 \text{ kg } A}{\text{kmol } A} \right| 0.157 \text{ m}^2}{} = 4.42 \times 10^{-7} \frac{\text{kg } A}{\text{s}}$$

o

$$\dot{M}_A = 0.0016 \frac{\text{kg } A}{\text{h}}$$

Bibliografía

Bennett C. O. y J. E. Myers. (1983). "Momentum, Heat and Mass Transfer". 3a. De. Mc Graw-Hill. N.Y.

Bird, Stewart y Lightfoot (1993) "Fenómenos de Transporte". Reverté, S.A.

Brodkey y Hershey (1988) "Transport Phenomena. a Unified Approach". Mc Graw-Hill.

Charm S. E. (1978). "The Fundamentals of Food Engineering". AVI Pub. Co., Inc. Westport, Connecticut.

Coulson y Richardson (1978) "Chemical Engineering" Vol. I al VI. 3a. Ed. Pergamon Press

Dean J. A. (1985). "Lange's Handook of Chemistry". 30th ed. McGraw-Hill, N. Y.

Geankoplis C. J. (1982). "Procesos de transporte y operaciones unitarias". C.E.C.S.A.8.- Harper J. C. (1982). "Elements of Food Engineering". AVI Pub. Co., Inc. Westport, Connecticut.

Hayes G.D. (1987). "Manual de datos para ingeniería de los alimentos". Acribia. Zaragozza, España.

Jowitt R., Escher F., Hallström B., Meffert, H., Spiess W., Vos G., editors. (1983). "Physical Properties of Foods". Applied Science Publishers. London and N. Y.

Incropera y De Witt (1990). " Fundamentals of Heat and Mass Transfer". Wiley and Sons.

Kern (1982). "Procesos de transferencia de calor". C.E.C.S.A.

Levenspiel O, (1998). "Flujo de Fluidos e Intercambio de Calor". 1ª Edición, 1ª Reimpresión. Editorial Reverté S. A. Barcelona, México.
Lewis M.J. (1987). "Physical Properties of Foods and Food Processing Systems". Ellis Horwood. Chichester, England.

McCabe, Smith y Harriot (1993). "Unit Operations of Chemical Engineering" 5th Ed. Mc Graw-Hill.

Okos, M.R. (1986). "Physical and Chemical Properties of Food". A.S.A.E. Michigan, U.S.A.

Perry (1984). "Chemical Engineering Handbook". 6a. ed. McGraw-Hill. N.Y.

Rao M. A., Rizvi S. S., editors. (1986). "Engineering Properties of Foods". Marcel Deckker, Inc. N. Y.

Reid, Prausnitz y Poliny. (1988). "The Properties of gases and liquids". Mc Graw-Hill.

Sandler y Luckiewicz (1987) "Practical Process Engineering" N.Y. Mc Graw Hill

Skelland. (1967). "Non-Newtonian Flow and Heat Transfer". Wiley and Sons.

Toledo R. T. (1981). "Fundamentals of Food Process Engineering". AVI Pub. Co., Inc. Westport. Connecticut.

Treybal (1980). "Operaciones de transferencia de masa". 2a. Ed. Mc Graw-Hill.

Welty (1976). "Fundamentos de transferencia de momento, calor y masa". Limusa.

Yaws C. L., Miller J. W., Shah P. N., Schorr G. R., Patel P. M. (1976). "Correlation constants: gas heat capacities, heats of formation, free energies of formation, heats of vaporization". Chemical Engineering, Aug. 16. p 79-87. Mc Graw-Hill.

Yaws C. L., Miller J. W., Shah P. N., Schorr G. R., Patel P. M. (1976). "Correlation constants for liquids: heat capacities, surface tensions, densities, thermal conductivities". Chemical Engineering, Oct. 25, p 127-135. Mc Graw-Hill.

Yaws C. L., Miller J. W., Shah P. N., Schorr G. R., Patel P. M. (1976). "Correlation constants: gas thermal conductivity, gas viscosity, liquid viscosity, vapor pressure". Nov. 22, p 153-162. Mc Graw-Hill.

A. Constantes importantes y factores de conversión.

A.1 Constantes

A.1.1 Constante de los gases ideales "$\mathcal{R}$"

Valor	Unidades
1.9872	cal/mol.K
1.9872	btu/(mol lb.^{0}R)
82.057	cm^3.atm/mol.K
8314.34	J/kmol.K
82.057x10^{-3}	m^3.atm/kmol.K
8314.34	kg.m^2/(s^2.kmol.K)
10.731	ft^3.lb$_f$/(in^2.mol lb.^{0}R)
0.7302	ft^3.atm/(mol lb.^{0}R)
1545.3	ft.lb$_f$/(mol lb.^{0}R)
8314.34	m^3.Pa/kmol.K
0.7302	ft^3.atm/(lb mol.^{0}R)
0.08314	m^3.bar/kmol.K

A.1.2 Otras constantes importantes.

Presión atmosférica normal: p= 101 325 N/m^2 .
1 mol de gas ideal (0 °C, 1 atm std) = 22.4 l.
1 lb mol de gas ideal (0 °C, 1 atm std) = 359.05 ft^3
Densidad del aire seco (0 °C, 1 atm std) = 1.929 g/l
Peso molecular del aire = 29 g/mol.
No. de Avogadro: N = 6.024 x 10^{23} partículas/mol.
Constante de Planck: h = 6.625 x 10^{-34} J.s/molécula.
Constante de Boltzmann: k = 1.380 x 10^{-23} J/K.molécula.

Velocidad de la luz en el vacío: $c_o = 2.998 \times 10^8$ m/s.

Constantes de Stefan-Boltzmann: $\sigma = 5.670 \times 10^{-8}$ W/m^2.K^4.

Constantes de radiación del cuerpo negro:

$$C_1 = 3.7420 \times 10^8$$

W/μm4/m2 .

$$C_2 = 1.4388 \times 104 \ \mu\text{m.K}$$

$$C_3 = 2897.8 \ \mu\text{m.K} .$$

A.1.3 Aceleración de la gravedad (a nivel del mar).

$g = 9.80$ m/s$^2 = 980.66$ cm/s$^2 = 32.174$ ft/s^2 .

$g_c = 32.174$ lb$_m$.ft/lb$_f$.s$^2 = 980.66$ g$_m$.cm/g$_f$.s^2 .

A.1.4 Juego de unidades usados comúnmente con g_c.

Fuerza	Masa	Longitud	gc	g/gc
dina $(g = 980.7$ cm/s$^2)$	g	cm	$1 \dfrac{g\,cm}{s^2}\dfrac{1}{dina}$	980.7 dina/g
g$_f$ $(g = 980.7$ cm/s$^2)$	g	cm	$980.7 \dfrac{g\,cm}{s^2}\dfrac{1}{g_f}$	1 g$_f$/g
Newton $(g= 9.8$ m/s$^2)$	kg	m	$1 \dfrac{kg\,m}{s^2}\dfrac{1}{N}$	9.8 N/kg
kg$_f$ $(g= 9.8$ m/s$^2)$	kg	m	$9.8 \dfrac{kg\,m}{s^2}\dfrac{1}{kg_f}$	1 kg$_f$/kg
Poundal $(g= 32.17$ ft/s$^2)$	lb$_m$	ft	$1 \dfrac{lb_m\,ft}{s^2}\dfrac{1}{poundal}$	32.17 poundal/lb$_m$
lb$_f$ $(g= 9.8$ m/s$^2)$	lb$_m$	ft	$32.17 \dfrac{lb_m\,ft}{s^2}\dfrac{1}{lb_f}$	1 lb$_f$/lb$_m$
lb$_f$ $(g= 9.8$ m/s$^2)$	Slug	ft	$1 \dfrac{slug\,ft}{s^2}\dfrac{1}{lb_f}$	32.17 lb$_f$/slug

A.1.5 Densidad del agua

1 g/cm^3 = 1000 kg/m^3 = 62.5 lb$_m$/ft^3

A.2 Factores de conversión.

A.2.1 Longitud

1 in = 2.540 cm = 8.333 x 10^{-2} ft
1 Angstrom = 10^{-10} m
1 milla = 5280 ft
1 m = 3.28 ft = 39.37 in
ft = 12 in = 30.48 cm = 0.3048 m

A.2.2 Área.

1 m^2 = 10^4 cm^2 =1549.9 in^2 = 10.76 ft^2
1 in2 = 6.9 x 10^{-3} ft2 = 6.45 cm^2 = 6.45 x 10^{-4} m^2
ft^2 = 144 in^2 = 0.093 m^2

A.2.3 Volumen

1 in^3 = 16.387 cm^3 = 5.787 x10^{-4} ft^3 = 4.329 x 10^{-3} gal USA = 1.639 X 10^{-2}
l = 1.639 X 10^{-5}
1 ft^3 = 1.728 x 10^3 in^3 = 28.317 litros = 0.028317 m^3 = 7.481 galón USA
1 m^3 = 264.17 gal USA = 35.313 ft^3 = 6.102 x 10^4 in^3 = 1000 l.
1 gal USA = 4 cuartos = 3.7854 litros = 3785.4 cm^3
gal inglés = 1.20094 gal USA

A.2.4 Masa

1 lb_m = 453.6 g = 0.4536 kg = 16 oz = 7000 granos
1 kg = 2.2046 lb_m
1 ton (corta) = 2000 lb_m
1 ton (larga) = 2240 lb_m
ton (métrica) = 1000 kg

A.2.5 Fuerza

1 dina = 1 g.cm/s2 = 10^{-5} N = 7.2330 x 10^{-5} lbm.ft/s^2 (poundal) = 2.2481x10^{-6} lb_f
1N = 1 kg.m/s^2
      1   lb_f = 4.4482 N

A.2.6 Presión

1 Pa = 1 N/m^2

1 bar = 1 x10^{-5} Pa 1 lb$_f$/in^2 abs = 1 psia = 2.0360 in de Hg a 0^{0}C = 2.311 ft de agua a 70 ^{0}F

1 lb$_f$/in^2 abs = 51.715 mm Hg a 0^{0}C (ρ_{Hg}= 13.5955 g/cm^3)

1 atm = 14.696 psia = 1.01325x10^5 Pa = 1.01325 bar = 760 mm de Hg a 0^{0}C

1 atm = 29.921 in Hg a 0^{0}C = 33.9 ft de agua a 4 ^{0}C

1 psia = 6.89476x10^4 dina/cm^2 = 6.89476x10^3 Pa

1 mm Hg (0^{0}C) = 133.3 Pa = 1.316 x 10^{-3} atm = 1.333 x 10^{-3} bar = 3.937 x 10^{-2} inHg.

1   torr = 1 mmHg

A.2.7 Temperatura.

^{0}R = ^{0}F + 459.67

$$°C = \frac{°F\text{-}32}{1.8}$$

^{0}F = ^{0}C (1.8) + 32

K = ^{0}C + 273.15

A.2.8 Temperatura, Diferencia de.

ΔT = 1 K = 1 ^{0}C = 1.8 ^{0}F = 1.8 ^{0}R

A.2.9 Energía

1J = 1N.m = 1 kg.m^2/s^2 = 10^7 g.cm^2/s^2 (erg)

1 btu = 1055.06 J = 1.05506 kJ = 252 cal = 778. 17 ft.lb$_f$

1 cal = 4.18 J = 1.62 x 10^{-6} kW-h = 1.558 x 10^{-6} hp-h = 3.97 x 10^{-3} btu = 3.086 lb$_f$.ft

1 hp.h = 0.7457 kW.h = 2544.5 btu = 6.4162 x 10^5 cal = 2.6845 x 10^6 J = 1.98 x 10^6 lb$_f$.ft

1 ft.lb$_f$ = 1.356 J = 3.766 x 10^{-7} kW-h = 5.05 x 10^{-7} hp-h = 1.285 x 10^{-3} btu = 0.3241 cal

1 W.h = 3.415 btu

1   kW-h = 1.341 hp-h = 3.4128 x 10^3 btu = 8.6057 x 10^5 cal = 3.6 x 10^6 J

A.2.10 Potencia

1 W = 1 J/s

1 hp = 0.74570 kW = 550 lb$_f$.ft/s = 0.7068 btu/s

1 watt = 14.34 cal/min

1 btu/h = 0.29307 W

1 kW = 1.3415 hp = 737.56 lb$_f$.ft/s = 0.9478 btu/s

1 lb$_f$.ft/s = 1.818 x 10^{-3} hp = 1.356 x 10^{-3} kW = 1.285 x 10^{-3} btu/s

1   btu/s = 1.415 hp = 1.055 kW = 778.16 $lb_f.ft/s$

A.2.11 Viscosidad

1 cp = 10^{-2} g/cm.s (poise) = 2.42 $lb_m/ft.h$ = $6.7197x10^{-4}$ $lb_m/ft.s$
1 cp = 10^{-3} Pa.s = 10^{-3} kg/m.s = 10^{-3} $N.s/m^2$ = 2.08 x 10-5 $lb_f.s/ft^2$
    1   Pa.s = 1 $N/s.m^2$ = 1000 cp = 0.67107 $lb_m/ft.s$

A.2.12 Conductividad térmica

1 btu/h.ft.^{0}F = $4.1365x10^{-3}$ cal/s.cm.^{0}C = 1.73073 W/m.K = 1.49 kcal/h.m.^{0}C

A.2.13 Capacidad calorífica y entalpía.

1 btu/lb_m.^{0}F = 1.000 cal/g.^{0}C = 4.18 kJ/kg.K
1 btu/lb_m = 2326.0 J/kg
    1   $lb_f.ft/lb_m$ = 2.9890 J/kg

A.2.14 Difusividad de masa

1 cm^2/s = 3.875 ft^2/h = 10^{-4} m^2/s
1 m^2/h = 10.764 ft^2/h
1m^2/s = $3.875x10^4$ ft^2/h
1 centistoke = 10^{-2} cm^2/s
    1   Pa.s = 1 $N.s/m^2$ = 1 kg/m.s = 1000 cP

A.2.15 Coeficientes de transferencia de calor

1 btu/h.ft^2.^{0}F = $1.3571x10^{-4}$ cal/s.cm^2.^{0}C = $5.6783x10^{-4}W/cm^2$.^{0}C = 5.6783 W/m^2.K
    1   kcal/h.m^2.^{0}C = 0.2048 btu/h.ft^2.^{0}F

A.2.16 Coeficientes de transferencia de masa

1 k_c cm/s = 10^{-2} m/s
1 k_c ft/h = $8.4668x10^{-5}$ m/s
1 k_x mol/s.cm^2.fraccmol = 10 kmol/s.m^2.fraccmol = $1x10^4$ mol/s.m^2.fraccmol
1 k_x lbmol/h.ft^2.fracc.mol = $1.3562x10^{-3}$ kmol/s.m^2.fraccmol
1 $k_x a$ lbmol/h.ft^3.fraccmol = $4.449x10^{-3}$ kmol/s.m^3.fraccmol
1 k_G kmol/s.m^2.atm = $0.98692x10^{-5}$ kmol/s.m^2.Pa
1 $k_G$kmol/s.m^3.atm = $0.98692x10^{-5}$ kmol/s.m^3.Pa

B. Algunas propiedades físicas del agua

B.1 Calor latente

B.1.1 De fusión a 0°C.

$\lambda_{fus} =$ 1436.3 cal/mol

79.724 cal/g

2585.3 btu/lbmol

6013.4 kJ/kmol

Fuente: O.A. Hougen, K.M. Watson y R.A. Ragatz, *Chemical Process Principles*, Parte I, 2ª. Ed. N.Y. John Wiley & Sons, Inc. En C. J: Geankoplis, *Procesos de transporte y operaciones unitarias*, 3ª. Ed. CECSA, México, 1998.

B.1.2 De vaporización a 25 °C.

λ_{vap} (760 mmHg)   44045 kj/kmol, 10.520 kcal/mol, 18936 btu/lbmol

Fuente: National Bureau of Standards, *Circular 500*. EnC. J: Geankoplis, *Procesos de transporte y operaciones unitarias*, 3ª. Ed. CECSA, México, 1998.

B.2 Densidad, capacidad térmica específica, viscosidad, conductividad térmica y *Pr* del agua líquida.

T (°C)	ρ(kg/m3)	c_p(kJ/kg.K)	μ(mPa.s) o (kg/m.s) x10^3	k (W/m.K)	Pr
0	999.6	4.229	1.786	0.5694	13.3
15.6	998.0	4.187	1.131	0.5884	8.07
26.7	996.4	4.183	0.860	0.6109	5.89
37.8	994.7	4.183	0.682	0.6283	4.51
65.6	981.9	4.187	0.432	0.6629	2.72
93.3	962.7	4.229	0.3066	0.6802	1.91
121.1	943.5	4.271	0.2381	0.6836	1.49
148.9	917.9	4.312	0.1935	0.6836	1.22
204.4	858.6	4.522	0.1384	0.6611	0.950
260.6	784.9	4.982	0.1042	0.6040	0.859
315.6	679.2	6.322	0.0862	0.5071	1.07

Fuente: C. J: Geankoplis, *Procesos de transporte y operaciones unitarias*, 3ª. Ed. CECSA, México, 1998.

B.3 Densidad, capacidad térmica específica, viscosidad, conductividad térmica y *Pr* del agua vapor a una atmósfera absoluta.

T (°C)	ρ(kg/m^3)	c_p(kJ/kg.K)	μ(mPa.s) o (kg/m.s) x10^3	k (W/m.K)	Pr
100.0	0.596	1.888	1.295	0.02510	0.96
148.9	0.525	1.909	1.488	0.02960	0.95
204.4	0.461	1.934	1.682	0.03462	0.94
260.0	0.413	1.968	1.883	0.03946	0.94
315.6	0.373	1.997	2.113	0.04448	0.94
371.1	0.341	2.030	2.314	0.04985	0.93
426.7	0.314	2.068	2.529	0.05556	0.92

Fuente: C. J: Geankoplis, *Procesos de transporte y operaciones unitarias*, 3ª. Ed. CECSA, México, 1998.

B.4 Presión de vapor de hielo saturado – agua vapor y calor de sublimación.

T (oC)	Presión de vapor (kPa)	Calor de sublimación (kJ/kg)
0	6.107×10^{-1}	2834.5
-6.7	3.478×10^{-1}	2836.1
-12.2	2.128×10^{-1}	2837.0
-17.8	1.275×10^{-1}	2838.0
-23.3	7.411×10^{-2}	2838.4
-28.9	3.820×10^{-2}	2838.9
-34.4	2.372×10^{-2}	2838.9
-40.0	1.283×10^{-2}	2838.9

Fuente: C. J: Geankoplis, *Procesos de transporte y operaciones unitarias*, 3ª. Ed. CECSA, México, 1998.

B.5 Capacidad calorífica del hielo.

Temperatura (K)	C_p (kJ/kg.K)
273.15	2.093
266.45	2.052
260.95	2.014
255.35	1.976
249.85	1.930
244.25	1.892
238.75	1.850
233.15	1.813

Fuente: C. J: Geankoplis, *Procesos de transporte y operaciones unitarias*, 3ª. Ed. CECSA, México, 1998.

B.6 Tablas de vapor saturado del agua.

Tempe-ratura (°C)	Presión de vapor (kPa)	Volumen específico (m³/kg)		Entalpía específica (kJ/kg)		Entropía específica (kJ/kg.K)	
		Líquido saturado	Vapor saturado	Líquido saturado	Vapor saturado	Líquido saturado	Vapor saturado
0.01	0.6113	0.0010002	206.136	0.00	2501.4	0.0000	9.1562
3	0.7577	0.0010001	168.132	12.57	2506.9	0.0457	9.0773
6	0.9349	0.0010001	137.734	25.20	2512.4	0.0912	9.0003
9	1.1477	0.0010003	113.386	37.80	2517.9	0.1362	8.9253
12	1.4022	0.0010005	93.784	50.41	2523.4	0.1806	8.8524
15	1.7051	0.0010009	77.926	62.99	2528.9	0.2245	8.7814
18	2.0640	0.0010014	65.038	75.58	2534.4	0.2679	8.7123
21	2.487	0.0010020	54.514	88.14	2539.9	0.3109	8.6450
24	2.985	0.0010027	45.883	100.70	2545.4	0.3534	8.5794
25	3.169	0.0010029	43.360	140.89	2547.2	0.3674	8.5580
27	3.567	0.0010035	38.774	113.25	2550.8	0.3954	8.5156
30	4.246	0.0010043	32.894	125.79	2556.3	0.4369	8.4533
33	5.034	0.0010053	28.011	138.33	2561.7	0.4781	8.3927
36	5.947	0.0010063	23.940	150.86	2567.1	0.5188	8.3336
40	7.384	0.0010078	19.523	167.57	2574.3	0.5725	8.2570
45	9.593	0.0010099	15.258	188.45	2583.2	0.6387	8.1648
50	12.349	0.0010121	12.032	209.33	2592.1	0.7038	8.0763
55	15.758	0.0010146	9.568	230.23	2600.9	0.7679	7.9913
60	19.940	0.0010172	7.671	251.13	2609.6	0.8312	7.9096
65	25.03	0.0010199	6.197	272.06	2618.3	0.8935	7.8310
70	31.19	0.0010228	5.042	292.98	2626.8	0.9549	7.7553
75	38.58	0.0010259	4.131	313.93	2635.3	1.0155	7.6824
80	47.39	0.0010291	3.407	334.91	2643.7	1.0753	7.6122
85	57.83	0.0010325	2.828	355.90	2651.9	1.1343	7.5445
90	70.14	0.0010360	2.361	376.92	2660.1	1.1925	7.4791
95	84.55	0.0010397	1.9819	397.96	2668.1	1.2500	7.4159

B.6 Tablas de vapor saturado del agua (continuación).

Tempe-ratura (°C)	Presión de vapor (kPa)	Volumen específico (m³/kg)		Entalpía específica (kJ/kg)		Entropía específica (kJ/kg.K)	
		Líquido saturado	Vapor saturado	Líquido saturado	Vapor saturado	Líquido saturado	Vapor saturado
100	101.35	0.0010435	1.6727	419.04	2676.1	1.3069	7.3549
105	120.82	0.0010475	1.4194	440.15	2683.8	1.3630	7.2958
110	143.27	0.0010516	1.2102	461.30	2691.5	1.4185	7.2387
115	169.06	0.0010559	1.0366	482.48	2699.0	1.4734	7.1833
120	198.53	0.0010603	0.8919	503.71	2706.3	1.5276	7.1296
125	232.1	0.0010649	0.7706	524.99	2713.5	1.5813	7.0775
130	270.1	0.0010697	0.6685	546.31	2720.5	1.6344	7.0269
135	313.0	0.0010746	0.5822	567.69	2727.3	1.6870	6.9777
140	316.3	0.0010797	0.5089	589.13	2733.9	1.7391	6.9299
145	415.4	0.0010850	0.4463	610.63	2740.3	1.7907	6.8833
150	475.8	0.0010905	0.3928	632.20	2746.5	1.8418	6.8379
155	543.1	0.0010961	0.3468	653.84	2752.4	1.8925	6.7935
160	617.8	0.0011020	0.3071	675.55	2758.1	1.9427	6.7502
165	700.5	0.0011080	0.2727	697.34	2763.5	1.9925	6.7078
170	791.7	0.0011143	0.2428	719.21	2768.7	2.0419	6.6663
175	892.0	0.0011207	0.2168	741.17	2773.6	2.0909	6.6256
180	1002.1	0.0011274	0.19405	763.22	2778.2	2.1396	6.5857
190	1254.4	0.0011414	0.15654	807.62	2786.4	2.2359	6.5079
200	1553.8	0.0011565	0.12736	852.45	2793.2	2.3309	6.4323
225	2548	0.0011992	0.07849	966.78	2803.3	2.5639	6.2503
250	3973	0.0012512	0.05013	1085.36	2801.1	2.7927	6.0730
275	5942	0.0013168	0.03279	1210.07	2785.0	2.0208	5.8938
300	8581	0.0010436	0.02167	1344.0	2749.0	2.2534	5.7045

Fuente: C. J: Geankoplis, *Procesos de transporte y operaciones unitarias*, 3ª. Ed. CECSA, México, 1998.

B.7 Tablas de vapor sobrecalentado del agua.

(v, volumen específico, m³/kg; H, entalpía, kJ/kg; s, entropía, kJ/kg.K)

Presión absoluta, kPa (Temp. Sat. °C)		Temperatura (°C)							
		100	150	200	250	300	360	420	500
10	v	17.196	19.512	21.825	24.136	26.445	29.216	31.986	35.679
(45.81)	H	2687.5	2783.0	2879.5	2977.3	3076.5	3197.6	3320.9	3489.1
	s	8.4479	8.6882	8.9038	9.1002	9.2813	9.4821	9.6682	9.8978
50	v	3.418	3.889	4.356	4.820	5.284	5.839	6.394	7.134
(81.33)	H	2682.5	2780.1	2877.7	2976.0	3075.5	3196.8	3320.4	3488.7
	s	7.6947	7.9401	8.1580	8.3556	8.5373	8.7385	8.9249	9.1546
75	v	2.270	2.587	2.900	3.211	3.520	3.891	4.262	4.755
(91.78)	H	2679.4	2778.2	2876.5	2975.2	3074.9	3196.4	3320.0	3488.4
	s	7.5009	7.7496	7.9690	8.1673	8.3493	8.5508	8.7374	8.9672
100	v	1.6958	1.9364	2.172	2.406	2.639	2.917	3.195	3.565
(99.63)	H	2672.2	2776.9	2875.3	2974.3	3074.3	3195.9	3319.6	3488.1
	s	7.3614	7.6134	7.8343	8.0333	8.2158	8.4175	8.6042	8.8342
150	v		1.2853	1.4443	1.6012	1.7570	1.9432	2.129	2.376
(111.37)	H		2772.6	2872.9	2972.7	3073.1	3195.0	3318.09	3487.6
	s		7.4193	7.6433	7.8438	8.0720	8.2293	8.4163	8.6466
400	v		0.4708	0.5342	0.5951	0.6548	0.7257	0.7960	0.8893
(143.63)	H		2752.8	2860.5	2964.2	3066.8	3190.3	3315.3	3484.9
	s		6.9299	7.1706	7.3789	7.5662	7.7712	7.9598	8.1913
700	v			0.2999	0.3363	0.3714	0.4126	0.4533	0.5070
(164.97)	H			2844.8	2953.6	3059.1	3184.7	3310.9	3481.7
	s			6.8865	7.1053	7.2979	7.5063	7.6968	7.9299
1000	v			0.2060	0.2327	0.2579	0.2873	0.3162	0.3541
(179.91)	H			2827.9	2942.6	3051.2	3178.9	3306.5	3478.5
	s			6.69.40	6.9247	7.1229	7.3349	7.5275	7.7622

B.7 Tablas de vapor sobrecalentado del agua (continuación).

Presión absoluta, kPa (Temp. Sat. °C)		Temperatura (°C)							
		100	150	200	250	300	360	420	500
1500	v			0.1324	0.1519	0.1696	0.1898	0.2095	0.2352
(198.3 2)	H			2796.8	2923.3	3037.6	3.1692	3299.1	3473.1
	s			6.4546	6.7090	6.9179	7.1363	7.3323	7.5698
2000	v				0.1114	0.1254	0.1411	0.1561	0.1756
(212.4 2)	H				2902.5	3023.5	3159.3	3291.6	3467.6
	s				6.5453	6.7664	6.9917	7.1915	7.4317
2500	v				0.0870	0.0989	0.1118	0.1241	0.1399
(223.9 9)	H				2880.1	3008.8	3149.1	3284.0	3462.1
	s				6.4085	6.6438	6.8767	7.0803	7.3234
3000	v				0.0705	0.0811	0.0923	0.1027	0.1161
(233.9 0)	H				2855.8	2993.5	3138.7	3276.3	3456.5
	s				6.2872	6.5390	6.7801	6.9878	7.2338

Fuente: C. J: Geankoplis, *Procesos de transporte y operaciones unitarias*, 3ª. Ed. CECSA, México, 1998.

B.8 Propiedades térmicas del agua. (líquido saturado)

T (°C)	k (W/m.K)	$\alpha \times 10^{-6}$ (m²/s)	ρ (kg/m³)	Cp (kJ/kg.K)
0	0.566	0.1340	999.8	4.225
4.44	0.575	0.1367	999.8	4.208
10.00	0.585	0.1396	999.2	4.195
15.56	0.595	0.1423	998.6	4.186
21.11	0.604	0.1449	997.4	4.179
26.67	0.614	0.1475	995.8	4.179
32.22	0.623	0.1502	994.9	4.174
37.78	0.630	0.1520	993.0	4.174

B.8 Propiedades térmicas del agua. (líquido saturado) (continuación)

T (°C)	k (W/m.K)	$\alpha \times 10^{-6}$ (m²/s)	ρ (kg/m³)	Cp (kJ/kg.K)
43.33	0.637	0.1541	990.6	4.174
48.89	0.644	0.1560	988.8	4.174
54.44	0.649	0.1576	985.7	4.179
60.00	0.654	0.1592	983.3	4.179
65.55	0.659	0.1607	980.3	4.183
71.11	0.665	0.1625	977.3	4.186
76.67	0.668	0.1637	973.7	4.191
82.22	0.673	0.1654	970.2	4.195
87.78	0.675	0.1663	966.7	4.199
93.33	0.678	0.1674	963.2	4.204
104.4	0.684	0.1698	955.1	4.216
115.6	0.685	0.1720	946.7	4.229
126.7	0.685	0.1720	937.2	4.250
137.8	0.685	0.1728	928.1	4.271
148.9	0.684	0.1734	918.0	4.296

Fuente: M. R. Okos (editor), *Physical and chemical properties of food*, ASAE, Michigan, USA, 1986.

C. Propiedades físicas de algunas substancias.

C.1 Propiedades físicas del aire.

C.1.1 Propiedades físicas del aire a 101.325 kPa (1 atm abs).

T (°C)	ρ (kg/m³)	Cp (kJ/kg.K)	$\mu \times 10^5$ (Pa.s) o (kg/m.s)	k (W/m.K)	Pr
-17.8	1.379	1.0048	1.62	0.02250	0.720
0	1.293	1.0048	1.72	0.02423	0.715
10.0	1.246	1.0048	1.78	0.02492	0.713
37.8	1.137	1.0048	1.90	0.02700	0.705
65.6	1.043	1.0090	2.03	0.02925	0.702
93.3	0.964	1.0090	2.15	0.03115	0.694
121.1	0.895	1.0132	2.27	0.03323	0.692
148.9	0.838	1.0174	2.37	0.03531	0.689
176.7	0.785	1.0216	2.50	0.03721	0.687
204.4	0.740	1.0258	2.60	0.03894	0.686
232.2	0.700	1.0300	2.71	0.04084	0.684
260.0	0.662	1.0341	2.80	0.04258	0.680

Fuente: C. J: Geankoplis, *Procesos de transporte y operaciones unitarias*, 3ª. Ed. CECSA, México, 1998.

C.2 Propiedades físicas de otros gases.

C.2.1 Viscosidad, capacidad calorífica y conductividad térmica de algunos gases a 101.325 kPa (1 atm abs)

[μ en mPa.s, (kg/m.s) x10^3 o cP; c$_p$ en kJ/kg.K y k en W/m.K]

T (°C)	H₂			O₂			N₂			CO			CO₂		
	μ	cp	k	μ	cp	k	μ	cp	k	μ	cp	k	μ	cp	k
-17.8	0.00800	14.07	0.1592	0.0181	0.909	0.0228	0.0158	1.034	0.0228	0.0156	1.034	0.0222	0.0128	0.800	0.0132
0	0.00840	14.19	0.1667	0.0192	0.913	0.0246	0.0166	1.038	0.0239	0.0165	1.038	0.0233	0.0137	0.816	0.0145
10.0	0.08620	14.19	0.1720	0.0197	0.917	0.0253	0.0171	1.038	0.0248	0.0169	1.038	0.0239	0.0141	0.825	0.0152
37.8	0.00915	14.32	0.1852	0.0213	0.921	0.0277	0.0183	1.038	0.0267	0.0183	1.043	0.0260	0.0154	0.854	0.0173
65.6	0.09600	14.36	0.1990	0.0228	0.925	0.0299	0.0196	1.038	0.0287	0.0195	1.043	0.0279	0.0167	0.883	0.0190
93.3	0.0101	14.40	0.2111	0.0241	0.929	0.0320	0.0208	1.043	0.0303	0.0208	1.047	0.0296	0.0179	0.904	0.0216
121.1	0.0106	14.44	0.2233	0.0256	0.938	0.0343	0.0220	1.043	0.0329	0.0220	1.047	0.0318	0.0191	0.929	0.0239
148.9	0.0111	14.49	0.2353	0.0267	0.946	0.0363	0.0230	1.047	0.0348	0.0231	1.051	0.0338	0.0203	0.950	0.0260
176.7	0.0115	14.49	0.2458	0.0282	0.955	0.0382	0.0240	1.047	0.0365	0.0242	1.055	0.0355	0.0215	0.976	0.0286
204.4	0.0119	14.49	0.2579	0.0293	0.963	0.0398	0.0250	1.051	0.0382	0.0251	1.059	0.0369	0.0225	0.996	0.0308
232.2	0.0124	14.52	0.2683	0.0307	0.971	0.0422	0.0260	1.055	0.0400	0.0264	1.063	0.0384	0.0236	1.017	0.0334
260.0	0.0128	14.52	0.2786	0.0315	0.976	0.0438	0.0273	1.059	0.0419	0.0276	1.068	0.0407	0.0247	1.030	0.0355

Fuente: Adaptada de C. J: Geankoplis, *Procesos de transporte y operaciones unitarias*, 3ª. Ed. CECSA, México, 1998.

Figura C.2.2 Viscosidad de gases (para usar con la Tabla C.2.2).

Fuente: R.H. Perry y C. H. Chilton, *Chemical Engineers'Handbook*, 5ª ed., Nueva York: McGraw-Hill Book Company, 1973.

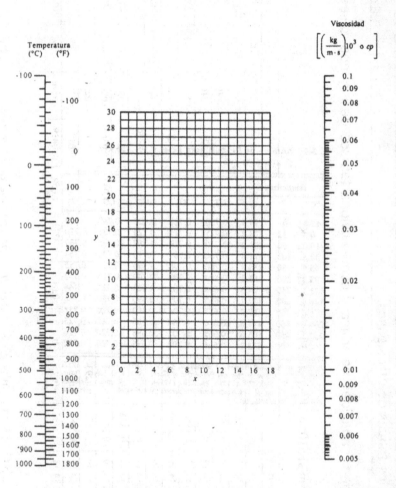

FIGURA C.3-2. *Viscosidades de gases a 101.325 kPa (1 atm abs). (Tomado de C. H. Chilton, Chemical Engineer's Handbook, 5a. ed., Nueva York: Mc Graw-Hill Book Company, 1973. Con autorización.) Véanse en la tabla A. 3-8 las coordenadas que se deben usar con la figura A.3-2.*

Viscosidades de gases (Coordenadas para usar con la figura C.2.2).

Gas	X	Y	Gas	X	Y
2,3,3 – Trimetilbutano	9.5	10.5	Disulfuro de carbono	8.0	16.0
$3H_2 + 1 N_2$	11.2	17.2	Etano	9.1	14.5
Acetato de etilo	8.5	13.2	Éter etílico	8.9	13.0
Acetileno	9.8	14.9	Etileno	9.5	15.1
Acetona	8.9	13.0	Flúor	7.3	23.8
Ácido acético	7.7	14.3	Freón 11	10.6	15.1
Agua	8.0	16.0	Freón 12	11.1	16.0
Aire	11.0	20.0	Freón 21	10.8	15.3
Alcohol etílico	9.2	14.2	Freón 22	10.1	17.0
Alcohol metílico	8.5	15.6	Freón113	11.3	14.0
Alcohol propílico	8.4	13.4	Helio	10.9	20.5
Amoniaco	8.4	16.0	Hexano	8.6	11.8
Argón	10.5	22.4	Hidrógeno	11.2	12.4
Benceno	8.5	13.2	Mercurio	5.3	22.9
Bromo	8.9	19.2	Metano	9.9	15.5
Bromuro de hidrógeno	8.8	20.9	Monóxido de carbono	11.0	20.0
Buteno	9.2	13.7	Nitrógeno	10.6	20.0
Butileno	8.9	13.0	Óxido nítrico	10.9	20.5
Cianógeno	9.2	15.2	Óxido nitroso	8.8	19.0
Cianuro de hidrógeno	9.8	14.9	Oxígeno	11.0	21.3
Ciclohexano	9.2	12.0	Pentano	7.0	12.8
Cloro	9.0	18.4	Propano	9.7	12.9
Cloroformo	8.9	15.7	Propileno	9.0	13.8
Cloruro de etilo	8.5	15.6	Sulfuro de hidrógeno	8.6	18.0
Cloruro de hidrógeno	8.8	18.7	Tolueno	8.6	12.4
Cloruro de nitrosilo	8.0	17.6	Xenón	9.3	23.0
Dióxido de azufre	9.6	17.0	Yodo	9.0	18.4
Dióxido de carbono	9.5	18.7	Yoduro de hidrógeno	9.0	21.3

Fuente: Adaptado de R.H. Perry y C. H. Chilton, *Chemical Engineers' Handbook*, 5ª ed., Nueva York: McGraw-Hill Book Company, 1973.

Figura C.2.3 Capacidades caloríficas de gases (para usar con la Tabla C.2.3).

Fuente: Adaptado de R.H. Perry y C. H. Chilton, *Chemical Engineers'Handbook*, 5ª ed., Nueva York: McGraw-Hill Book Company, 1973.

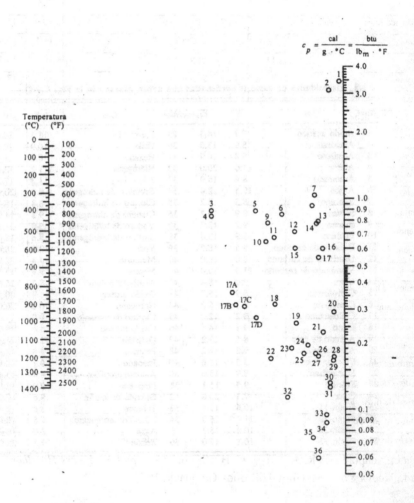

c.3.3

C.2.3 Capacidades caloríficas de gases a presión constante (para usarse con la Figura C.2.3)

Gas	Intervalo (°C)	No.
Acetileno	0-200	10
	200-400	15
	400-1400	16
Agua	0-1400	17
Aire	0-1400	27
Amoníaco	0-600	12
	600-1400	14
Azufre	300-1400	33
Bromuro de hidrógeno	0-1400	35
Cloro	0-200	32
	200-1400	34
Cloruro de hidrógeno	0-1400	30
Dióxido de azufre	0-400	22
	400-1400	31
Dióxido de carbono	0-400	18
	400-1400	24
Etano	0-200	3
	200-600	9
	600-1400	8
Etileno	0-200	4
	200-600	11
	600-1400	13
Fluoruro de hidrógeno	0-1400	20
Freón 11	0-150	17B
Freón 21	0-150	17C
Freón 22	0-150	17A
Freón 113	0-150	17D
Hidrógeno	0-600	1
	600-1400	2
Metano	0-300	5
	300-700	6
	700-1400	7
Monóxido de carbono	0-1400	26
Nitrógeno	0-1400	26
Óxido nítrico	700-1400	28
	0-700	25
Oxígeno	0-500	23
	500-1400	29
Sulfuro de hidrógeno	0-700	19
	700-1400	21
Yoduro de hidrógeno	0-1400	36

Fuente: Adaptado de R.H. Perry y C. H. Chilton, *Chemical Engineers' Handbook*, 5ª ed., Nueva York: McGraw-Hill Book Company, 1973.

C.2.4 Conductividades térmicas de gases y vapores a 101.325 kPa (1 atm abs) (k en W/m.K)

Los valores extremos de la temperatura constituyen el intervalo experimental. Para extrapolación a otras temperaturas se sugiere que los datos se grafiquen como *log k* vs *log T*, o que se haga uso de de que la razón $c_p \mu/k$ es prácticamente independiente de la temperatura (o de la presión dentro de límites moderados).

Gas o Vapor	°C	k	Gas o Vapor	°C	k
Acetato de etilo	46	0.0125	Etano	-70	0.0114
	100	0.0166		-34	0.0149
	184	0.0244		0	0.0183
Acetato de metilo	0	0.0102		100	0.0303
	20	0.0118	Eter etílico	0	0.0133
Acetileno	-75	0.0118		46	0.0171
	0	0.0187		100	0.0227
	50	0.0242		184	0.0327
	100	0.0298		212	0.0362
Acetona	0	0.0099	Etileno	-71	0.0111
	46	0.0128		0	0.0175
	100	0.0171		50	0.0227
	184	0.0254		100	0.0279
Agua vapor	46	0.0208	Heptano (n-)	200	0.0194
	100	0.0237		100	0.0178
	200	0.0324	Hexano (n-)	0	0.0125
	300	0.0429		20	0.0138
	400	0.0545	Hexeno	0	0.0106
	500	0.0763		100	0.0189
Alcohol etílico	20	0.0154	Hidrógeno y bióxido de carbono 0% H_2	-18	0.0144
	100	0.0215	20% hidrógeno	-18	0.0286
Alcohol metílico	0	0.0144	40% hidrógeno	-18	0.0467
	100	0.0222	60% hidrógeno	-18	0.0710
Amoníaco	-60	0.0164	80% hidrógeno	-18	0.1073
	0	0.0222	Hidrógeno y nitrógeno 0% H_2	-18	0.0230
	50	0.0272	20% hidrógeno	-18	0.0367
	100	0.0320	40% hidrógeno	-18	0.0542
Benceno	0	0.0090	60% hidrógeno	-18	0.0758
	46	0.0126	80% hidrógeno	-18	0.1099
	100	0.0178	Hidrógeno y óxido nitroso 0% H_2	-18	0.0003
	184	0.0263	20% hidrógeno	-18	0.0294
	212	0.0305	40% hidrógeno	-18	0.0467
Bióxido de azufre	0	0.0087	60% hidrógeno	-18	0.0710
	100	0.0119	80% hidrógeno	-18	0.1125

Continúa en la próxima página

C.2.4 Conductividades térmicas de gases y vapores a 101.325 kPa (1 atm abs) (k en W/m.K) (continuación)

Sustancia	T	k	Sustancia	T	k
Bisulfuro de carbono	0	0.0069	Isobutano	0	0.0138
	7	0.0073		100	0.0241
Butano (n-)	0	0.0135	Isopentano	0	0.0125
	100	0.0234		100	0.0220
Ciclohexano	102	0.0164	Mercurio	200	0.0341
Cloro	0	0.0074		-100	0.0173
Cloroformo	0	0.0066	Metano	-50	0.0251
	46	0.0080		0	0.0303
	100	0.0100		50	0.0372
	184	0.0133	Oxido nítrico	-70	0.0178
Cloruro de etilo	0	0.0095		0	0.0239
	100	0.0164		-72	0.0116
	184	0.0234	Oxido nitroso	0	0.0151
	212	0.0263		100	0.0222
Cloruro de metileno	0	0.0067	Pentano (n-)	0	0.0128
	46	0.0085		20	0.0144
	100	0.0109	Propano	0	0.0151
	212	0.0164		100	0.0883
Cloruro de metilo	0	0.0092	Sulfuro de hidrógeno	0	0.0132
	46	0.0125		46	0.0071
	100	0.0163	Tetracloruro de carbono	100	0.0090
	184	0.0225		184	0.0112
	212	0.0256			
Diclorodifluorometano	0	0.0083			
	50	0.0111			
	100	0.0138			
	150	0.0168			

Adaptado de De Perry J. H. Chemical Engineers Handbook, 6ª ed. Mc Graw – Hill Book Company, New York, 1984.

C.3 Propiedades físicas de compuestos líquidos.

Figura C.3.1 Viscosidad de líquidos (para usar con la Tabla C.3.1).

Fuente: Adaptado de R.H. Perry y C. H. Chilton, *Chemical Engineers'Handbook*, 5ª ed., Nueva York: McGraw-Hill Book Company, 1973.

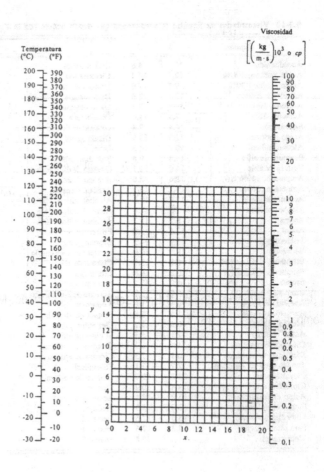

FIGURA C.3.-4 Viscosidades de líquidos. (De R.H. Perry y C. H. Chilton, *Chemical Engineers' Handbook*, 5a. ed. Nueva York: McGraw-Hill Book Company, 1973. Reproducido con auto-

C.3.1 Viscosidades de líquidos (Coordenadas que deben usarse con la Figura C.3.1)

Líquido	X	Y	Líquido		Y	X
Aceite de linaza, crudo	7.5	27.2	Alcohol propílico	9.1	16.5	
Acetaldehído	15.2	4.8	Amoniaco 100%	12.6	2.0	
Acetato de amilo	11.8	12.5	Amoniaco 26%	10.1	13.9	
Acetato de butilo	12.3	11.0	Anhídrido acético	12.7	12.8	
Acetato de metilo	14.2	8.2	Anilina	8.1	18.7	
Acetato de propilo	13.1	10.3	Anisol	12.3	13.5	
Acetato de vinilo	14.0	8.8	Benceno	12.5	10.9	
Acetona 100%	14.5	7.2	Bromo	14.2	13.2	
Acetona 35%	7.9	15.0	Bromotolueno	20.0	15.9	
Acetonitrilo	14.4	7.4	Bromuro de alilo	14.4	9.6	
Ácido acético 100%	12.1	14.2	Bromuro de etileno	11.9	15.7	
Ácido acético 70%	9.5	17.0	Bromuro de isopropilo	14.1	9.2	
Ácido acrílico	12.3	13.9	Bromuro de propilo	14.5	9.6	
Ácido butírico	12.1	15.3	Butirato de metilo (i)	12.3	9.7	
Ácido clorhídrico 31.5%	13.0	16.6	Butirato de metilo (n)	13.2	10.3	
Ácido clorosulfónico	11.2	18.1	Ciclohexanol	2.9	24.3	
Ácido fórmico	10.7	15.8	Clorobenceno	12.3	12.4	
Ácido isobutírico	12.2	14.4	Cloroformo	14.4	10.2	
Ácido nítrico 60%	10.8	17.0	Clorotolueno (meta)	13.3	12.5	
Ácido nítrico 95%	12.8	13.8	Clorotolueno (orto)	13.0	13.3	
Ácido propiónico	12.8	13.8	Clorotolueno (para)	13.3	12.5	
Ácido sulfúrico 100%	8.0	25.1	Cloruro de etileno	12.7	12.2	
Ácido sulfúrico 110%	7.2	27.4	Cloruro de etilideno	14.1	8.7	
Ácido sulfúrico 60%	10.2	21.3	Cloruro de isopropilo	13.9	7.1	
Ácido sulfúrico 98%	7.0	24.8	Cloruro de metilo	15.0	3.8	
Acrilato de butilo	11.5	12.6	Cloruro de propilo	14.4	7.5	
Acrilato de metilo	13.0	9.5	Cloruro de sulfurilo	15.2	12.4	
Agua	10.2	13.0	Cloruro estánico	13.5	12.8	
Alcohol alílico	10.2	14.3	Dióxido de azufre	15.2	7.1	
Alcohol amílico	7.5	18.4	Dióxido de carbono	11.6	0.3	
Alcohol butílico	8.6	17.2	Dióxido de nitrógeno	12.9	8.6	
Alcohol isobutílico	7.1	18.0	Disulfuro de carbono	16.1	7.5	
Alcohol isopropílico	8.2	16.0	Éter etilpropílico	14.0	7.0	
Alcohol octílico	6.6	21.1	Etilenglicol	6.0	23.6	

C.3.1 Viscosidades de líquidos (Continuación) (Coordenadas que deben usarse con la Figura C.3.1)

Líquido	X	Y	Líquido		Y
Fenol	6.9	20.8	Queroseno	10.2	16.9
Fluorobenceno	13.7	10.4	Salmuera NaCl, 25%	10.2	16.6
Formiato de metilo	14.2	7.5	Salmuera NaCl$_2$, 25%	6.6	15.9
Formiato de propilo	13.1	9.7	Sodio	16.4	13.9
Freón 11	14.4	9.0	Succinonitrilo	10.1	20.8
Freón 12	16.8	15.6	Sulfuro de etilo	13.8	8.9
Freón 21	15.7	7.5	Sulfuro de metilo	15.3	6.4
Freón 22	17.2	4.7	Tetracloroetano	11.9	15.7
Freón 113	12.5	11.4	Tetracloruro de carbono	12.7	13.1
Glicerol 100%	2.0	30.0	Tetracloruro de titanio	14.4	12.3
Glicerol 50%	6.9	19.6	Tiofeno	13.2	11.0
Heptano	14.1	8.4	Tolueno	13.7	10.4
Hexano	14.7	7.0	Tribromuro de fósforo	13.8	16.7
Hidróxido de sodio 50%	3.2	25.8	Tricloroetileno	14.8	10.5
Mercurio	18.4	16.4	Tricloruro de arsénico	13.9	14.5
Metacresol	2.5	20.8	Tricloruro de fósforo	16.2	10.9
Metanol 100%	12.4	10.5	Trietilenglicol	4.7	24.8
Metanol 40%	7.8	15.5	Turpentina	11.5	14.9
Metanol 90%	12.3	11.8	Vinil tolueno	13.4	12.0
Metil etil cetona	13.9	8.6	Xileno (meta)	13.9	10.6
Metil propil cetona	14.3	9.5	Xileno (orto)	13.5	12.1
Naftaleno	7.9	18.1	Xileno (para)	13.9	10.9
Nitrobenceno	10.6	16.2	Yodobenceno	12.8	15.9
Nitrotolueno	11.0	17.0	Yoduro de alilo	14.0	11.7
Octano	13.7	10.0	Yoduro de isopropilo	13.7	11.2
Pentacloroetano	10.9	17.3	Yoduro de metilo	14.3	9.3
Pentano	14.9	5.2	Yoduro de propilo	14.1	11.6
Propionato de metilo	13.5	9.0			

Fuente: Adaptado de R.H. Perry y C. H. Chilton, *Chemical Engineers'Handbook*, 5ª ed., Nueva York: McGraw-Hill Book Company, 1973.

Figura C.3.2 Capacidad calorífica de líquidos.

Fuente: R.H. Perry y C. H. Chilton, *Chemical Engineers'Handbook*, 5ª ed., Nueva York: McGraw-Hill Book Company, 1973.

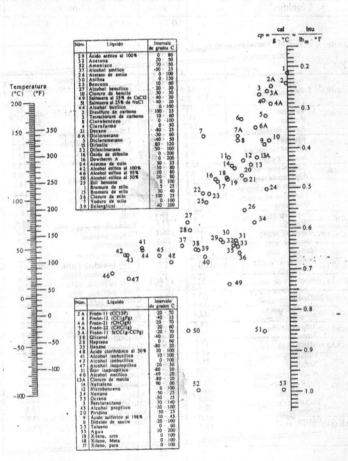

FiguRA C.3-5   *Capacidad calorífica de los líquidos (de R.H. Perry y C. H. Chilton, Chemical Engineers' Handbook, 5a. Ed. New York: McGraw-Hill Book (Company, 1973. Con autorización).*

C.3.3 Conductividades térmicas de líquidos (k = W/m.K)*

Puede suponerse una variación lineal con la temperatura. Los valores extremos que se dan, constituyen también los límites de temperatura en los cuales se recomiendan los datos.

Líquidos	°C	k	Líquidos	°C	k
Aceite de oliva	20	0.1679	Cloruro de calcio, salmuera 15%	30	0.5884
	100	0.1644	Cloruro de calcio, salmuera 30%	30	0.5538
Aceite de ricino	20	0.1800	Cloruro de metilo	-15	0.1921
	100	0.1731		30	0.1540
Acetato de amilo	10	0.1437	Cloruro de sodio, salmuera 12.5%	30	0.5884
Acetato de butilo	25-30	0.1471	Cloruro de sodio, salmuera 25%	30	0.5711
Acetato de etilo	20	0.1748	Cymene (para)	30	0.1350
Acetona	30	0.1765		60	0.1367
	75	0.1644	Decano (n-)	30	0.1471
Acido acético 100%	20	0.1713		60	0.1437
Acido acético 50%	20	0.3461		-7	0.0987
Acido esteárico	100	0.1360		16	0.0917
Acido láurico	100	0.1765	Diclorodifluorometano	38	0.0831
Acido oléico	100	0.1601		60	0.0744
Acido palmítico	100	0.1445		82	0.0658
Acido sulfúrico 30%	30	0.5192	Dicloroetano	50	0.1419
Acido sulfúrico 60%	30	0.4327	Diclorometano	-15	0.1921
Acido sulfúrico 90%	30	0.3635		30	0.1662
Agua	0	0.5711	Eter de petróleo	30	0.1298
	30	0.6161		75	0.1263
	60	0.6594	Eter etílico	30	0.1385
	80	0.6888		75	0.1350
Alcohol alílico	25-30	0.1800	Etilbenceno	30	0.1488
				60	0.1419
Alcohol amílico (n-)	30	0.1627	Etilenglicol	0	0.2648
	100	0.1540	Gasolina	30	0.1350
	30	0.1523	Glicerina 100%	100	0.2838
	75	0.1506		20	0.3271
alcohol butílico (n-)	30	0.1679	Glicerina 20%	30	0.2838
	75	0.1644			
Continúa en la próxima página					

Conductividades térmicas de líquidos (k = W/m.K)* (continuación)					
Alcohol etílico 100%	20	0.1817	Glicerina 40%	20	0.4811
	50	0.1506	Glicerina 60%	20	0.4483
Alcohol etílico 20%	20	0.4863	Glicerina 80%	20	0.3808
Alcohol etílico 40%	20	0.3877	Heptano (n-)	30	0.1402
Alcohol etílico 60%	20	0.3046		60	0.1367
Alcohol etílico 80%	20	0.2371	Hexano (n-)	30	0.1385
Alcohol heptílico (n-)	30	0.1627		60	0.1350
	75	0.1575	Keroseno	20	0.1488
Alcohol hexílico (n-)	30	0.1610		75	0.1402
	75	0.1558	Mercurio	28	8.3594
Alcohol isobutílco	10	0.1575	Nitrobenceno	30	0.1644
Alcohol isopropílico	60	0.1558		100	0.1523
Alcohol metílico 100%	20	0.2146	Nitrometano	30	0.2163
	50	0.1973		60	0.2077
Alcohol metílico 20%	20	0.4915	Nonano (n-)	30	0.1454
Alcohol metílico 40%	20	0.4050		60	0.1419
Alcohol metílico 60%	20	0.0329	Octano (n-)	30	0.1437
Alcohol metílico 80%	20	0.2665		60	0.1402
Alcohol propílico (n-)	30	0.1713	Paraldehído	30	0.1454
	75	0.1644		100	0.1350
	30	0.1575	Pentano (n-)	30	0.1350
Amoniaco	30	0.5019		75	0.1281
Amoniaco acuoso 26%	20	0.4517	Percloroetileno	50	0.1592
	60	0.5019	Sodio	100	84.8058
Anilina	0-20	0.1731		210	79.6136
Benceno	30	0.1592	Tetracloruro de carbono	0	0.1852
	60	0.1506		68	0.1627
Bióxido de azufre	-15	0.2215	Tolueno	30	0.1488
	30	0.1921		75	0.1454
Bisulfuro de carbono	30	0.1610	Tricloroetileno	50	0.1385
	75	0.1523	Turpentina (aguarrás)	15	0.1281
Bromobenceno	30	0.1281	Vaselina	15	0.1835
	100	0.1212	Xileno (meta-)	20	0.1558
Bromuro de etilo	20	0.1212	Xileno (orto-)	20	0.1558
β-Tricloroetano	50	0.1333	Yoduro de etilo	40	0.1108
Clorobenceno	10	0.1437		75	0.1090
Cloroformo	30	0.1385			

Adaptado de Perry J. H. Chemical Engineers Handbook, 6ª ed. Mc Graw – Hill Book Company, New York, 1984.

C.3.4 Gravedades específicas (s) y pesos moleculares ($\mathcal{M}$) de algunos líquidos.

Compuesto	$\mathcal{M}$	s*	Compuesto	$\mathcal{M}$	s*
Acetaldehído	44.1	78	Cloruro de sulfurilo	135.0	1.67
Acetato de amilo	130.2	0.88	Cloruro estánico	260.5	2.23
Acetato de butilo	116.2	0.88	Dibromometano	187.9	2.09
Acetato de etilo	88.1	0.90	Dicloroetano	99.0	1.17
Acetato de metilo	74.9	0.93	Diclorometano	88.9	1.34
Acetato de vinilo	86.1	0.93	Difenilo	154.2	0.99
Acetona	58.1	0.79	Dióxido de azufre	64.1	1.38
Ácido acético 100%	60.1	1.05	Dióxido de carbono	44.0	1.29
Ácido acético 70%		1.07	Eter etílico	74.1	0.71
Ácido clorosulfónico	116.5	1.77	Etilbenceno	106.1	0.87
Ácido fórmico	46.0	1.22	Etilglicol	88.1	1.04
Ácido i-butírico	88.1	0.96	Fenol	94.1	1.07
Ácido n-butírico	88.1	0.96	Formiato de etilo	74.1	0.92
Ácido nítrico 60%		1.38	Glicerina 100%	92.1	1.26
Ácido nítrico 95%		1.50	Glicerina 50%		1.13
Ácido propiónico	74.1	0.99	Heptano, n	100.2	0.68
Ácido sulfúrico 100%	98.1	1.83	Hexano, n	86.1	0.66
Ácido sulfúrico 60%		1.05	Hidróxido de sodio, 50%		1.53
Ácido sulfúrico 98%		1.84	Mercurio	200.6	13.55
Agua	18.0	1.0	Metacresol	108.1	1.03
Alcohol alílico	58.1	0.86	Metanol 100%	32.5	0.79
Alcohol amílico	88.2	0.81	Metanol 40%		0.94
Alcohol etílico 100%	46.1	0.79	Metanol 90%		0.82
Alcohol etílico 40%		0.94	Metiletilcetona	72.1	0.81
Alcohol etílico 95%		0.81	Naftaleno	128.1	1.14
Alcohol i-butílico	74.1	0.82	Nitrobenceno	123.1	1.20
Alcohol isopropílico	60.1	0.79	Nitrotolueno, meta	137.1	1.16
Alcohol n-butílico	74.1	0.81	Nitrotolueno, orto	137.1	1.16
Alcohol n-propílico	60.1	0.80	Nitrotolueno, para	137.1	1.29
Alcohol octílico	130.2	0.82	Octano, n	114.2	0.70
Amoniaco 100%	17.0	0.61	Oxalato de dietilo	146.1	1.08
Amoniaco 26%		0.91	Oxalato de dimetilo	118.1	1.42
Anhídrido acético	102.1	1.08	Oxalato de dipropilo	174.1	1.02
Anilina	93.1	1.02	Pentacloroetano	202.3	1.67
Anisol	108.1	0.99	Pentano, n	72.1	0.63
Benceno	78.1	0.88	Propano	44.1	0.59
Bisulfuro de carbono	76.1	1.26	Salmuera, CaCl₂, 25%		1.23
Bromotolueno, meta	171.0	1.41	Salmuera, NaCl, 25%		1.19
Bromotolueno, orto	171.0	1.42	Sodio	23.0	0.97
Bromotolueno, para	171.0	1.39	Tetracloroetano	167.9	1.60
Bromuro de etilo	108.9	1.43	Tetracloroetileno	165.9	1.63
Bromuro de n-propilo	123.0	1.35	Tetracloruro de carbono	153.8	1.60
Butano, i	58.1	0.60	Tetracloruro de titanio	189.7	1.73
Butano, n	58.1	0.60	Tolueno	92.1	0.87
Ciclohexanol	100.2	0.96	Tribromuro de fósforo	270.8	2.85
Clorobenceno	112.6	1.11	Tricloroetileno	131.4	1.46
Cloroformo	119.4	1.49	Tricloruro de arsénico	181.3	2.16
Clorotolueno, meta	126.6	1.07	Tricloruro de fósforo	137.4	1.57
Clorotolueno, orto	126.6	1.08	Xileno, meta	106.1	0.86
Clorotolueno, para	126.6	1.07	Xileno, orto	106.1	0.87
Cloruro de etilo	64.5	0.92	Xileno, para	106.1	0.86
Cloruro de metilo	50.5	0.92	Yoduro de etilo	155.9	1.93
Cloruro de n-propilo	78.5	0.89	Yoduro de n-propilo	170.0	1.75

*Aproximadamente a 68 °F. Estos valores serán satisfactorios, sin extrapolación, para la mayoría de los problemas de ingeniería.

Fuente: D. Q. Kern, Procesos de transferencia de calor, 32ª impresión, Editorial CECSA, México, 2001.

C.4 Propiedades físicas de sólidos.

C.4.1 Capacidades caloríficas de sólidos (c_p = kJ/kg.K)

Sólido	T (K)	c_p	Sólido	T (K)	c_p
Acero		0.50	Concreto		0.63
Ácido benzóico	293	1.243	Corcho prensado	303	0.167
Ácido caprílico	271	2.629	Dextrina	273	1.218
Ácido fórmico	273	1.800	Glicerol	273	1.382
Ácido oxálico	323	1.612	Lactosa	293	1.202
Ácido tartárico	309	1.202	Ladrillo refractario	373	0.829
Alúmina	373	0.84	Ladrillo refractario	1773	1.248
Alúmina	1773	1.147	Lana		1.361
Arcilla		0.938	Óxido de magnesio	373	0.980
Asbesto		1.05	Óxido de magnesio	1773	0.787
Asfalto		0.92	Pino amarillo	298	2.81
Benceno	273	1.570	Porcelana	293-373	0.775
Canfeno	308	1.591	Roble		2.39
Caucho vulcanizado		2.01	Urea	293	1.340
Cemento portland		0.779	Vidrio		0.84

Fuente: Adaptado de R.H. Perry y C. H. Chilton, *Chemical Engineers' Handbook*, 5ª ed., Nueva York: McGraw-Hill Book Company, 1973.

C.4.2 Conductividades térmicas de materiales de construcción y aislantes.

Material	ρ (kg/m³) y (t* en °C)	T (°C)	k (W/m.K)
Aislante de laminados de fibra	237 (21 °C)	21	0.048
Algodón	80.1	0	0.055
		37.8	0.061
		93.3	0.068
Arcilla 4% de agua	1666 (4.5 °C)		0.57
Arena 10% agua	1922 (4.5 °C)		2.16
Arena 4% agua	1826 (4.5 °C)		1.51
Asbesto	577	0	0.151
		37.8	0.168
		93.3	0.190
Asbesto laminado	889 (51°C)		0.166
Caucho duro	1198 (0 °C)	0	0.151
Concreto 1:4, seco			0.762
Corcho prensado	160.2 (30 °C)	30	0.0433
Fieltro de lana	330 (30 °C)	30	0.052
Hielo	921 (0 °C)	0	2.25
Ladrillo de construcción			0.69
Ladrillo refractario		200	1.00
		600	1.47
		1000	1.64
Lana	110.5 (30 °C)	30	0.036
Lana de vidrio	64.1 (30 °C)	-6.7	0.0310
		37.8	0.0414
		93.3	0.0549
Lana mineral	192	-9.7	0.0317
		37.8	0.0391
		93.3	0.0486
	128	-9.7	0.0296
		37.8	0.0395
		93.3	0.0518
Nieve	559	0	0.47
Óxido de magnesio	271	37.8	0.068
		93.3	0.071
		204.4	0.080
	208	37.8	0.059
		93.3	0.062
		148.9	0.066
Papel			0.130
Piedra arenisca	2243 (40 °C)	40	1.83
Pino, perpendicular a la fibra	545 (15 °C)	15	0.151
Roble, perpendicular a la fibra	825 (15 °C)	15	0.208
Vidrio de ventana			0.52-1.06

* A temperatura ambiente si no se indica lo contrario.

Fuente: Adaptado de C. J: Geankoplis, *Procesos de transporte y operaciones unitarias*, 3ª. Ed. CECSA, México, 1998.

C.4.3 Conductividades térmicas, densidades y capacidades caloríficas de metales.

Material	ρ (kg/m3) y (t en °C)	Cp (kJ/kg.K) y (t en °C)	T (°C)	k (W/m.K)
Acero 1% C	7801 (20°C)	0.473 (20°C)	18	45.3
			100	45
			200	45
			300	43
Acero inoxidable 304	7817 (0°C)	0.461 (0°C)	0	13.8
			100	16.2
			300	18.9
Acero inoxidable 308	7849 (20°C)	0.461 (20°C)	10	15.2
			500	21.6
Aluminio	2707 (20°C)	0.896 (20°C)	100	206
			200	215
			300	230
Cobre	8954 (20°C)	0.383 (20°C)	0	388
			100	377
			200	372
Estaño	7304 (20°C)	0.227 (20°C)	0	62
			100	59
			200	57
Hierro colado	7593 (20°C)	0.465 (20°C)	0	55
			100	52
			200	48
Latón (70-30)	8522 (20°C)	0.385 (20°C)	0	97
			100	104
			200	109
Plomo	11370 (20°C)	0.130 (20°C)	0	35
			100	33
			200	31

Fuente: Adaptado de C. J: Geankoplis, *Procesos de transporte y operaciones unitarias*, 3ª. Ed. CECSA, México, 1998.

C.4.4 Emisividades normales totales de varias superficies.

Superficie de	T (K)	ε	Superficie de	T (K)	ε
Acero inoxidable 304	489	0.44	Latón altamente pulido	520	0.028
Acero inoxidable pulido	373	0.074		630	0.031
Acero oxidado a 867 K	472	0.79	Níquel pulido	373	0.072
Agua	273	0.95	Óxido de aluminio	550	0.63
	373	0.963	Óxido de hierro	772	0.85
Aluminio altamente oxidado	366	0.20	Óxido de níquel	922	0.59
	500	0.039	Papel	292	0.924
Aluminio altamente pulido	850	0.057	Papel impermeable para techos	294	0.91
Asbesto prensado	296	0.96	Pintura de aluminio	373	0.52
Caucho (duro brillante)	296	0.94	Pintura al aceite (16 colores diferentes)	373	0.92-0.96
Cobre oxidado	298	0.78	Plomo sin oxidar	400	0.057
Cobre pulido	390	0.023	Roble cepillado	294	0.90
Cromo pulido	373	0.075	Vidrio liso	295	0.94
Hierro estañado	373	0.07			
Hierro oxidado	373	0.74			

Fuente: Adaptado de R.H. Perry y C. H. Chilton, *Chemical Engineers'Handbook*, 5ª ed., Nueva York: McGraw-Hill Book Company, 1973.

C.5 Datos de equilibrio para varios sistemas binarios.

C.5.1 Constantes de Henry para algunos gases (H x 10^{-4})

T (°C)	T(K)	CO_2	CO	C_2H_6	C_2H_4	He	H_2	H_2S	CH_4	N_2	O_2
0	273.2	0.0728	3.52	1.26	0.552	12.9	5.79	0.0268	2.24	5.29	2.55
10	273.2	0.104	4.42	1.89	0.768	12.6	6.36	0.0367	2.97	6.68	3.27
20	293.2	0.142	5.36	2.63	1.02	12.5	6.83	0.0483	3.76	8.04	4.01
30	303.2	0.186	6.20	3.42	1.27	12.4	7.29	0.0609	4.49	9.24	4.75
40	313.2	0.233	6.96	4.23		12.1	7.51	0.0745	5.20	10.4	5.32

$p_A = H \cdot x_A$; p_A = presión parcial de A en el gas en atm, x_A = fracción mol de A en el líquido y H = constante de la ley de Henry en atm/fracc.mol (recuerde que el valor correcto es el de la tabla x10^4).

Fuente: C. J: Geankoplis, *Procesos de transporte y operaciones unitarias*, 3ª. Ed. CECSA, México, 1998.

C.5.2 Constantes de Henry para algunos gases en agua a presión moderada. ($H = p_A/x_A$) (bars/fracc.mol)

T (K)	NH_3	Cl_2	H_2S	SO_2
273	21	265	260	165
280	23	365	335	210
290	26	480	450	315
300	30	615	570	440
310		755	700	600
320		860	835	800
323		890	870	850

Fuente: F. P.Incropera y Witt D.P., Fundamentals of Heat and Mass Transfer, 3th. Ed. John Wilkey & Sons, New York.

C.5.3 Curvas de equilibrio para el sistema amoniaco-agua. Las dos líneas rectas representan los resultados de la Ley de Henry.

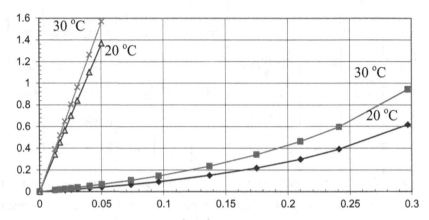

C.5.4 Datos de equilibrio para el sistema SO₂ – Agua.

Fracción mol del SO₂ en el líquido, x_A	Presión parcial de SO₂ en el vapor, p_A (mmHg)		Fracción mol de SO2 en el vapor, y_A; $P = 1$ atm.	
	20 °C (293 K)	30 °C (303)	20 °C (293 K)	30 °C (303)
0	0	0	0	0
0.0000562	0.5	0.6	0.000658	0.000790
0.0001403	1.2	1.7	0.00158	0.00223
0.000280	3.2	4.7	0.00421	0.00619
0.000422	5.8	8.1	0.00763	0.01065
0.000564	8.5	11.8	0.01120	0.0155
0.000842	14.1	19.7	0.01855	0.0259
0.001403	26.0	36	0.0342	0.0473
0.001965	39.0	52	0.0513	0.0685
0.00279	59	79	0.0775	0.1040
0.00420	92	125	0.121	0.1645
0.00698	161	216	0.212	0.284
0.01385	336	452	0.443	0.594
0.0206	517	688	0.682	0.905
0.0273	698		0.917	

Fuente: C. J: Geankoplis, *Procesos de transporte y operaciones unitarias*, 3ª. Ed. CECSA, México, 1998.

C.5.5 Datos de equilibrio para el sistema metanol – agua.

Fracción mol del metanol en el líquido, x_A	Presión parcial del metanol en el vapor, p_A (mmHg)	
	39.9 °C (313.1 K)	*59.4 °C (332.6 K)*
0	0	0
0.05	25.0	50
0.10	46.0	102
0.15	66.5	151

Fuente: C. J: Geankoplis, *Procesos de transporte y operaciones unitarias*, 3ª. Ed. CECSA, México, 1998.

C.5.6 Datos de equilibrio para el sistema acetona – agua a 20 °C (293 K).

Fracción mol de acetona en el líquido, x_A	Presión parcial de acetona en el vapor, p_A (mmHg)
0	0
0.333	30.0
0.720	62.8
0.117	85.4
0.171	103

Fuente: C. J: Geankoplis, *Procesos de transporte y operaciones unitarias*, 3ª. Ed. CECSA, México, 1998.

C.5.7 Datos de equilibrio para el sistema amoniaco – agua.

Fracción mol del NH_3 en el líquido, x_A	Presión parcial de NH_3 en el vapor, p_A (mmHg)		Fracción mol de NH_3 en el vapor, y_A; $P = 1$ atm.	
	20 °C (293 K)	30 °C (303)	20 °C (293 K)	30 °C (303)
0	0	0		0
0.0126		11.5		0.0151
0.0167		15.3		0.0201
0.0208	12	19.3	0.0158	0.0254
0.0258	15	24.4	0.0197	0.0321
0.0309	18.2	29.6	0.0239	0.0390
0.0405	24.9	40.1	0.0328	0.0527
0.0503	31.7	51.0	0.0416	0.0671
0.0737	50.0	79.7	0.0657	0.105
0.0960	69.6	110	0.0915	0.145
0.137	114	179	0.150	0.235
0.175	166	260	0.218	0.342
0.210	227	352	0.298	0.463
0.241	298	454	0.392	0.597
0.297	470	719	0.618	0.945

Fuente: R.H. Perry y C. H. Chilton, *Chemical Engineers'Handbook*, 5ª ed., Nueva York: McGraw-Hill Book Company, 1973.

C.5.8 Datos de equilibrio para el sistema etanol – agua a 101.325 kPa (1 atm)*

T (°C)	Equilibrio vapor – líquido, fracción masa del etanol		T (°C)	Fracción masa	Entalpía (kJ/kg de mezcla)	
	x_A	y_A			Líquido	Vapor
100.0	0	0	100	0	418.9	2675
98.1	0.020	0.192	91.8	0.1	371.7	2517
95.2	0.050	0.377	84.5	0.3	314.0	2193
91.8	0.100	0.527	82.0	0.5	285.9	1870
87.3	0.200	0.656	80.1	0.7	258.4	1544
84.7	0.300	0.713	78.3	0.9	224.7	1223
83.2	0.400	0.746	78.3	1.0	207.0	1064
82.0	0.500	0.771				
81.0	0.600	0.794				
80.1	0.700	0.822				
79.1	0.800	0.858				
78.3	0.900	0.912				
78.2	0.940	0.942				
78.1	0.960	0.959				
78.2	0.980	0.978				
78.3	1.00	1.00				

* El estado de referencia para la entalpía es el líquido puro a 273 K o 0 °C.

Fuente: Adaptado de C. J: Geankoplis, *Procesos de transporte y operaciones unitarias*, 3ª. Ed. CECSA, México, 1998.

C.5.9 Datos de equilibrio líquido-líquido para el sistema ácido acético-agua-eter isopropílico a 293 K o 20 °C.

Capa de agua (% en peso)			Capa de éter (% en peso)		
Ácido	Agua	Éter	Ácido	Agua	Éter
0	98.8	1.2	0	0.6	99.4
0.69	98.1	1.2	0.18	0.5	99.3
1.41	97.1	1.5	0.37	0.7	98.9
2.89	95.5	1.6	0.79	0.8	98.4
6.42	91.7	1.9	1.93	1.0	97.7
13.30	84.4	2.3	4.82	1.9	93.3
25.50	71.1	3.4	11.40	3.9	84.7
36.70	58.9	4.4	21.60	6.9	71.5
44.30	45.1	10.6	31.10	10.8	58.1
46.40	37.1	16.5	36.20	15.1	48.7

Fuente: C. J: Geankoplis, *Procesos de transporte y operaciones unitarias*, 3ª. Ed. CECSA, México, 1998.

C.5.10 Datos de equilibrio líquido-líquido para el sistema acetona-agua-metil isobutil cetona (MIC) a 298-299 K o 25-26 °C.

Datos de composición (% en peso)			Datos de distribución de la	
MIC	Acetona	Agua	Fase acuosa	Fase MIC
98.0	0	2.00	2.5	4.5
93.2	4.6	2.33	5.5	10.0
77.3	18.95	3.86	7.5	13.5
71.0	24.4	4.66	10.0	17.5
65.5	28.9	5.53	12.5	21.3
54.7	37.6	7.82	15.5	25.5
46.2	43.2	10.7	17.5	28.2
12.4	42.7	45.0	20.0	31.2
5.01	30.9	64.2	22.5	34.0
3.23	20.9	75.8	25.0	36.5
2.12	3.73	94.2	26.0	37.5
2.20	0	97.8		

Fuente: C. J: Geankoplis, *Procesos de transporte y operaciones unitarias*, 3ª. Ed. CECSA, México, 1998.

D. Propiedades físicas de algunos materiales biológicos.

D.1 Propiedades térmicas de algunos productos alimenticios.

D.1.1 Capacidades caloríficas, calores latentes de fusión y conductividades térmicas de algunos productos alimenticios.

Alimento	% agua	pH	Pto. cong. (^{0}C)	c_p (kJ/kg.K) Arriba/Abajo del pto. cong.	λ (kJ/kg)	k (W/m.K)
Carne de ave	69-75	6.4-6.6	-2	-/-	-	0.41-0.52
Carne de cerdo	60-76	-	-2	3.18/1.67	276	0.44-1.3
Carne de res	75-79	5.5-5.6	-2	3.22/1.67	255	0.43-0.48
Cereales	12-14	-	-	1.5-1.9/1.2	-	0.13-0.18
Cerveza	92	4.1-4.3	-2	4.19/2.01	301	0.52-0.64
Helados	58-66	-	-3, -18	3.3/1.88	222	-
Huevo	49	-	-3	3.2/1.67	276	0.34-0.62
Leche	87.5	6.5-6.7	-1	3.9/2.05	289	0.53
Maíz	76	6.3-6.5	-1	3.35/1.80	251	0.14-0.18
Mantequilla	15-16	-	-	1.4-2.7/1.2	53.5	0.197
Manzana	80-84	3.0-3.3	-2	3.60/1.88	280	0.39-0.42
Naranja	87	3.2-3.8	-2	3.77/1.93	288	0.43
Nata 40% grasa	73	-	-2	3.52/1.65	-	0.33
Papa	80	5.4-5.8	-2	3.39/1.74	258	0.55
Pescado	70	6.0	-2	3.18/1.67	276	0.56
Piña	85	-	-2	3.68/1.88	285	0.35-0.45
Salchichas	65	-	-3	3.68/2.32	216	0.38-0.43
Yogurt	-	4.0-4.5	-	-/-	-	0.53-0.67
Zanahoria	88	-	-1	3.60/1.88	293	0.62-0.67

Fuente: G.D Hayes, *Manual de datos para ingeniería de los alimentos.* Acribia, Zaragoza, España. 1987.

D.1.2 Capacidades caloríficas de alimentos (valores promedio a 273-373 K o 0-100 °C)

Material	Agua	c_p	Material	Agua	c_p
Aceite de oliva		2.01	Huevos congelados		1.68
Agua	100	4.185	Huevos frescos		3.18
Ave congelada	74	1.55	Leche de vaca descremada	91	3.98-4.02
Ave fresca	74	3.31	Leche de vaca entera	87.5	3.85
Bacalao congelado	70	1.72	Macarrones	12.5-13.5	1.84-1.88
Bacalao fresco	70	3.18	Maíz dulce congelado		1.77
Carne de res	72	3.43	Maíz dulce fresco		3.32
Cerdo congelado	60	1.34	Mantequilla	15	2.30
Cerdo fresco	60	2.85	Manzanas	75-85	3.73-4.02
Ciruelas	75-78	3.52	Melón	92.7	3.94
Cordero	70	3.18	Naranjas congeladas	87.2	1.93
Crema 45-60% grasa	57-73	3.06-3.27	Naranjas frescas	87.2	3.77
Chicharos congelados	74.3	1.76	Pan blanco	44-45	2.72-2.85
Chicharos secos	14	1.84	Pepino	97	4.10
Chicharos verdes	74.3	3.31	Puré de manzana		4.02
Espárragos congelados	93	2.01	Puré de platano		3.66
Espárragos frescos	93	3.94	Queso suizo	55	2.68
Frijol congelado	88.9	1.97	Salchichas alemanas congeladas	60	2.35
Frijol fresco	88.9	3.81	Salchichas alemanas frescas	60	3.60
Harina	12-13.5	1.80-1.88	Sopa de chicharos		4.10
Helado congelado	58-66	1.88	Ternera	63	3.22
Helado fresco	58-66	3.27	Tocino magro	51	3.43
Hielo	100	1.958	Tomates	95	3.98

Fuente: Adaptado de C. J: Geankoplis, *Procesos de transporte y operaciones unitarias*, 3ª. Ed. CECSA, México, 1998.

D.1.3 Conductividades térmicas, densidades y viscosidades de algunos alimentos.

Material	Agua (%	T (K)	k (W/m.K)	ρ (kg/m3)	μ (mPa.s)
Puré de manzana		295.7	0.692		
Mantequilla	15	277.6	0.197	998	
Melón			0.571		
Pescado fresco		273.2	0.431		
Pescado congelado		263.2	1.22		
Harina de trigo	8.8		0.450		
Miel	12.6	275.4	0.50		
Hielo	100	273.2	2.25		
Hielo	100	253.2	2.42		
Cordero	71	278.8	0.415		
Leche entera		293.2		1030	2.12
Leche descremada		274.7	0.538		
Leche descremada		298.2		1041	1.4
Aceite de hígado de bacalao		298.2		924	
Aceite de maíz		288.2		921	
Aceite de olivo		293.2	0.168	919	84
Aceite de cacahuate		277.1	0.168		
Aceite de soya		303.2		919	40
Naranjas	61.2	303.5	0.431		
Peras		281.9	0.595		
Carne magra de puerco fresca	74	275.4	0.460		
Carne magra de puerco congelada		258.2	1.109		
Papas crudas			0.554		
Papas congeladas		260.4	1.09	977	
Salmón fresco	67	277.1	0.50		
Salmón congelado	67	248.2	1.30		
Solución de sacarosa	80	294.3		1073	1.92
Pavo fresco	74	276.0	0.502		
Pavo congelado		248.2	1.675		
Ternera fresca	75	335.4	0.485		
Ternera congelada	75	263.6	1.30		
Agua	100	293.2	0.602		
Agua	100	273.2	0.569		

Fuente: Adaptado de C. J: Geankoplis, *Procesos de transporte y operaciones unitarias*, 3ª. Ed. CECSA, México, 1998.

D.1.4 Propiedades de flujo de productos lácteos, cárnicos* y de pescado.

Producto.	T (°C)	n	K (Pa.s^n)	τ_0	Intervalo de (du/dy) (s^{-1})
Carne cruda mezclada 15% G, 13% P y 68.8 H	15	0.156	639.3	1.53	300-500
Crema 10 % grasa	40	1.0	0.00148		
Crema 20 % grasa	40	1.0	0.00238		
Crema 30 % grasa	40	1.0	0.00395		
	40	1.0	0.00690		
Crema 40 % grasa	60	1.0	0.00510		
	80	1.0	0.00395		
	0	1.0	0.00344		
	5	1.0	0.00305		
	10	1.0	0.00264		
	15	1.0	0.00231		
Leche cruda	20	1.0	0.00199		
	25	1.0	0.00170		
	30	1.0	0.00149		
	35	1.0	0.00134		
	40	1.0	0.00123		
	20	1.0	0.00200		
	30	1.0	0.001500		
	40	1.0	0.001100		
Leche homogeneizada	50	1.0	0.000950		
	60	1.0	0.000775		
	70	1.0	0.00070		
	80	1.0	0.00060		
Pescado, pasta picada	3-6	0.91	8.55	1600.0	67-238

* G = grasa, P = proteína y H = humedad.

Fuente: Adaptado de M. R. Okos (editor), *Physical and chemical properties of food*, ASAE, Michigan, USA, 1986.

D.1.5 Propiedades de flujo de aceites y otros productos.

Producto	% Sólidos	T (°C)	n	K (Pa.s^n)	τ_0	Intervalo
Aceite de algodón		20	1.0	0.0704		
		38	1.0	0.0306		
Aceite de cacahuate		25.0	1.0	0.0656		
		38.0	1.0	0.0251		
		21.1	1.0	0.0647		0.32-64
		37.8	1.0	0.0387		0.32-64
		54.4	1.0	0.0268		0.32-64
Aceite de girasol	.38.0		1.0	0.0311		
Aceite de maíz		38	1.0	0.0317		
		25	1.0	0.0565		
Aceite de oliva		10	1.0	0.1380		
		40	1.0	0.0363		
		70	1.0	0.0124		
Chocolate fundido		46.1	0.574	0.57	1.16	
Mayonesa		25	0.55	6.4		30-1300
		25	0.54	6.6		30-1300
		25	0.60	4.2		40-1100
		25	0.59	4.7		40-1100
Miel de trigo	18.6	24.8	1.0	3.86		
Mostaza		25	0.39	18.5		30-1300
		25	0.39	19.1		30-1300
		25	0.34	27.0		40-1100
		25	0.28	33.0		40-1100

Fuente: Adaptado de M. R. Okos (editor), *Physical and chemical properties of food*, ASAE, Michigan, USA, 1986.

E. Datos de tubería y otros conductos y datos para aislamiento térmico.

E.1 Datos para tubos y tubería.

E.1.1 Dimensiones de tubos para intercambiadores de calor.

Diámetro externo		Calibre	Espesor de pared		Diámetro interno		Area transv. interna	
pulg	mm	BWG	pulg	mm	pulg	mm	pie^2	m^{2}x10^4
5/8	15.88	12	0.109	2.77	0.407	10.33	0.000903	0.8381
		14	0.083	2.11	0.459	11.66	0.00115	1.068
		16	0.065	1.65	0.495	12.57	0.00134	1.241
		18	0.049	1.25	0.527	13.39	0.00151	1.408
¾	19.05	12	0.109	2.77	0.532	13.51	0.00154	1.434
		14	0.083	2.11	0.584	14.83	0.00186	1.727
		16	0.065	1.65	0.620	15.75	0.00210	1.948
		18	0.049	1.25	0.652	16.56	0.00232	2.514
7/8	22.33	12	0.109	2.77	0.657	16.69	0.00235	2.188
		14	0.083	2.11	0.709	18.01	0.00274	2.548
		16	0.065	1.65	0.745	18.92	0.00303	2.811
		18	0.049	1.25	0.777	19.74	0.00329	3.060
1	25.40	10	0.134	3.40	0.732	18.59	0.00292	2.714
		12	0.109	2.77	0.782	19.86	0.00334	3.098
		14	0.083	2.11	0.834	21.18	0.00379	3.523
		16	0.065	1.65	0.870	22.10	0.00413	3.836
1 1/4	31.75	10	0.134	3.40	0.982	24.94	0.00526	4.885
		12	0.109	2.77	1.032	26.21	0.00581	5.395
		14	0.083	2.11	1.084	27.53	0.00641	5.953
		16	0.065	1.65	1.120	28.45	0.00684	6.357
1 1/2	38.10	10	0.134	3.40	1.232	31.29	0.00828	7.690
		12	0.109	2.77	1.282	32.56	0.00896	8.326
		14	0.083	2.11	1.334	33.88	0.00971	9.015
2	50.80	10	0.134	3.40	1.732	43.99	0.0164	15.20
		12	0.109	2.77	1.782	45.26	0.0173	16.09

E.1.2 Dimensiones de tubería estándar de acero.

Diámetro nominal pulg	Diámetro externo pulg	mm	Cédula	Espesor de la pared pulg	mm	Diámetro interno pulg	mm	Area transversal interna pie^2	m^{2}x10^4
1/8	0.405	10.29	40	0.068	1.73	0.269	6.83	0.00040	0.3664
			80	0.095	2.41	0.215	5.46	0.00025	0.2341
¼	0.540	13.72	40	0.088	2.24	0.364	9.25	0.00072	0.6720
			80	0.119	3.02	0.302	7.67	0.00050	0.4620
3/8	0.675	17.15	40	0.091	2.31	0.493	12.52	0.00133	1.231
			80	0.0126	3.20	0.423	10.74	0.00098	0.9059
½	0.840	21.34	40	0.109	2.77	0.622	15.80	0.00211	1.961
			80	0.147	3.73	0.546	13.87	0.00163	1.511
¾	1.050	26.67	40	0.113	2.87	0.824	20.93	0.00371	3.441
			80	0.154	3.91	0.742	18.85	0.00300	2.791
1	1.315	33.40	40	0.133	3.38	1.049	26.64	0.00600	5.574
			80	0.179	4.45	0.957	24.31	0.00499	4.641
1 1/4	1.660	42.16	40	0.140	3.56	1.380	35.05	0.01040	9.648
			80	0.191	4.85	1.278	32.46	0.00891	8.275
1 ½	1.900	48.26	40	0.145	3.68	1.610	40.89	0.01414	13.13
			80	0.200	5.08	1.500	38.10	0.01225	11.40
2	2.375	60.33	40	0.154	3.91	2.067	52.50	0.02330	21.65
			80	0.218	5.54	1.939	49.25	0.02050	19.05
2 ½	2.875	73.03	40	0.203	5.16	2.469	62.71	0.03322	30.89
			80	0.276	7.01	2.323	59.00	0.02942	27.30
3	3.500	88.90	40	0.216	5.49	3.068	77.92	0.05130	47.69
			80	0.300	7.62	2.900	73.66	0.04587	42.61
3 ½	4.000	101.6	40	0.226	5.74	3.548	90.12	0.06870	63.79
			80	0.318	8.08	3.364	85.45	0.06170	57.35
4	4.500	114.3	40	0.237	6.02	4.026	102.3	0.08840	82.19
			80	0.337	8.56	3.826	97.18	0.07986	74.17
5	5.563	141.3	40	0.258	6.55	5.047	128.2	0.1390	129.1
			80	0.375	9.53	4.813	122.3	0.1263	117.5
6	6.625	168.3	40	0.280	7.11	6.065	154.1	0.2006	186.5
			80	0.432	10.97	5.761	146.3	0.1810	168.1
8	8.625	219.1	40	0.322	8.18	7.981	202.7	0.3474	322.7
			80	0.500	12.70	7.625	193.7	0.3171	294.7

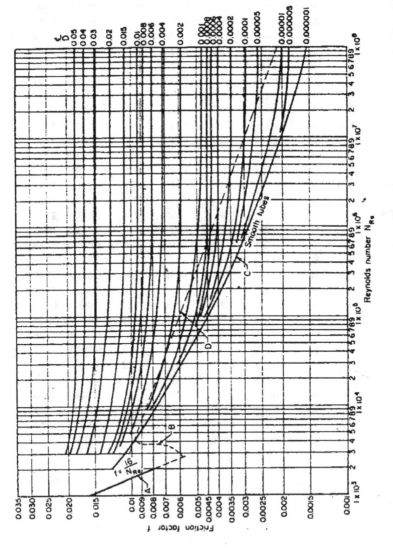

E.1.3 Factor de Fricción de Fanning. N_{RE} = No. de Reynolds. Fuente: R.H. Perry y C. H. Chilton, *Chemical Engineers'Handbook*, 5ª ed., Nueva York: McGraw-Hill Book Company, 1973.

F. Datos para transferencia de masa.

F.1 Difusividades binarias de masa en gases.

F.1.1 Difusividades binarias de masa en aire (componente B).

A	T (K)	$D_{AB}P$ $(cm^2.atm/s)$	$D_{AB}P$ $(m^2.Pa/s)$
Acetato de etilo	273	0.0709	0.718
Acetato de	315	0.092	0.932
Agua	298	0.260	2.634
Amoniaco	273	0.198	2.006
Anilina	298	0.0726	0.735
Benceno	298	0.0962	0.974
Bromo	293	0.091	0.923
Cloro	273	0.124	1.256
Difenilo	491	0.160	1.621
Dióxido de	273	0.122	1.236
Dióxido de	273	0.136	1.378
Disulfuro de	273	0.0883	0.894
Etanol	298	0.132	1.337
Eter etílico	293	0.0896	0.908
Mercurio	614	0.473	4.791
Metanol	298	0.162	1.641
Naftaleno	298	0.0611	0.619
Nitrobenceno	298	0.0868	0.879
Octano (n)	298	0.0602	1.610
Oxígeno	273	0.175	1.773
Tolueno	298	0.0844	0.855
Yodo	298	0.0834	0.845

Fuente: Reid y T., K. Sherwood, The properties of gases and liquids, McGraw-Hill, Nueva York, 1958.

F.1.2 Difusividades binarias en otros gases.

B	T (K)	$D_{AB}P$ (cm².atm/s)	$D_{AB}P$ (m².Pa/s)
Amoniaco (A)			
Etileno	293	0.177	1.793
Argón (A)			
Neón	293	0.329	3.333
Dióxido de carbono (A)			
Acetato de etilo	319	0.0666	0.675
Agua	298	0.164	1.661
Benceno	318	0.0715	0.724
Disulfuro de carbono	318	0.0715	0.724
Etanol	273	0.0693	0.702
Éter etílico	273	0.0541	0.548
Hidrógeno	273	0.550	5.572
Metano	273	0.153	1.550
Metanol	298.6	0.105	1.064
Nitrógeno	298	0.165	1.672
Óxido nitroso	298	0.117	1.185
Propano	298	0.0863	0.874
Monóxido de carbono (A)			
Etileno	273	0.151	1.530
Hidrógeno	273	0.651	6.595
Nitrógeno	288	0.192	1.945
Oxígeno	273	0.185	1.874
Helio (A)			
Agua	298	0.908	9.198
Argón	273	0.641	6.493
Benceno	298	0.384	3.890
Etanol	298	0.494	5.004
Hidrógeno	293	1.64	16.613
Neón	293	1.23	12.460
Hidrógeno (A)			
Agua	293	0.850	8.611
Amoniaco	293	0.849	8.600
Argón	293	0.770	7.800
Benceno	273	0.317	3.211
Etano	273	0.439	4.447
Metano	273	0.625	6.331
Oxígeno	273	0.697	7.061
Nitrógeno (A)			
Amoniaco	293	0.241	2.441
Etileno	298	0.163	1.651
Hidrógeno	288	0.743	7.527
Oxígeno	273	0.181	1.834
Yodo	273	0.070	0.709
Oxígeno (A)			
Amoniaco	293	0.253	2.563
Benceno	296	0.0939	0.951
Etileno	293	0.182	1.844

Fuente: Reid y T., K. Sherwood, The properties of gases and liquids, McGraw-Hill, Nueva York, 1958.

F.2 Difusividades binarias de masa en líquidos.

Soluto A	Disolvente B	T (K)	Concentración de soluto (mol/litro) o (kmol/m^3)	Difusividad (cm^2/s x 10^5) o (m^2/s x10^9)
		285.5	1.0	0.82
Ácido acético	Agua	285.5	0.01	0.91
		291	1.0	0.96
Amoniaco	Agua	278	3.5	1.24
		288	1.0	1.77
Butanol (n)	Agua	288	0	0.77
Cloro	Agua	289	0.12	1.26
Cloroformo	Etanol	293	2.0	1.25
Cloruro de hidrógeno	Agua	273	9	2.7
		273	2	1.8
		283	9	3.3
		283	2.5	2.5
		289	0.5	2.44
Cloruro de sodio	Agua	291	0.05	1.26
		291	0.2	1.21
		291	1.0	1.24
		291	3.0	1.36
		291	5.4	1.54
Dióxido de carbono	Agua	283	0	1.46
		293	0	1.77
	Etanol	290	0	3.2
Etanol	Agua	283	3.75	0.50
		283	0.05	0.83
		289	2.0	0.90
Metanol	Agua	288	0	1.28

Fuente: R. E. Treybal, *Mass transfer operations*, McGraw-Hill, Nueva York, 1955.

F.3 Difusividades binarias en sólidos.

Soluto (A)	Sólido (B)	T (K)	Difusividad (cm^2/s) o (m^2/s x 10^4)
Aluminio	Cobre	293	1.30×10^{-30}
Antimonio	Plata	293	3.51×10^{-21}
Bismuto	Plomo	293	1.10×10^{-16}
Cadmio	Cobre	293	2.71×10^{-15}
Helio	Pyrex	293	4.49×10^{-11}
Helio	Pyrex	773	2.00×10^{-8}
Hidrógeno	Níquel	358	1.16×10^{-8}
Hidrógeno	Níquel	438	1.05×10^{-7}
Mercurio	Plomo	293	2.50×10^{-15}

Fuente: Adaptada de R. M. Barrer, *Diffusion in and through solids*, The Macmillan Company, Nueva York, 1941.

F.4 Datos de equilibrio para varios sistemas binarios.

F.4.1 Constantes de Henry para algunos gases (H x 10^{-4})

T (°C)	T(K)	CO_2	CO	C_2H_6	C_2H_4	He	H_2	H_2S	CH_4	N_2	O_2
0	273.2	0.0728	3.52	1.26	0.552	12.9	5.79	0.0268	2.24	5.29	2.55
10	273.2	0.104	4.42	1.89	0.768	12.6	6.36	0.0367	2.97	6.68	3.27
20	293.2	0.142	5.36	2.63	1.02	12.5	6.83	0.0483	3.76	8.04	4.01
30	303.2	0.186	6.20	3.42	1.27	12.4	7.29	0.0609	4.49	9.24	4.75
40	313.2	0.233	6.96	4.23		12.1	7.51	0.0745	5.20	10.4	5.32

$p_A = H \cdot x_A$; p_A = presión parcial de A en el gas en atm, x_A = fracción mol de A en el líquido y H = constante de la ley de Henry en atm/fracc.mol (recuerde que el valor correcto es el de la tabla x10^4).

Fuente: C. J: Geankoplis, *Procesos de transporte y operaciones unitarias*, 3ª. Ed. CECSA, México, 1998.

F.4.2 Constantes de Henry para algunos gases en agua a presión moderada. ($(H = p_A/x_A)$) (bars/fracc.mol)

T (K)	NH_3	Cl_2	H_2S	SO_2
273	21	265	260	165
280	23	365	335	210
290	26	480	450	315
300	30	615	570	440
310		755	700	600
320		860	835	800
323		890	870	850

Fuente: F. P.Incropera y Witt D.P., Fundamentals of Heat and Mass Transfer, 3th. Ed. John Wilkey & Sons, New York.

F.4.3 Curvas de equilibrio para el sistema amoniaco-agua. Las dos líneas rectas representan los resultados de la Ley de Henry.

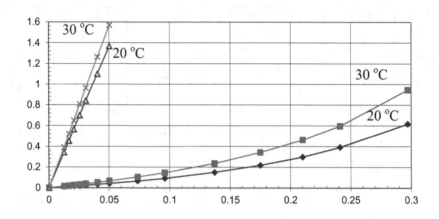

F.4.4 Datos de equilibrio para el sistema SO$_2$ – Agua.

Fracción mol del SO$_2$ en el líquido,	Presión parcial de SO$_2$ en el vapor, p_A		Fracción mol de SO2 en el vapor, y_A;	
	20 °C (293 K)	30 °C (303)	20 °C (293 K)	30 °C (303)
0	0	0	0	0
0.0000562	0.5	0.6	0.000658	0.000790
0.0001403	1.2	1.7	0.00158	0.00223
0.000280	3.2	4.7	0.00421	0.00619
0.000422	5.8	8.1	0.00763	0.01065
0.000564	8.5	11.8	0.01120	0.0155
0.000842	14.1	19.7	0.01855	0.0259
0.001403	26.0	36	0.0342	0.0473
0.001965	39.0	52	0.0513	0.0685
0.00279	59	79	0.0775	0.1040
0.00420	92	125	0.121	0.1645
0.00698	161	216	0.212	0.284
0.01385	336	452	0.443	0.594
0.0206	517	688	0.682	0.905
0.0273	698		0.917	

Fuente: C. J: Geankoplis, *Procesos de transporte y operaciones unitarias*, 3ª. Ed. CECSA, México, 1998.

F.4.5 Datos de equilibrio para el sistema metanol – agua.

Fracción mol del metanol en el líquido, x_A	Presión parcial del metanol en el vapor, p_A (mmHg)	
	$39.9\,^{\circ}C\ (313.1\ K)$	$59.4\,^{\circ}C\ (332.6\ K)$
0	0	0
0.05	25.0	50
0.10	46.0	102
0.15	66.5	151

Fuente: C. J: Geankoplis, *Procesos de transporte y operaciones unitarias*, 3ª. Ed. CECSA, México, 1998.

F.4.6 Datos de equilibrio para el sistema acetona – agua a 20 °C (293 K).

Fracción mol de acetona en el líquido, x_A	Presión parcial de acetona en el vapor, p_A (mmHg)
0	0
0.333	30.0
0.720	62.8
0.117	85.4
0.171	103

Fuente: C. J: Geankoplis, *Procesos de transporte y operaciones unitarias*, 3ª. Ed. CECSA, México, 1998.

F.4.7 Datos de equilibrio para el sistema amoniaco – agua.

Fracción mol del NH_3 en el líquido, x_A	Presión parcial de NH_3 en el vapor, p_A (mmHg)		Fracción mol de NH_3 en el vapor, y_A; $P = 1$ atm.	
	20 °C (293 K)	30 °C (303)	20 °C (293 K)	30 °C (303)
0	0	0		0
0.0126		11.5		0.0151
0.0167		15.3		0.0201
0.0208	12	19.3	0.0158	0.0254
0.0258	15	24.4	0.0197	0.0321
0.0309	18.2	29.6	0.0239	0.0390
0.0405	24.9	40.1	0.0328	0.0527
0.0503	31.7	51.0	0.0416	0.0671
0.0737	50.0	79.7	0.0657	0.105
0.0960	69.6	110	0.0915	0.145
0.137	114	179	0.150	0.235
0.175	166	260	0.218	0.342
0.210	227	352	0.298	0.463
0.241	298	454	0.392	0.597
0.297	470	719	0.618	0.945

Fuente: R.H. Perry y C. H. Chilton, *Chemical Engineers' Handbook*, 5ª ed., Nueva York: McGraw-Hill Book Company, 1973.

F.4.8 Datos de equilibrio para el sistema etanol – agua a 101.325 kPa (1 atm)*

T (°C)	Equilibrio vapor – líquido, fracción masa del etanol		T (°C)	Fracción masa	Entalpía (kJ/kg de mezcla)	
	x_A	y_A			Líquido	Vapor
100.0	0	0	100	0	418.9	2675
98.1	0.020	0.192	91.8	0.1	371.7	2517
95.2	0.050	0.377	84.5	0.3	314.0	2193
91.8	0.100	0.527	82.0	0.5	285.9	1870
87.3	0.200	0.656	80.1	0.7	258.4	1544
84.7	0.300	0.713	78.3	0.9	224.7	1223
83.2	0.400	0.746	78.3	1.0	207.0	1064
82.0	0.500	0.771				
81.0	0.600	0.794				
80.1	0.700	0.822				
79.1	0.800	0.858				
78.3	0.900	0.912				
78.2	0.940	0.942				
78.1	0.960	0.959				
78.2	0.980	0.978				
78.3	1.00	1.00				

* El estado de referencia para la entalpía es el líquido puro a 273 K o 0 °C.

Fuente: Adaptado de C. J: Geankoplis, *Procesos de transporte y operaciones unitarias*, 3ª. Ed. CECSA, México, 1998.

F.4.9 Datos de equilibrio líquido-líquido para el sistema ácido acético-agua-eter isopropílico a 293 K o 20 °C.

Capa de agua (% en peso)			Capa de éter (% en peso)		
Ácido acético	Agua	Éter isopropílico	Ácido acético	Agua	Éter isopropílico
0	98.8	1.2	0	0.6	99.4
0.69	98.1	1.2	0.18	0.5	99.3
1.41	97.1	1.5	0.37	0.7	98.9
2.89	95.5	1.6	0.79	0.8	98.4
6.42	91.7	1.9	1.93	1.0	97.7
13.30	84.4	2.3	4.82	1.9	93.3
25.50	71.1	3.4	11.40	3.9	84.7
36.70	58.9	4.4	21.60	6.9	71.5
44.30	45.1	10.6	31.10	10.8	58.1
46.40	37.1	16.5	36.20	15.1	48.7

Fuente: C. J: Geankoplis, *Procesos de transporte y operaciones unitarias*, 3ª. Ed. CECSA, México, 1998.

F.4.10 Datos de equilibrio líquido-líquido para el sistema acetona-agua-metil isobutil cetona (MIC) a 298-299 K o 25-26 °C.

Datos de composición (% en peso)			Datos de distribución de la acetona (% en peso)	
MIC	Acetona	Agua	Fase acuosa	Fase MIC
98.0	0	2.00	2.5	4.5
93.2	4.6	2.33	5.5	10.0
77.3	18.95	3.86	7.5	13.5
71.0	24.4	4.66	10.0	17.5
65.5	28.9	5.53	12.5	21.3
54.7	37.6	7.82	15.5	25.5
46.2	43.2	10.7	17.5	28.2
12.4	42.7	45.0	20.0	31.2
5.01	30.9	64.2	22.5	34.0
3.23	20.9	75.8	25.0	36.5
2.12	3.73	94.2	26.0	37.5
2.20	0	97.8		

Fuente: C. J: Geankoplis, *Procesos de transporte y operaciones unitarias*, 3ª. Ed. CECSA, México, 1998.

430

G. Datos para la estimación de propiedades.

G.1 Información para gases.

G.1.1 Volúmenes atómicos de difusión para la correlación de Fuller, Schettler y Giddings, ecuación 6-7.

Incrementos de volúmenes estructurales atómicos de difusión V			
C	16.5	(Cl)	19.5
H	1.98	(S)	17.0
O	5.48	Anillo aromático	-20.2
(N)	5.69	Anillo	-20.2
Volúmenes de difusión para moléculas simples, $(\Sigma V)_A$			
H_2	7.07	CO	18.9
D_2	6.70	CO_2	26.9
He	2.88	N_2O	35.9
N_2	17.9	NH_3	14.9
O_2	16.6	H_2O	12.7
Aire	20.1	(CCl_2F_2)	114.8
Ar	16.1	(SF_6)	69.7
Kr	22.8	(Cl_2)	37.7
(Xe)	37.9	(Br_2)	67.2
Ne	5.59	(SO_2)	41.1

G.1.2 Constantes en el potencial de Lennard-Jones 12-6, **determinados de datos de viscosidad. De Svehla, NASA Technical report, R-132, Lewius Research Center, Cleveland OH, 1962.** *Fuente*: **Reid, Prausnitz y Sherwood,** *The Properties of Gases and Liquids*, **3rd ed., McGraw Hill N.Y.   1977.**

Compuesto	Diámetro de colisión $\sigma \times 10^{10}$, m	Relación de energía ε_i/k_B, K
Ar (Argón)	3.542	93.3
He (Helio)	2.551	10.22
Aire	3.711	78.6
Br$_2$ (Bromo)	4.296	507.9
CCl$_4$ (Tetracloruro de carbono)	5.947	322.7
CHCl$_3$ (Cloroformo)	5.389	340.2
CH$_3$OH (Metanol)	3.626	481.8
CH$_4$ (Metano)	3.758	148.6
CO (Monóxido de carbono)	3.690	91.7
CO$_2$ (Dióxido de carbono)	3.941	195.2
C$_2$H$_2$ (Acetileno)	4.033	231.8
C$_2$H$_5$OH (Etanol)	4.530	362.6
CH$_3$COCH$_3$ (Acetona)	4.600	560.2
C$_6$H$_6$ (Benceno)	5.349	412.3
Cl$_2$ (Cloro)	4.217	316.0
HCl (Cloruro de hidrógeno)	3.339	344.7
H$_2$ (Hidrógeno)	2.827	59.7
H$_2$O (Agua)	2.641	809.1
H$_2$S (Sulfuro de hidrógeno)	3.623	301.1
Hg (Mercurio)	2.969	750
NH$_3$ (Amoniaco)	2.900	558.3
N$_2$ (Nitrógeno)	3.798	71.4
O$_2$ (Oxígeno)	3.467	106.7
SO$_2$ (Dióxido de azufre)	4.112	335.4

Para compuestos que no están en la tabla las ecuaciones siguientes son satisfactorias:

$\sigma = 1.18 \times 10^{-9} V_b^{1/3}$ (σ en m. V_b es el volumen molar en el punto normal de ebullición T_b)

$$\dfrac{\varepsilon}{k_B} = 1.21 T_b \qquad\qquad T_b, \text{ Temperatura normal de ebullción}$$

$$\dfrac{\varepsilon}{k_B} = 0.75 T_c \qquad\qquad T_c, \text{ Temperatura crítica}$$

$$\dfrac{\varepsilon}{k_B} = 1.92 T_m \qquad\qquad T_m, \text{ Temperatura de fusión}$$

ε, Energía característica en la función del potencial de Lennard – Jones; k_B, constante de Boltzmann

---

G.2 Información para líquidos.

Volúmenes atómicos y moleculares. Fuente: Treybal (1980), *Operaciones de transferencia de masa*, 2ª.Ed. Mc Graw Hill.

Volumen atómico (V_b) $m^3/1000$ átomos x10^3		Volumen molecular (V_b)		Volumen atómico (V_b) $m^3/1000$ átomos x10^3		Volumen molecular (V_b)	
Carbón	14.8	H_2	14.3	Oxígeno	7.4	NH_3	25.8
Hidrógeno	3.7	O_2	25.36	Oxígeno en metil	9.1	H_2O	18.9
Cloro	24.6	N_2	31.2	Oxígeno en	11.0	H_2S	32.9
Bromo	27.0	Aire	29.9	Oxígeno en ácidos	12.0	COS	51.5
Iodo	37.0	CO	30.7	Oxígeno metil	9.9	Cl_2	48.4
Azufre	25.6	CO_2	34.0	Oxígeno en metil	11.0	Br_2	53.2
Nitrógeno	15.6	SO_2	44.8	Anillo bencénico:	15	I_2	71.5
Nitrógeno en	10.5	NO	23.6	Anillo de	30		
Nitrógeno en	12.0	N_2O	36.2				

H. Ecuaciones para la predicción de coeficientes de transferencia convectiva.

H.1 Grupos adimensionales seleccionados de aplicación en ingeniería bioquímica.

Número o grupo adimensional	Definición		Interpretación
Biot (Bi)	$\dfrac{h_Q L}{k_{sólido}}$	(11-84)	Cociente de la resistencia térmica interna de un sólido entre la resistencia térmica de la capa límite (fluido).
Biot para transferencia de masa (Bi_M)	$\dfrac{k_M L}{D_{AB}}$	(11-85)	Cociente de la resistencia interna a la transferencia de masa de un sólido entre la resistencia a la transferencia de masa en la capa límite (fluido).
Coeficiente de fricción (C_f)	$\dfrac{\tau_S}{\rho(\mathcal{V}^2/2)}$	(11-86)	Esfuerzo de corte adimensional en la pared. Flux de momento en la pared entre el flux de momento en la corriente libre.
Factor de Fricción (f_d)	$\dfrac{\Delta P}{\left(L/D\right)\rho \cdot \mathcal{V}^2/2}$	(11-87)	Caída de presión adimensional para flujo interno. Flux de momento perdido en la pared entre el flux de momento en la corriente libre.
Fourier (Fo)	$\dfrac{\alpha\theta}{L^2}$	(11-88)	Velocidad de conducción de calor entre la velocidad de almacenamiento de energía térmica en un sólido. Tiempo adimensional.
Fourier para transferencia de masa (Fo_M)	$\dfrac{D_{AB}\theta}{L^2}$	(11-89)	Velocidad de difusión molecular de masa entre la velocidad de almacenamiento de masa. Tiempo adimensional.
Factor j de Colburn para transferencia de calor (j_H)	$St\,Pr^{2/3}$	(11-90)	Coeficiente adimensional de transmisión de calor.
Factor j de Colburn para transferencia de masa (j_M)	$St_M\,Sc^{2/3}$	(11-91)	Coeficiente adimensional de transferencia de masa.
Grashof (Gr_L)	$\dfrac{g\beta(T_s - T_\infty)L^3}{\nu^2}$	(11-92)	Fuerzas de flotación entre fuerzas viscosas.
Lewis (Le)	$\dfrac{\alpha}{D_{AB}}$	(11-93)	Difusividad térmica entre difusividad de masa.
Continúa en la próxima página			

H.1 Grupos adimensionales seleccionados de aplicación en ingeniería bioquímica.		
Nusselt (Nu_L)	$$\dfrac{h_Q L}{k_{fluido}} \quad \text{(11-94)}$$	Gradiente adimensional de temperaturas en la pared.
Peclet (Pe_L)	$$Re_L Pr = \dfrac{\upsilon L}{\alpha} \quad \text{(11-95)}$$	Parámetro adimensional independiente de transferencia de calor.
Prandtl (Pr)	$$\dfrac{\gamma}{\alpha} = \dfrac{c_p \mu}{k} \quad \text{(11-96)}$$	Difusividad de momento entre difusividad térmica.
Reynolds (Re_L)	$$\dfrac{\upsilon L}{\gamma} = \dfrac{\rho L \upsilon}{\mu} \quad \text{(11-97)}$$	Fuerzas inerciales entre fuerzas viscosas. Flux de momento en la corriente libre entre flux de momento perdido en la pared.
Schmidt (Sc)	$$\dfrac{\gamma}{D_{AB}} = \dfrac{\mu}{D_{AB}\rho} \quad \text{(11-98)}$$	Difusividad de momento entre difusividad de masa.
Sherwood (Sh_L)	$$\dfrac{k_M L}{D_{AB}} \quad \text{(11-99)}$$	Gradiente adimensional de concentraciones en la pared.
Stanton (St)	$$\dfrac{Nu_L}{Re_L Pr} = \dfrac{h_Q}{\rho \upsilon c_p} \quad \text{(11-100)}$$	No. de Nusselt modificado.
Stanton para transferencia de masa (St_M)	$$\dfrac{Sh_L}{Re_L Sc} = \dfrac{k_M}{\upsilon} \quad \text{(11-101)}$$	No. de Sherwood modificado.

H.2 Correlaciones para transferencia de ímpetu y calor en flujo externo sin cambio de fase.

	$Re_{crit} = 5 \times 10^5$		
Característic as del sistema	Correlación	(No. ecuación)	Condiciones y restricciones
Flujo laminar paralelo sobre una placa plana	$\delta_v = 5zRe_z^{-1/2}$	(12-8)	$\overline{T} = (T_S + T_\infty)/2$
	$C_{f(z)} = 0.664Re_z^{-1/2}$	(12-9)	Local, $\overline{T}$
	$Nu_z = 0.332Re_z^{1/2}Pr^{1/3}$	(12-10)	Local, $\overline{T}$. $0.6 \le Pr \le 50$; T_p =Cte
	$\delta_T = \delta_v Pr^{-1/3}$	(12-11)	$\overline{T}$
	$\overline{C}_{f(L)} = 1.328Re_L^{-1/2}$	(12-12)	Promedio, $\overline{T}$
	$\overline{Nu}_L = 0.664Re_L^{1/2}Pr^{1/3}$	(12-13)	Promedio, $\overline{T}$, $0.6 \le Pr \le 50$; T_p =Cte
	$Nu_z = 0.565Pe_z^{1/2}$	(12-14)	Local, $\overline{T}$, $Pr \le 0.05$;T_p=Cte
Flujo turbulento paralelo sobre una placa plana	$\delta_v = 0.37zRe_z^{-1/5}$ (*)	(12-15)	Local, $\overline{T}$, $Re_z \le 10^8$
	$C_{f(z)} = 0.0592Re_z^{-1/5}$	(12-16)	Local, $\overline{T}$, $Re_z \le 10^8$
	$Nu_z = 0.0296Re_z^{4/5}Pr^{1/3}$	(12-17)	Local, $\overline{T}$, $Re_z \le 10^8$, $0.6 \le Pr \le 60$;T_p=Cte
Flujo mixto (laminar después turbulento) paralelo sobre una placa plana. (**)	$\overline{C}_{f(L)} = 0.074Re_L^{-1/5} - 1742Re_L^{-1}$ (***)	(12-18)	Promedio, $\overline{T}$, $Re_{z(c)} = 5 \times 10^5$, $Re_L \le 10^8$
	$\overline{Nu}_L = (0.037Re_L^{4/5} - 871)Pr^{1/3}$ (***)	(12-19)	Promedio, $\overline{T}$, $Re_{z(c)} = 5 \times 10^5$, $Re_L \le 10^8$, $0.6 \le Pr \le 60$

Continúa en la próxima página

H.2 Correlaciones para transferencia de ímpetu y calor en flujo externo sin cambio de fase (continuación)		
Flujo externo perpendicular a un Cilindro	$\overline{Nu}_D = \Phi Re_D^a Pr^{1/3}$ (12-20) Re_D $\quad$ Φ $\quad$ a 0.4-4 $\quad$ 0.989 $\quad$ 0.33 4-40 $\quad$ 0.911 $\quad$ 0.383 40-4 000 $\quad$ 0.683 $\quad$ 0.466 4000-40 000 $\quad$ 0.193 $\quad$ 0.618 40 000-400 000 $\quad$ 0.027 $\quad$ 0.805	Promedio, $\overline{T}$, $0.4 < Re_D < 4\times10^5$, $Pr \geq 0.7$
Flujo externo sobre una Esfera	$\overline{Nu}_D = 2 + \left(0.4 Re_D^{1/2} + 0.06 Re_D^{2/3}\right) Pr^{0.4} \left(\mu/\mu_s\right)^{1/4}$ (12-21)	Promedio, $\overline{T}_\infty$, $3.5 < Re_D < 7.6\times10^4$, $0.71 < Pr < 380$, $1.0 < \left(\mu/\mu_s\right) < 3.2$
Gota en caída	$\overline{Nu}_D = 2 + 0.6 Re_D^{1/2} Pr^{1/3}\left[25\left(z/D\right)^{-0.7}\right]$ (12-22) z : distancia de la caída desde el punto de reposo.	Promedio, T_∞

IMPORTANTE: El Re crítico para flujo paralelo sobre una placa plana es $Re_{crit} = 5\times10^5$

* En flujo turbulento el desarrollo de la capa límite está influenciado fuertemente por las fluctuaciones aleatorias en el fluido y no por la difusión molecular. Por eso el crecimiento relativo de la capa límite no depende del valor del Pr o el Sc, y esta ecuación puede usarse para obtener el espesor de las capas límite de temperaturas y de concentraciones, así como la de velocidades. Por tanto en flujo turbulento $\delta_v = \delta_T = \delta_C$.

** Si en flujo mixto $0.95 \leq \left(z_c/L\right) \leq 1$ el cálculo se puede realizar como flujo laminar. Si $\left(z_c/L\right) \leq 0.95$ en el cálculo deben usarse las ecuaciones de flujo mixto.

*** Si en flujo mixto L >> z_c [Re_L >> Re_{z(c)}], $A << 0.037 Re_L^{4/5}$, las ecuaciones correspondientes se reducen a

$$\overline{Nu}_L = 0.037 Re_L^{4/5} Pr^{1/3}$$

$$\overline{Sh}_L = 0.037 Re_L^{4/3} Sc^{1/3}$$ (Las propiedades para estas tres ecuaciones de obtienen a T_s)

$$\overline{C}_{f(L)} = 0.074 Re_L^{-1/5}$$

Estas ecuaciones también pueden usarse para capa límite TODA en flujo turbulento, que se logra poniendo en el extremo inicial un promotor de turbulencia (como un alambre fino).

IMPORTANTE: El *Re* crítico para flujo paralelo sobre una placa plana es$Re_{crit} = 5x10^5$

* En flujo turbulento el desarrollo de la capa límite está influenciado fuertemente por las fluctuaciones aleatorias en el fluido y no por la difusión molecular. Por eso el crecimiento relativo de la capa límite no depende del valor del *Pr* o el *Sc*, y esta

ecuación puede usarse para obtener el espesor de las capas límite de temperaturas y de concentraciones, así como la de velocidades. Por tanto en flujo turbulento $\delta_v = \delta_T = \delta_C$.

** Si en flujo mixto $0.95 \leq \left(z_C / L \right) \leq 1$ el cálculo se puede realizar como flujo laminar. Si $\left(z_C / L \right) \leq 0.95$ en el cálculo deben usarse las ecuaciones de flujo mixto.

*** Si en flujo mixto $L \gg z_c$ $[Re_L \gg Re_{z(c)}]$, $A \ll 0.037 Re_L^{4/5}$, las ecuaciones correspondientes se reducen a

$$\overline{Nu}_L = 0.037 Re_L^{4/5} Pr^{1/3}$$

$$\overline{Sh}_L = 0.037 Re_L^{4/3} Sc^{1/3}$$ (Las propiedades para estas tres ecuaciones de obtienen a T_s)

$$\overline{C}_{f(L)} = 0.074 Re_L^{-1/5}$$

Estas ecuaciones también pueden usarse para capa límite TODA en flujo turbulento, que se logra poniendo en el extremo inicial un promotor de turbulencia (como un alambre fino).

H.3 Correlaciones para transferencia de ímpetu y calor en flujo interno sin cambio de fase.

Geometría única: Flujo interno en tubos de sección transversal circular.			
Caracterí sticas del sistema	Correlación	(No. ecuación)	Condiciones y restricciones
Flujo laminar en tubos de sección circular	$f = 16 / Re$	(12-23)	Flujo totalmente desarrollado
	$\overline{Nu}_d = 4.36$	(12-24)	Flujo totalmente desarrollado, $\tilde{q}_s$ constante, $Pr \geq 0.6$
	$\overline{Nu}_d = 3.66$	(12-25)	Flujo totalmente desarrollado, T_s constante, $Pr \geq 0.6$
	$\overline{Nu}_d = 3.66 + \dfrac{0.0668(d/L)Re_d Pr}{1 + 0.04\left[(d/L)Re_d Pr\right]^{-2/3}}$ (12-26)		Totalmente desarrollado, longitud térmica de entrada, ($Pr \gg 1$ o una longitud inicial sin calentamiento), T_s constante,
	$\overline{Nu}_d = 1.86(Re_d Pr)^{1/3}\left(\dfrac{d}{L}\right)^{1/3}\left(\dfrac{\mu}{\mu_s}\right)^{0.14}$ (12-27) $\left[\left(Re_d Pr / L / d\right)^{1/3}\left(\mu / \mu_s\right)^{0.14}\right] \geq 0.2$		Longitud combinada de entrada, , T_s constante, $0.48 < Pr < 16\,700$, $0.0044 < (\mu/\mu_s) < 9.75$, propiedades a $\overline{T} = \left(T_{entrada} + T_{salida}\right) /$
Flujo turbulento en tubos lisos de sección circular	$f_d = 0.316 Re_d^{-1/4}$	(12-28)	Totalmente desarrollado, $Re_d \leq 2 \times 10^4$
	$f_d = 0.184 Re_d^{-1/5}$	(12-29)	Totalmente desarrollado, $Re_d \geq 2 \times 10^4$

Continúa en la próxima página

H.3 Correlaciones para transferencia de ímpetu y calor en flujo interno sin cambio de fase (continuación)		
Flujo turbulento en tubos de sección circular	$\overline{Nu}_d = 0.036 Re_d^{0.8} Pr^{1/3}\left(\dfrac{d_i}{L}\right)^{0.55}$ **(12-30)**	Flujo turbulento, región de entrada, propiedades a $\overline{T} = \left(T_{entrada} + T_{salida}\right)/2$, $10 < L/d_i < 400$
	$\overline{Nu}_d = 0.023 Re_d^{4/5} Pr^{b}$ **(12-31)**	Turbulento, totalmente desarrollado, $0.6 \le Pr \le 160$, $Re_d \ge 10^4$, $L/d \ge 10$, propiedades a T_∞, para calentamiento $b = 0.4$, para enfriamiento $b = 0.3$
	$\overline{Nu}_d = 0.027 Re_d^{4/5} Pr^{1/3}\left(\dfrac{\mu}{\mu_s}\right)^{0.14}$ **(12-32)**	Turbulento, totalmente desarrollado, propiedades a T_∞, excepto μ_s que es a T_s $0.7 \le Pr \le 16\,700$, $Re_d \ge 10^4$, $L/d \ge 10$
	$f_d = \left\{ -2\log\left[\dfrac{\varepsilon/d_i}{3.7} - \dfrac{5.02}{Re_d}\log\left(\dfrac{\varepsilon/d_i}{3.7} + \dfrac{14.7}{Re_d} \right) \right] \right\}^{-2}$ **(12-33)**	Turbulento para cualquier rugosidad de tubo

H.4 Relación entre los coeficientes de transferencia de masa.

Ecuación de transferencia		Unidades del coeficiente
Sólo difunde A	**Contradifusión equimolar**	
Gases		
$\tilde{N}_A = k_G \Delta P_A$ (12-62)	$\tilde{N}_A = k'_G \Delta P_A$ (12-63)	$\dfrac{Moles}{(Area)(tiempo)(\Delta\,presión)}$
$\tilde{N}_A = k_y \Delta y_A$ (12-64)	$\tilde{N}_A = k'_y \Delta y_A$ (12-65)	$\dfrac{Moles}{(Area)(tiempo)(\Delta\,fracción\,mol)}$
$\tilde{N}_A = k_c \Delta C_A$ (12-66)	$\tilde{N}_A = k'_c \Delta C_A$ (12-67)	$\dfrac{Moles}{(Area)(tiempo)\left[\Delta(mol\,/\,volumen)\right]}$
$\tilde{M}_A = k_Y \Delta Y_A$ (12-68)		$\dfrac{Masa}{(Area)(tiempo)\left[\Delta(masa\,A\,/\,masa\,B)\right]}$
$\tilde{M}_A = k_{\hat{C}} \Delta \hat{C}_A$ (12-69)		$\dfrac{Masa}{(Area)(tiempo)\left[\Delta(masa\,/\,volumen)\right]}$
$k_G P_{B(ML)} = k_y \dfrac{P_{B(ML)}}{P_{TOT}} = k_c \dfrac{P_{B(ML)}}{\mathcal{R}T} = \dfrac{k_Y}{\mathcal{M}_B} = k'_G P_{TOT} = k'_y = k'_c \dfrac{P_{TOT}}{\mathcal{R}T} = k'_c C_{TOT}\,;$ $k_{\hat{C}} = k_c$ (12-70)		
Líquidos		
$\tilde{N}_A = k_L \Delta C_A$ (12-71)	$\tilde{N}_A = k'_L \Delta C_A$ (12-72)	$\dfrac{Moles}{(Area)(tiempo)\left[\Delta(mol\,/\,volumen)\right]}$
$\tilde{N}_A = k_x \Delta x_A$ (12-73)	$\tilde{N}_A = k'_x \Delta x_A$ (12-74)	$\dfrac{Moles}{(Area)(tiempo)(\Delta\,fracción\,mol)}$
$\tilde{M}_A = k_{\hat{C}} \Delta \hat{C}_A$ 12-75)		$\dfrac{Masa}{(Area)(tiempo)\left[\Delta(masa\,/\,volumen)\right]}$
$k_x x_{B(ML)} = k_L x_{B(ML)} c = k'_L c = k'_L \dfrac{\rho}{\mathcal{M}} = k'_x\,;\qquad k_{\hat{C}} = k_L$		(12-76)

H.5 Correlaciones de transferencia convectiva de masa para casos sencillos. Adaptada del Treybal (1981).

Características del sistema	Correlación (No. ecuación)		Condiciones y restricciones.
Flujo dentro de tuberías de sección circular	$\overline{Sh_d} = 0.023 Re_d^{0.83} Sc^{1/3}$	**(12-50)**	$4\,000 \leq Re \leq 60\,000$ $0.6 \leq Sc \leq 3\,000$
	$\overline{Sh_d} = 0.0149 Re_d^{0.88} Sc^{1/3}$	12-51)	$10\,000 \leq Re \leq 400\,000$ $Sc > 100$
Flujo no confinado paralelo a placas planas.	$\overline{j_M} = 0.664 Re_L^{-0.5}$	12-52)	La transferencia empieza en el extremo del primer contacto. $Re_z < 50\,000$
	$\overline{Nu_L} = 0.037 Re_L^{0.8} Pr_\infty^{0.43} \left(\dfrac{Pr_\infty}{Pr_s} \right)^{0.25}$ **(12-53)**		$5 \times 10^5 \leq Re \leq 3 \times 10^7$ $0.7 \leq Pr \leq 380$
	$\overline{Nu_L} = 0.0027 Re_L Pr_\infty^{0.43} \left(\dfrac{Pr_\infty}{Pr_s} \right)^{0.25}$ **(12-54)**		$2 \times 10^4 \leq Re \leq 5 \times 10^5$ $0.7 \leq Pr \leq 380$
Flujo confinado de un gas, paralelo a una placa plana que está dentro de un conducto.	$\overline{j_M} = 0.11 Re_L^{-0.29}$	**(12-55)**	$2\,600 \leq Re \leq 22\,000$

Continúa próxima página.

H.5 Correlaciones de transferencia convectiva de masa para casos sencillos. (continuación).		
Flujo externo perpendicular a un cilindro	$$\overline{Nu_D} = \left(0.35 + 0.34Re_D^{0.5} + 0.15Re_D^{0.58}\right)Pr^{0.3}$$ $$(12\text{-}56)$$	$0.1 \le Re_D \le 10^5$ $0.7 \le Pr \le 1500$
Flujo externo sobre una esfera.	$$\overline{Sh} = \overline{Sh_\infty} + 0.347\left(Re_D Sc^{0.5}\right)^{0.62}$$ $$\overline{Sh_\infty} = \left\{ \begin{array}{l} 2 + 0.569\left(Gr_M Sc\right)^{0.25} \quad ; \quad Gr_M Sc < 10^8 \\ 2 + 0.0254\left(Gr_M Sc\right)^{0.333} Sc^{0.244} \; ; \; Gr_M Sc > 10^8 \end{array} \right\}$$ $$(12\text{-}57)$$	$1.8 \le Re_D Sc^{0.5} \le 600\,000$ $0.6 \le Sc \le 3200$
Flujo a través de un lecho fijo de partículas.	$$\overline{j_M} = \frac{1.09}{\varepsilon} Re_\varepsilon^{-2/3} \qquad (12\text{-}58)$$	$0.0016 \le Re_\varepsilon \le 55$ $168 \le Sc \le 70\,600$
	$$\overline{j_M} = \frac{0.25}{\varepsilon} Re_\varepsilon^{-0.31} \qquad (12\text{-}59)$$	$5 \le Re_\varepsilon \le 1\,500$ $168 \le Sc \le 70\,600$
	$$\overline{j_M} = \overline{j_H} = \frac{2.06}{\varepsilon} Re_\varepsilon^{-0.575} \qquad (12\text{-}60)$$	$90 \le Re_\varepsilon \le 4\,000$ $Sc = 0.6$
	$$\overline{j_M} = 0.95\overline{j_H} = \frac{20.4}{\varepsilon} Re_\varepsilon^{-0.815} \qquad (12\text{-}61)$$	$5\,000 \le Re_\varepsilon \le 10\,300$ $Sc = 0.6$